康熙园林活动考

崔山 著

中国林業出版社

图书在版编目（CIP）数据

康熙园林活动考／崔山著．-- 北京：中国林业出版社，2016.3

ISBN 978-7-5038-8444-3

Ⅰ．①清… Ⅱ．①崔… Ⅲ．①古典园林－园林艺术－研究－中国－清前期 Ⅳ．① TU986.62

中国版本图书馆 CIP 数据核字（2016）第 050688 号

出　　版　中国林业出版社（100009　北京市西城区刘海胡同 7 号）
网址：http://lycb.forestry.gov.cn
E-mail:forestbook@163.com　电话：(010)83143515
发　　行　中国林业出版社
设计制作　北京捷艺轩彩印制版技术有限公司
印　　刷　北京中科印刷有限公司
版　　次　2016 年 3 月第 1 版
印　　次　2016 年 3 月第 1 次
开　　本　787mm × 1092mm　1／16
字　　数　275 千字
印　　张　15.5
定　　价　80.00 元

前言

我搜集清康熙园林活动史料的工作始于1997年秋，2000年，我参加了天津大学建筑学院建筑史学家王其亨先生主持的国家自然科学基金资助项目《清代皇家园林综合研究续》（编号59778005），并完成了硕士学位论文《期万类之乂和，思大化之周浃——康熙造园思想研究》。2002年至2003年，中国人民大学清史研究所吴玉清老师为我提供整两年时间连续翻阅清史文献的条件，使我阅览了数量可观的《清圣祖御制文集》《清圣祖实录》和《康熙起居注》等有关研究康熙园林活动的史料。2014年至2015年，北起木兰围场，南抵绍兴兰亭，我专门考察并体验了康熙巡幸驻跸的绝大部分风景园林、寺观园林和行宫园林实景与遗址，获取了新的形象资料和以往不被重视的历史信息。之后，我即对当初的硕士学位论文中“康熙造园活动钩沉”一章的内容进行了修正与补充，并将此章内容扩展成本书。

本书通过康熙园林活动史料和实地考证，概述了清朝初期康熙皇帝主持和干预造园的情况，以提供广泛深入研究康熙造园思想及其造园艺术的依据。本书介绍了康熙营造畅春园、木兰围场、避暑山庄等皇家园林的功用，指出巡幸是康熙造园思想的源泉。康熙作为皇帝，是那个时代皇家园林的主人。他大部分的生活、驻跸场所是皇家园林。他个人的园林审美和设计理念是丰厚的。清初的造园家张然、叶洮、雷金玉等都曾被康熙重用，他们的共同智慧创造了灿烂的清代皇家园林文化，迎来了中国古典造园史的最后一个高峰期。

作者　崔　山

2016年1月于中国农业大学园艺学院

▼ 彩图 1　避暑山庄“金山”

▼ 彩图2　避暑山庄，原名"热河行宫"，位于今河北承德，距北京五百华里，始建于康熙四十二年（1703 年）。就目前各国保存的皇家园林而言，它的规模堪称全球之最，占地五百六十四公顷。留下了康熙帝原创意象的避暑山庄，至今仍以世界文化遗产的丰姿呈现在人们的面前。

▼ 彩图3　清冷枚《避暑山庄》图（轴）。该画作于康熙朝，保留了清乾隆朝扩建之前的形制，对于考证避暑山庄的原型具有重要史料价值。

▼ 彩图 4　清景陵图，全面展示景陵的建筑格局。景陵乃康熙帝的陵寝，选址在清顺治帝孝陵东侧两华里的地方，位于河北遵化昌瑞山南麓。景陵效仿孝陵，布局严谨，局部有突破创新。

▼ 彩图 5　清康熙戎装巡狩图。康熙南巡北狩，东游西征，足迹踏遍多半个大清帝国，莅临名山胜景，直接被大自然的风光所感染，形成了豪迈的审美心理，促成了康熙园林美学特征的产生。

▼ 彩图6 清康熙南巡图。康熙一生六次南巡，驻跸名寺、胜景，题额、赋诗，修葺或增建殿、亭、碑等。康熙酷爱并深刻理解江南园林的意境，把儒家造园思想移植到北方，掀起了清初北方造园的热潮，发展了皇家园林的理念。

▼ 彩图7　清木兰秋狝图，此图真实地记录了清帝在塞外的狩猎生活。康熙皇帝在位的六十一年里，共有三十八个年头来过木兰围场。木兰围场的狩猎和政治活动，贯穿了康熙大半个生涯。

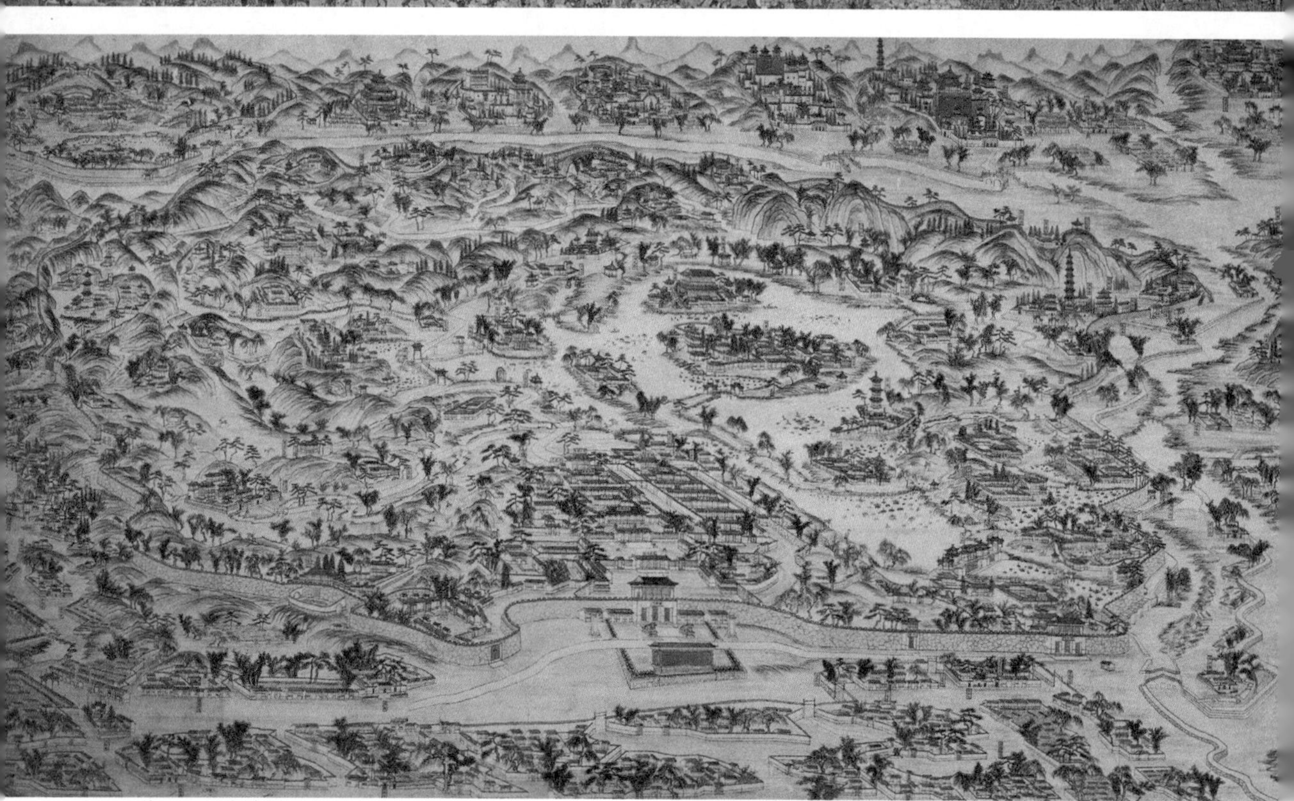

▼ 彩图8　清避暑山庄及周围寺庙全盛时期全图。此图可以对比分析康熙朝之后避暑山庄增建景观情况。

目录

▼ 彩图 9　避暑山庄水景

▼ 彩图 10　孔林，在山东曲阜县城北部。康熙尊孔重孔，投巨资修葺改善孔林孔庙，在其中举行一系列的园林活动，以多种形式纪念孔子。孔林在整个康熙朝桧柏参天，茁壮繁茂。

▼ 彩图 11　赵北口，在河北任丘北面五十华里的白洋淀镇，又名"赵堡口"。康熙建"赵北口行宫"，水槛风廊，莲泊莎塘，烟霭云行，景致环映。康熙曾经四十次到此巡幸、水围。

▼ 彩图12　兰亭，在浙江绍兴山阴县城之西兰渚，晋代书法家王羲之等人修建一亭，取名“兰亭”。康熙二十八年（1689年）二月，康熙帝第二次南巡御书“兰亭序”，恭摹勒石，重修兰亭，立右军祠堂。康熙建避暑山庄三十六景之第十五景“曲水荷香”，取意兰亭“曲水流觞”。

第一章
康熙园林活动简论

▼ 图 1–1 清康熙画像。

在中国古典园林发展史上，清代皇家园林的创作，继承并发展了历代皇家园林、私家园林、寺观园林、公共风景园林等各类型园林创作的技术和艺术，积淀了过去的深厚传统，取得了辉煌的成就。清朝皇家造园规模的扩大、造园技艺的精湛，达到了宋、明以来的最高水平，在中国历史上是罕见的。遗存至今的清代皇家园林，“是全世界现存规模最大、体系最完整、功能内容与形式最为丰富多样的古典园林实例”[1]。

清代皇家园林是中国古典园林发展的最大也是最后一个高潮，这一高潮肇始于康熙年间（1661 ～ 1722 年），在乾隆、嘉庆年间（1736 ～ 1820 年）达到全盛局面。作为清代皇家园林建设的奠基人，康熙（图 1–1）热衷于皇家造园。李允鉌先生曾在《华夏意匠》中断言：

玄烨（康熙）和弘历（乾隆）算得是清代大型园林建设的最大推动者。大概自古至今举世的园林建设都还没有人超过玄烨和弘历的大手笔。[2]

周维权先生在《中国古典园林史》中也写道：

康熙主持兴建的畅春园和避暑山庄在（中国古典）园林的成熟期具有重要意义，康熙本人在中国园林史上的地位也应该予以肯定。后此的乾嘉时期的皇家园林正是在他所奠定的基础上继续发展、升华，终于到达北方造园活动的高峰境地。[3]

康熙，姓爱新觉罗，名玄烨，顺治十一年（1654 年）三月十八日生于北京紫禁城景仁宫（图 1–2）。生母是佟氏，汉族，当时为皇宫的妃子，后来被封为孝康章皇后。康熙是清朝顺治皇帝福临的第三子，是清朝定都北京的第二个皇帝，他八岁（1661 年）登基，在位六十一年，康熙为其纪年。康熙六十一年（1722 年）十一月十三日戌刻，崩于北京畅春园寝宫，年六十九岁，庙号：“圣祖”，尊谥号“合天弘

1　王其亨．清代皇家园林研究的若干问题 [J]．建筑师，1995，6：47

2　李允鉌．华夏意匠 [M]．香港：广角镜出版社，1982．

3　周维权．中国古典园林史 [M]．北京：清华大学出版社，1999．

运文武睿哲恭俭宽裕孝敬诚信公德大成仁皇帝”，简称“仁皇帝”。雍正元年（1723年）九月初一，葬于遵化乌兰峪的景陵（彩图4、图1—3至图1—5）。

▼ 图1—2　紫禁城景仁宫，玄烨出生地。康熙四十二年（1703年），和硕亲王福全丧，康熙帝暂居此宫以悼念其兄长。

▼ 图1—3　清景陵神道，康熙效仿唐宋皇陵，在景陵单建石像生。为不影响孝陵石像生在整个陵区的主导地位，只设文臣、武将、马、象、狮五对翁仲，遂为清陵定制。

▼ 图1—4　清景陵，方城、明楼和宝城。三面环山，松柏滴翠，风景秀丽。

▼ 图1—5　清景陵三孔神路桥、东西朝房与神道碑亭

▼ 图1–6　香山行宫，位置在北京香山。康熙十六年（1677年），康熙帝在原金代香山寺旧址扩建成作为"质明而往，信宿而归"的临时驻跸的一处行宫御苑。乾隆时赐名"静宜园"，共有二十八景，后来成为规模宏大的皇家园林。

▼ 图1–7　南苑，位于北京南城永定门外二十华里处，占地面积相当于清北京城的三倍。南苑承袭明制，兼具狩猎阅武、物质生产等功能，也是紫禁城外的又一政治中心。南苑以自然风光为主，其中饲养了很多珍惜动物，相当于国家大型野生动物园。康熙皇帝在位期间共有一百五十九次临幸南苑。

▼ 图1–8　康熙北巡之塞外风光，是康熙的旷远恢宏之园林审美观的源泉。

▼ 图1–9　木兰秋狝场址，坐落在热河地区，地处昭乌达盟、卓索图盟、锡林郭勒盟和查哈尔蒙古东四旗的接壤之地，距北京七百华里，康熙二十年（1681年）建立。围场气候温凉，自然繁盛，物产丰厚，水土肥美，适宜避暑、秋狝。

▼ 图1–10　木兰围场羊场，围场北部之坝下草原，雨量充沛，森林分布，野兽成群，适合行围狩猎。

康熙最初的园林活动是在京师大内御苑和西山离宫御苑（图1–6）。他年轻时为巡狩围猎而对京城南苑（图1–7）进行大规模的建设，又因北巡（图1–8至图1–10）而于途中营建了一大批行宫别苑。康熙一生的园林活动是非常丰富的，既包括零星的树碑安亭，又不乏完整的新建园林。从康熙的日常生活上统计，无论是在京师，还是在巡幸驻跸之处，他的多半时间是在园林里度过的，详见第六章第二节"康熙居住与驻跸园林次数考"和第三节"康熙巡幸地方考"。康熙依照明确的造园思想而营建的畅春园、喀喇河屯行宫、静明园（图 1–11）、萼辉园、避暑山庄（图 1–12、图 1–13），都是清朝著名的皇家园林。始建于康熙四十二年（1703 年）的热河行宫（避暑山庄），至今仍然以世界文化遗产的丰姿呈现在人们的面前（彩图 2）。

▼ 图 1–11　静明园，曾用名“澄心园”，即北京西郊玉泉山。静明园的建设主要是在康熙时期，以佛寺道观和园亭为特色之山林景观。自康熙十九年（1680 年）至康熙二十六年（1687 年）期间，康熙帝共二十一次到玉泉山居住、工作和游览。

▼ 图 1–12　避暑山庄宫门。康熙四十二年（1703 年）开始兴建“热河行宫”，康熙四十七年（1708 年）初具规模，康熙五十年（1711 年），康熙帝亲题“避暑山庄”匾额。

▼ 图 1–13　避暑山庄如意洲，建于康熙四十二年（1703 年），是避暑山庄里最早的宫殿区，岛形像似“如意”，山庄景致集中之地。岛上殿阁朴雅，布局自由，沿着南北轴线设置景点“无暑清凉”“延薰山馆”“水芳岩秀”，东侧“般若相”，西侧“金莲映日”“沧浪屿”“云帆月舫”“西岭晨霞”，北为“澄波叠翠”。

康熙在造园思想方面汲取了历代中国帝王的经验教训，深刻地批判中国帝王之中消极的造园思想。他不赞同利用皇家园林去显耀天下一统的皇权；更反对秦始皇、汉武帝等迷信神仙方术，借用造园求寻长生不老的荒唐行为；他又驳斥隋炀帝、宋徽宗等因畅怀适情而飘然忘国的造园思想。

第一节　思想动机与价值取向

一、康熙园林活动的思想动机

康熙倡导造园，是与他的修身、治国分不开的（图1−14至图1−16）。康熙早在十七岁时，即明确宣布以儒学治国。康熙撤除三藩，收复台湾，与沙俄签定《中俄尼布楚条约》，又于康熙三十六年（1697年）平定了蒙古噶尔丹部落的分裂势力，“从而制服了帝国中剩下的唯一对手”，“在如此完美的一位君主统治下生活，百姓们安居乐业。”[1] 此后，康熙充分利用了这段难得的时间，着手科学与文化事业的建设，制定出具体的文化治国方针。园林活动成为康熙文化治国的重要方式，园林是他的生活居住之地、行围阅兵之场和批览奏章之所。康熙三十九年（1700年），“中国国民生产总值占世界总值的百分之二十三点一”[2]，已跻身于世界第一经济和文化强国的位置。康熙的造园活动正是在这期间步入高峰的。

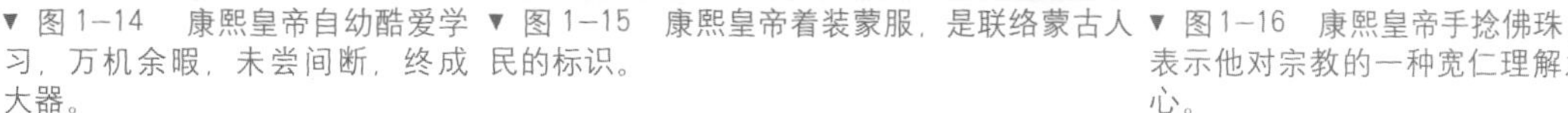

▼ 图1−14　康熙皇帝自幼酷爱学习，万机余暇，未尝间断，终成大器。

▼ 图1−15　康熙皇帝着装蒙服，是联络蒙古人民的标识。

▼ 图1−16　康熙皇帝手捻佛珠，表示他对宗教的一种宽仁理解之心。

1　法国・杜赫德著．郑德弟，吕一民，沈坚，朱静译．耶稣会士中国书简集——中国回忆录（上卷）・马若瑟神父致拉雪兹神父的信简[M]．郑州：大象出版社，2001：140页．

2　田时塘，裴海燕，罗振兴．康熙皇帝与彼得大帝——康乾盛世背后的遗憾[M]．北京：中央文献出版社，2000：2．

在国泰民安背景下的康熙，到他中年时期便坚定了明确的造园目的。他在《避暑山庄记》中流露出了他园林活动的思想动机：

一游一豫，罔非稼穑之休戚；或旰或宵，不忘经史之安危。劝耕南亩，望丰稔筐筥之盈；茂止西成，乐时若雨旸之庆。

玩芝兰则爱德行，睹松竹则思贞操，临清流则贵廉洁，览蔓草则贱贪秽。

显然，康熙没有把园林当作一种表面的赏玩艺术，而是赋予了它积极而深刻的思想内容。康熙汲取了历史上的帝王由于把皇家园林用于一己之豫游而丧民亡国的教训，极力通过造园活动，表现他的儒家品格与理学思想；他传承了"与天地参"的宇宙观，在园林中体现"内圣外王"的观念；他通过园林活动（图 1–17 至图 1–20），促进了民族的和睦；他把仁爱、孝悌、俭素的美德，外现于造园；他酷爱科学，精于耕种，园林成为他"格物致知"的场所。

▼ 图 1–17　金山，在江苏镇江府西北七十华里长江之中。始建于东晋，康熙南巡至此，赐"江天禅寺"。康熙二十三年（1684 年）十月二十四日，康熙帝幸金山御书"江天一览"四字。康熙四十二年（1703 年），康熙帝仿此布局与意境建"金山岛"于热河行宫（避暑山庄）。

▼ 图 1–18　寄畅园，在无锡惠山东麓，建于明正德年间（1506 ～ 1521 年）。康熙历次南巡，无不临幸此园赏梅，曾留御笔"山色溪光"石匾额。

▼ 图1-19　敷文书院，在杭州西湖凤凰山万松岭，旧名"万松书院"。康熙五十五年（1716年），康熙帝题"浙水敷文"匾额，遂改称为"敷文书院"。

▼ 图1-20　西湖，杭州自然风景园林。其无尽的秀美滋养了康熙的园林审美，激发了康熙的造园热情。康熙六次南巡中除了首次南巡，其后五次南巡皆到达杭州西湖。

二、康熙园林活动的价值取向

康熙站在旧的与新的文明之间，掌握了当时中华大地上占统治地位尤其被汉族士大夫所推崇的哲学思想——儒家哲学思想。康熙中叶后的太平盛世，正是建立在他的勤政爱民的儒家理想之上。从他所著的一百七十五卷的四部文集以及他所创作的皇家园林中，可以发现康熙修身治国平天下的一个重要表现，是他通过园林文化活动倡导儒家的"致中和"思想。

康熙在《畅春园记》中自勉："期万类之乂和，思大化之周浃"[1]，

1　清·康熙．畅春园记[M].

园林是他“致中和”思想的物化了的艺术形式。这种典型的儒学价值观，反映在他指导造园的每一层面上。如康熙二十三年（1684 年）经营的畅春园，围绕着治世、宽仁、孝悌、俭素、格物等要求进行规划设计，园林内容丰富，没有落于一般单纯的游赏园林的格调。畅春园一度成为北京的文化、科学、政治等活动的中心，其中寄托着康熙对和平的强烈愿望。像康熙题额的“九经三事”殿，就充分反映了他的治世理想。“九经”《中庸》解为：

凡天下国家有九经，曰：修身也，尊贤也，亲亲也，敬大臣也，礼群臣也，子庶民也，来百工也，柔远人也，怀诸侯也。

“三事”在《书·大禹谟》[1]上指：

正德、利用、厚生。

“正德”是端正德行，“利用”是物尽其用，“厚生”是使人民生活充裕。

康熙的造园思想不同于中国古典园林中的“隐逸”造园思想；也有别于很多中国帝王的造园思想；康熙从他崇奉的儒学观点出发，在造园中强化了“参天地赞化育”的哲学理念，达到了“致中和”的儒家思想境界。康熙是一名艺术修养和文化造诣丰厚的人，他积极聘用张然、叶洮、雷金玉等著名造园家，共同娴熟地运用了中国古典园林艺术的设计手段，格外得体地实现了他的皇家园林功能要求，表明了他造园的价值取向（图 1—21、图 1—22）。

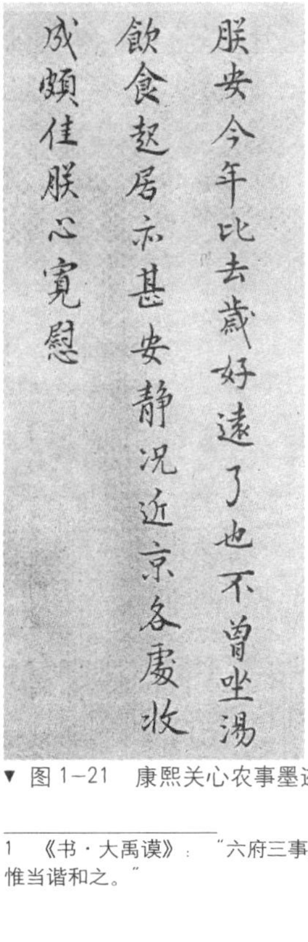
朕安今年比去歲好遠了也不曾坐湯
飲食起居亦甚安靜況近京各處收
成頗佳朕心寬慰

▼ 图 1—21　康熙关心农事墨迹

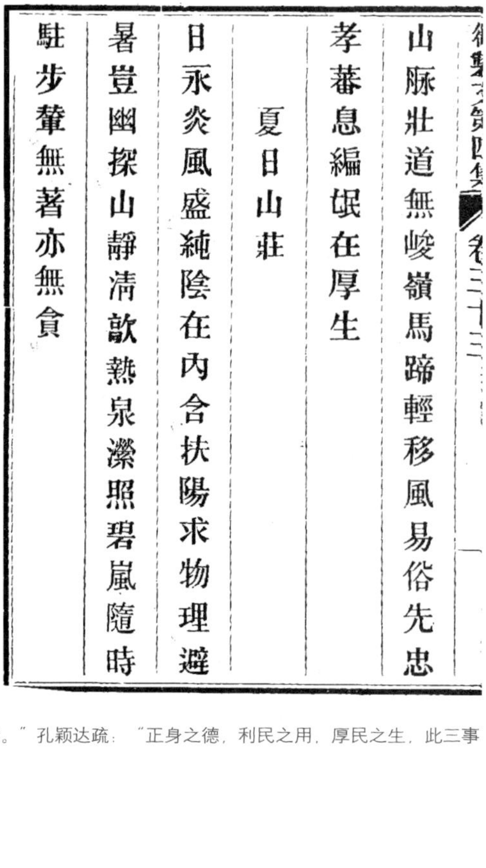
山脈壯道無峻嶺馬蹄輕移風易俗先忠
孝蕃息編氓在厚生
夏日山莊
日永炎風盛純陰在內含扶陽求物理避
暑豈幽探山靜清歆熱泉瀠照碧嵐隨時
駐步輦無著亦無貪

▼ 图 1—22　康熙的咏物文赋

1　《书·大禹谟》：“六府三事允治。”孔颖达疏：“正身之德，利民之用，厚民之生，此三事惟当谐和之。”

第二节　艺术风格与实学精神

一、康熙园林活动的艺术风格

从造园形式美的角度看，康熙所发起的造园不求辉煌而取法自然，蕴藏着现代审美的因子。比如康熙造园的一大特色是质朴、自然，从不雕镌粉饰，园林建筑作为载体即可。他在避暑山庄设计的一亭之景有很多，它们“可居，可游，可行，可望”[1]。他造园的手笔异常之大，打破了宋明以来的狭隘的园林套路，开辟了崭新的皇家园林模式。他造园形式美的灵感，很大程度上是来源于他的巡行活动（彩图5、彩图6）。他六次南巡，江南秀丽的风景滋养了他的园林美感；他又多次东巡、北巡和西巡，清清的松花江水，茫茫的戈壁沙漠，巍巍的太行山脉，使康熙的园林审美不仅具有优美细致的一面，更洋溢着豪放大度的个性。

从对造园元素解释的角度看，康熙善于领会中华传统文化的内核，并拥有着开疆拓土的帝王气概，在吸收汉文化中先进思想的同时，对造园有自己的解释。康熙通过巡幸大江南北，饱览山川风光，去体现自古以来圣王先贤热爱大自然的情愫，从而奠定了他审美自然的基础。对于山水、花木、建筑、禽鱼，以及天象时节等，他都有衡量它们的美学标准。他通过题名而揭示园林的主题；他的园林诗文独具慧眼，数量可观；他把书法、绘画、音韵之美揉进了园林；他会心山水之情，强调其中蕴涵的儒家中庸之理。同历史上的帝王造园相比，在审美花木、审美天象时节、风景主题题名、风景诗赋创作方面，康熙的造园语汇则更显得丰富而深奥（图1–23）。

▼ 图1–23　避暑山庄康熙“南山积雪”景题名寓意与审美

1　宋·郭熙．林泉高致[M].

从造园哲学和艺术交织的角度看，当漫步在康熙留下的“山庄”湖山之间时，当重温他所亲题的江南风景名胜时，当咀嚼他所创作的格物诗歌文赋时，不难发现康熙皇帝的另一面——拥有造园哲学家与艺术家的卓越才华和成就。康熙的园林美学根基是非常扎实的，他在寻访江南塞北的过程中领略自然与人文之美。他专攻园林题名诗赋，使他的美学思想指导下的园林造景，得以实现高深的哲学意境。康熙指导造园的突出特点是主题鲜明，追求整体，讲究经营位置，强调意在笔先，关切园林创作之前的整体思维。他以自身对“天人”的感受为主线，注重山水的一气贯注，景致的互妙互盼；再以江南名园的造景技巧为范本，移植而多有创新。康熙成功地经营了富有哲学艺术特色的清初皇家园林（图1–24、图1–25）。

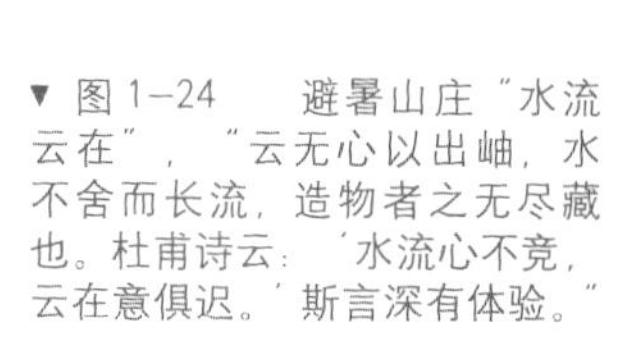

▼ 图 1–24　避暑山庄“水流云在”，“云无心以出岫，水不舍而长流，造物者之无尽藏也。杜甫诗云：‘水流心不竞，云在意俱迟。’斯言深有体验。”

▼ 图 1–25　避暑山庄“长虹饮练”，“湖光澄碧，一桥卧波。桥南种敖汉荷花万枝，间以内地白莲，锦错霞变，清芬袭人。苏舜钦《垂虹桥》诗谓‘如玉宫银界’，徒虚空耳。”

二、康熙园林活动的实学精神

康熙被誉为科学的皇帝，他在园林活动中讲求科学的实学精神。他具备测量学、风水学、气象学、数学、园艺学等与当时造园相关的科技知识。

康熙以实学的态度从西方传教士那里学到几何学、测量学、天文学等现代科学知识，同时充分汲取和融会中国传统科技文明的精华，长期深入实际调查研究。他“细考形势，深究地络”，对瀚海石子、木化石、白龙堆等有新的发现；他还推论出“人依土生”的道理。他证实了“水多伏流”的现象；他对温泉治病与否有着非同常人的理解；他通过“熬水”的方法辨别水质；他推翻了古书上的“黄河九曲”之说。他观察风的变化，对“风随地殊”有更加细微的认识；他以切身的体验，证明“风无正方”。他发现定南针所指的方向必有微小的偏向，不能准确指向正南，并且它偏向的大小和方向因时因地而异。[1]（图 1–26）他曾经下令许多地方逐日记录当地的气象情况，按月上报，持续几十年。在中国历史上由官方逐日逐月地记录各地气象资料，始于康熙。因此，当康熙为园林相地的时候，能够掌握充分的依据，做到稳操胜券。康熙通过木兰围场、避暑山庄的相地过程，表现了他“格物致知”的科学世界观。像避暑山庄这样非常成功的选址，正是由于康熙拥有大半生时间探求自然山川之理的深厚功底。

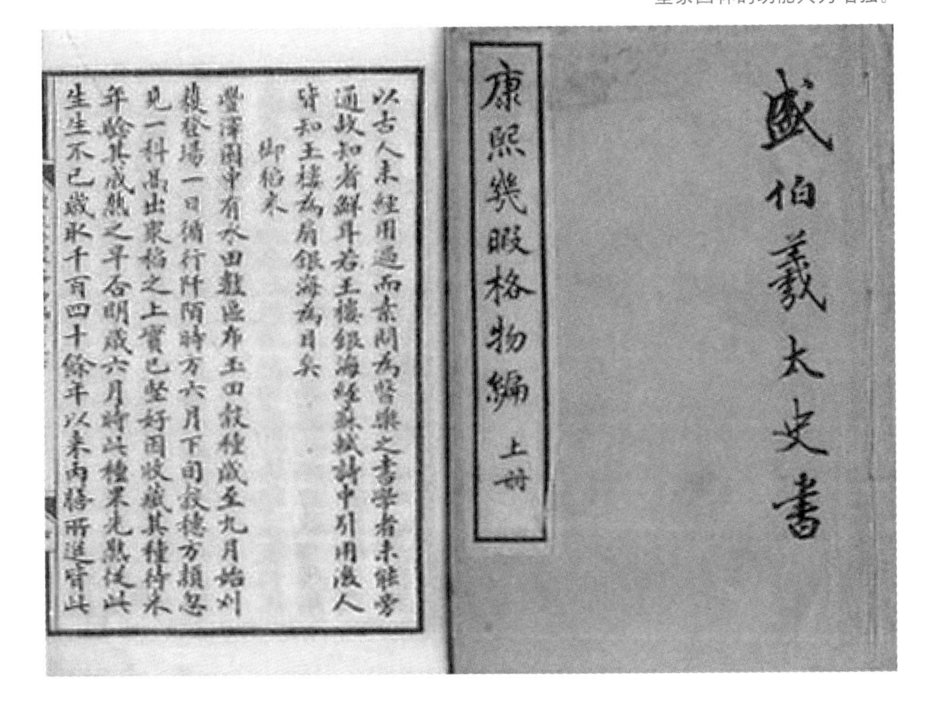
盛伯羲太史書

康熙幾暇格物編 上册

以古人未經用過而素問為醫藥之書學者未能旁
通故知者鮮耳若玉樓銀海經蘇軾詩中引用後人
皆知玉樓為肩銀海為目矣
御稻米
豐澤園中有水田數區布玉田穀種歲至九月始刈
穫登場一日循行阡陌時方六月下旬穀穗方穎忽
見一科高出衆稻之上實已堅好因收藏其種待來
年驗其成熟之早否明歲六月時此種果先熟從此
生生不已歲取千百四十餘年以來內膳所進皆此

▼ 图 1–26 《康熙几暇格物编》，清康熙年间石印本。康熙领会儒家理学“格物致知”之理，在日理万机的余暇中积累了丰富的科学知识。康熙在造园中讲求科学的实学精神，他在皇家园林里学习几何学、测量学，研究农业、医学等，此番科学实践活动，使其皇家园林的功能大为增强。

1 清·爱新觉罗·玄烨著．李迪译注．康熙几暇格物编译注[M]．上海：上海古籍出版社，1993:50.

康熙汲取了祖先积累的经验，又接受了西方的科学方法，以“格物致知”的哲学理论作为指导思想，他把自己培养成了一名种植专家。康熙在园艺学与造园学的探索方面是具有创造性的。他曾把南北方的物性作过一番比较，结果发现：南方的梅、杏、桃、李之类，开花结果都早于北方，但果实完全成熟却与北方同时，甚至还有晚于北方的。康熙亲身实践去辨认果木的性质，他纠正了《学圃杂疏》中关于“花红”即“古林檎”的分类；他还曾讨论过一种叫“倒吊果”的果木，分析其名称的来源；他引经据典，研究“金光子”“普盘”“樱额”等果类的园艺，并在皇家园林如避暑山庄里遍植多种果木，“每当夏日则累累缀枝，游观其下，殊甚娱目，不独秋实之可采也。”[1]康熙的园艺学知识，更表现在他对观赏树木的认识。康熙觉得，很多人包括一些专业书籍，对树种分辨不清，他大胆地指出李时珍所注《本草》里的谬误。康熙还对落叶松、枫木，甚至沙漠中罕见的植物都进行过深入的观察分析。在避暑山庄的栽植布置中，可以看出他运用园艺学知识是何其娴熟。他对园艺学、作物学不断深入研究，于康熙四十七年（1708年）命内阁学士汪灏等人编撰完成《广群芳谱》，内容包括天谱、岁谱、谷谱、果谱、茶竹谱、桑麻葛苎谱、木谱、花谱、鹤鱼谱等，共一百卷，搜罗极为丰富。

上原六经，旁据子史。洎夫稗官野乘之言，才士之所歌吟，田夫之所传述，皆著于篇。而奇花瑞草之产于名山，贡自远徼绝塞，为前代所未见闻者，亦咸列焉。[2]

《广群芳谱》在明人王象晋《群芳谱》基础上增删而成，为研究中国古代生物、地理和气候的重要文献。

康熙的实学精神还反映在他在皇家园林里亲身学习、研究农业、医学等科学活动之中，从而使其皇家园林的功能大为增强。康熙作为泱泱大国之君，终身关心农业生产，体恤民情。为了探索在北方推广水稻种植，康熙在西苑新建丰泽园作为农桑实验基地。其中，“治田数畦，环以溪水，阡陌井然在目，桔槔之声盈耳，岁收嘉禾数十种。垅畔树桑，旁列蚕舍，欲茧缫丝。”万几余暇，“于此劝课农桑，或亲御耒耜”，[3]从事科学实验。康熙四十二年（1703年），他在尚未建好的避暑山庄里首先开辟大片水田，用于试种御稻种，所收稻米不仅每年满足避暑之用，而且还有剩余，[4]这说明御稻米移植获得成功，并具有推广的可能性。康熙四十六年（1707年）之后，他运用南方用动物毛配合灌溉稻田的经验，在北京西郊玉泉山种植水稻成功，成为

1 清·爱新觉罗·玄烨．几暇格物编·樱额[M].
2 清·康熙．广群芳谱序[M].
3、4 孟昭信．康熙评传[M]．南京：南京大学出版社，1998：366–368.

闻名的“京西稻”，并逐步推广至山海关外，这是北方种植业的又一创举[1]。康熙充分发挥京城现有皇家园林的功用，不断进行科学实验。他曾将生长于南方的青竹移到禁苑试种，因为北方气候寒冷，如果保护不得体，是难以成活的。经过康熙的精心培育，青竹居然开始繁衍，三十年后“竟延至数亩之广，其围至八寸，直径二寸五分有零”[2]。康熙经常命大臣参观这些科学实验成果，深有感慨地意识到：“北方寒风高，无如此大竹。此系朕亲视栽植，每年培养得法，所以如许长大。”[3]康熙还把东北长白山的人参移植于禁苑中栽种。又将哈密的白、绿、紫色葡萄引种于北京皇宫的园林中，细心观察其生物习性。康熙晚年，塞外农业有了较大的发展，他在避暑山庄又开垦了几十亩地，种植了大量水稻、麦子、糜黍。康熙帝到山庄割麦，有《刈麦记》传世。

基于满族骑射的传统，在皇家园林里驯养动物，成为康熙园林活动的显著特色。他了解多种禽兽的习性，“为了打猎，他还在距北京一（古）法里（1 古法里 =10 华里 =5 公里）远的、方圆十六法里并筑有高墙的园囿（南苑）中，派人饲养了大量的飞禽走兽”，又“在他的宫廷后的御花园中饲养了不少乳虎”。[4]受儒家“格物致知”精神的陶冶，康熙对很多种动物细心研察，总结它们的习性特征。他研究过禽鸟肫肚的差别，鸟舌的功能，熊类的冬眠，阿滥鸟的名称，马的种类，鸟鼠同穴现象等。康熙对动物进行如此精细的研究与记录，使他在园林活动时能够很自然地把鹿、秦达罕（大型兔）等野生动物放养进去，客观上维持了大型园林里的生物链，从而丰富了康熙园林活动的功能与内涵。

第三节　深远影响与研究展望

一、康熙园林活动的深远影响

康熙的园林活动是随着他的系列文化建设活动而影响整个社会的。康熙在位期间努力推动学术的发展，他重视经书史籍，组织编纂类书、文学和文字学书籍，自传文集和笔记。比较重要的有编辑纂修《明史》《古今图书集成》《全唐诗》《康熙字典》《律历渊源》等。如《古今图书集成》之中的“草木典”“山川典”“鸟兽典”“考工典”“乾象典”和“神异典”，都直接与康熙的造园思想相关联。他对学术的开明态度，为清代文化的繁盛开辟了良好的先例。由于康熙在文化上的领导作用，在 18 世纪伊始的东方世界逐步形成了稳定的文化圈。

1、2、3　孟昭信．康熙评传 [M]．南京：南京大学出版社，1998：366—368

4　法国·白晋著．马绪祥译．康熙帝传 [Z]．中国社会科学院历史研究所清史研究室·清史资料〈1〉．北京：中华书局，1980：235．

康熙带头学习西方科学，组织翻译西方科学文化著作，提供给文人，传播西方科学文化知识。康熙引进西方的建筑形式，又使17世纪末至18世纪的中国园林文化对欧洲产生过巨大的影响。康熙因此成为中西园林文化交流初期阶段的关键人物。康熙曾命传教士马国贤绘制避暑山庄图，马国贤于1724年9月返回意大利并抵达伦敦，他向欧洲人展示了他在1712～1714年间奉中国皇帝康熙的钦命而制作的六十幅铜刻画，“这是在中国雕刻的第一批‘热河景’画”，“它完全可以标志着英国园林风格发展中的基点”。[1] 在康熙之前，中国园林影响西方只是局限在文字方面，当西方人在欧洲看到马国贤的园林图咏之后，中国造园艺术才开始真正影响西方（图1–24、图1–25）。

值得一提的是，中国的康熙时期，在法国正是路易十四时期，在俄国正是彼得时期。康熙、路易十四、彼得属于同一历史时期并驾齐驱的三个具有雄才大略并深刻影响历史的伟大君主。三个人管理国家的方式有很多相似之处，他们都关切过园林文化建设。路易十四曾热心于著名的巴黎凡尔赛皇家花园的建造，并与造园家交上了朋友，他积极参与造园，十分尊重造园家的意见。路易十四在政治上建成了有秩序、有纪律的君主专制政体，同时也把欧洲皇家园林的发展带到了有秩序、有纪律的园林的顶峰。[2] 彼得也是通过科学文化方面的建设，根本地推动了俄国的政体改革，他建立了俄罗斯历史上的第一批公园，在莫斯科创建公共剧院，改变了俄罗斯没有公园、没有剧院等任何公共娱乐场所的面貌。[3] 康熙同路易十四、彼得两人之间都有过使节交往。与他们为君造园相比较，康熙所倡导的“万类乂和”是特征鲜明的。

康熙造园思想对其子孙雍正、乾隆和嘉庆诸皇帝的造园，更产生了积极深远的影响。雍正皇帝亲政时间较短，他唯一操作的皇家园林——康熙赐园圆明园，处处浸透着康熙的影想。雍正在圆明园开辟田庐，经营蔬圃，这是康熙爱农思想在雍正身上的折射。雍正对园林景观也有像皇父一样的感受，他认为“凡兹起居之有节，悉由圣范之昭垂。”雍正造园效法皇考康熙的节俭、勤劳的作风，以及“亲贤礼下，对时育物”的品格。[4] 他对“圆明园”命名的解释：

体认圆明之德，夫圆而入神，君子之时中也，明而普照，达人之睿智也。[5]

反映出雍正深深地领会了康熙造园思想的核心，以造园寓意对“天下乂和”的追求，“答皇考垂佑之深恩”[6]。

1 法国·乔治·洛埃尔（Gerges Loehr）. 入华耶稣会士与中国园林风靡欧洲[C]. 选自法国·安田朴，谢和耐，等著. 耿昇译. 明清间入华耶稣会士和中西文化交流[C]. 成都：巴蜀书社，1993：301.
2 参见陈志华. 外国造园艺术[M]. 郑州：河南科学技术出版社，2001：118，124，125.
3 参见田时塘，裴海燕，罗振兴. 康熙皇帝与彼得大帝——康乾盛世背后的遗憾[M]. 北京：中央文献出版社，2000：173–176.
4、5、6 清·雍正. 圆明园记[M].

乾隆皇帝是名副其实的园林思想家，他主持的皇家园林活动空前盛大，规模超过其祖父康熙。乾隆最崇拜的人就是祖父康熙，他认为祖父是自己学习和仿效的楷模，他自称“得皇祖之泽最深”[1]。在生活作风、造园思想和造园技巧等方面，乾隆都受到了康熙的极大影响。乾隆一度以园林的形式，表达他功德圆满的圣王追求。他的造园也蕴涵着康熙思想的光辉，他把康熙“万类乂和”的朴素的中庸思想继承以后，表现为儒、道、释、帝的平衡统一。乾隆之后的君主们虽然造园规模和水平有所下降，但都竭力保持与圣祖康熙同样的园林观。

二、康熙园林活动的研究展望

就中国古典园林而言，针对造园家思想的个案研究，属于一个有待深入探讨的领地。尤其是对皇家帝王造园思想的研究，既具有历史意义，又不乏现实意义。园林史学界的一些专家对清前期皇家造园活动早有关注，王其亨先生在《清代皇家园林研究的若干问题》中指出：

见诸康熙、乾隆等皇帝《御制诗文》等有关园林创作的论述也应重视。不能否认，清代皇家园林的创作思想、理论、方法和实践，都是和这些皇帝直接关联的。过去出于其为封建地主头子的政治禁忌或顾虑，竟不能客观地把他们看待为有着很高艺术修养和创造才能的造园理论家和实践家，并予以分析研究，这就难免造成清代皇家园林的创作思想、理论和方法研究的很多不足。”[2]

园林滥觞于皇家，历代著名的皇家园林多由当朝皇帝主持经营，证明有皇帝参与造园的事实。清康熙皇帝的诸多正规传记，以记述他的政治权力和军事谋略的事件居多。对于康熙的风景诗篇，以及作为皇帝所参与的造园实绩，有必要开展研究。

康熙时期的园林后来大都经过改建而变化，在学术上的史料和图咏也相应缺乏。然而，仅依据 1700 ～ 1820 年中国年均 GDP 超过世界总值的四分之一这个事实，就可以知道这段客观存在的辉煌历史似乎被忽略了。近年来，随着历史理论研究思想与方法的不断进步，特别是透过康熙时期西方来华传教士的书信，评价、发掘康熙园林活动背景知识的工作逐渐清晰。正如宋德宣先生在《康熙评传》中所说：

当时间以无休止的前进的步伐使无数历史人物渐被遗忘的时候，人们对康熙的缅怀与评说却与时间步伐一同前进。[3]

园林界对清代乾隆皇帝造园的肯定评价已经有所认同，而对康熙造园的定论却颇显不足。本书以康熙园林活动的个案为主线，做了必要的铺垫性的康熙园林活动考证工作。

1 清·恭跋皇祖仁皇帝御制避暑山庄三十六景诗 [Z].
2 王其亨．清代皇家园林研究的若干问题 [J]. 建筑师，1995，6:48.
3 宋德宣．康熙评传——生勤民不愧君 [M]. 南宁：广西教育出版社，1997:201.

第二章
京师御苑离宫

康熙帝亲政之后，自康熙十六年（1677 年）开始，陆续对北京明末和清世祖遗留下来的园林进行修缮和添建，范围包括紫禁城、三海苑林区（图 2–1 至图 2–4）、南苑、西郊离宫别苑和清孝陵。康熙既保持着满族祖先因骑射传统而对山川林木怀有的深厚感情，又承继着汉文化的传统。他极力发挥着皇家园林的功用，同时不断深入认识园林的基本构建，身临其境体验皇家园林艺术，提高自身对园林的鉴赏力。

第一节　紫禁城及三海苑林区

一、 紫禁城内苑

内苑即禁苑，指皇宫中的御苑。康熙帝曾经于康熙十七年（1678 年）六月在皇宫内苑作诗《内苑》：

晚凉内苑看槐花，依槛临池日欲斜。

龙戏清潭娱夏景，片云生处足桑麻。[1]

年轻的康熙皇帝虽然深居内苑，却从那高远的片云生处联想到广大百姓的农事桑麻。此乃康熙早年作为一国之君对皇家园林功用的较深刻解读。

宁寿宫西路花园　位居北京紫禁城北偏东，建于明代，原名“仁寿宫”。康熙二十七年（1688 年），为了孝惠皇太后更舒适地生活，康熙帝因旧修葺，翌年即清康熙二十八年（1689 年），改称“宁寿宫后殿”。康熙二十八年（1689 年）十一月，康熙皇上传谕大学士、内务府总管：“朕因皇太后所居宁寿宫历年已久，将建新宫，比旧宫更加弘敞辉煌，今已先成，应即恭奉皇太后移居。”[2]“宁寿”出自《尚书》“五福”，健康长寿之意。清康熙前期孝惠皇太后居住在宁寿宫。宁寿宫西路花园后来成为南北长一百六十米、东西宽三十七米的狭长的“乾隆花园”（图 2–5 至图 2–9）。

1　清·康熙．清圣祖御制文一集·卷三十二·内苑 [M].
2　清·清圣祖实录 [M].

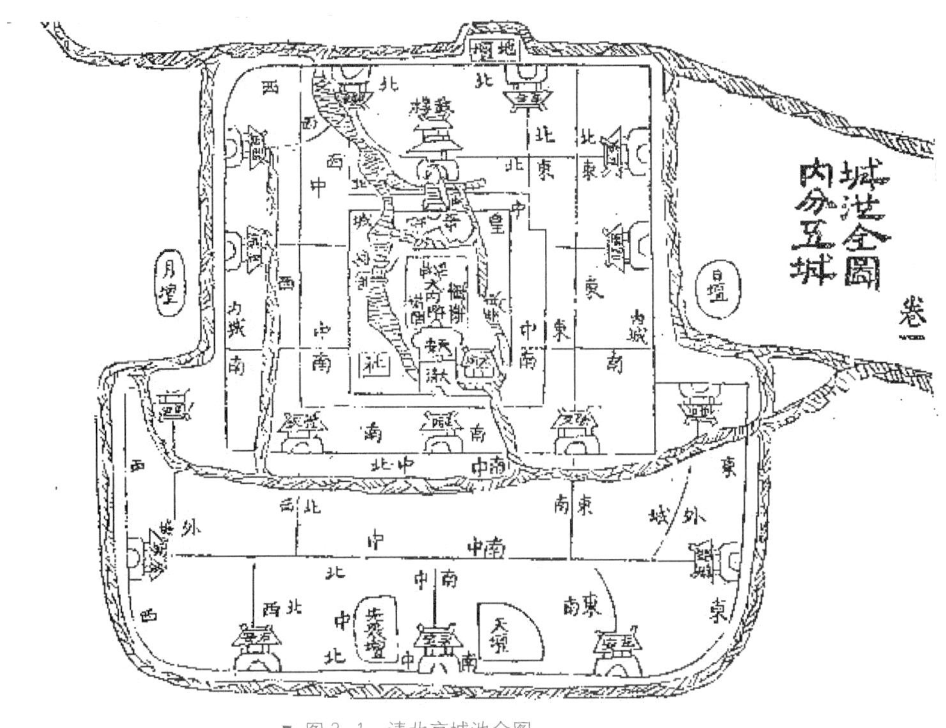

▼ 图 2–1　清北京城池全图

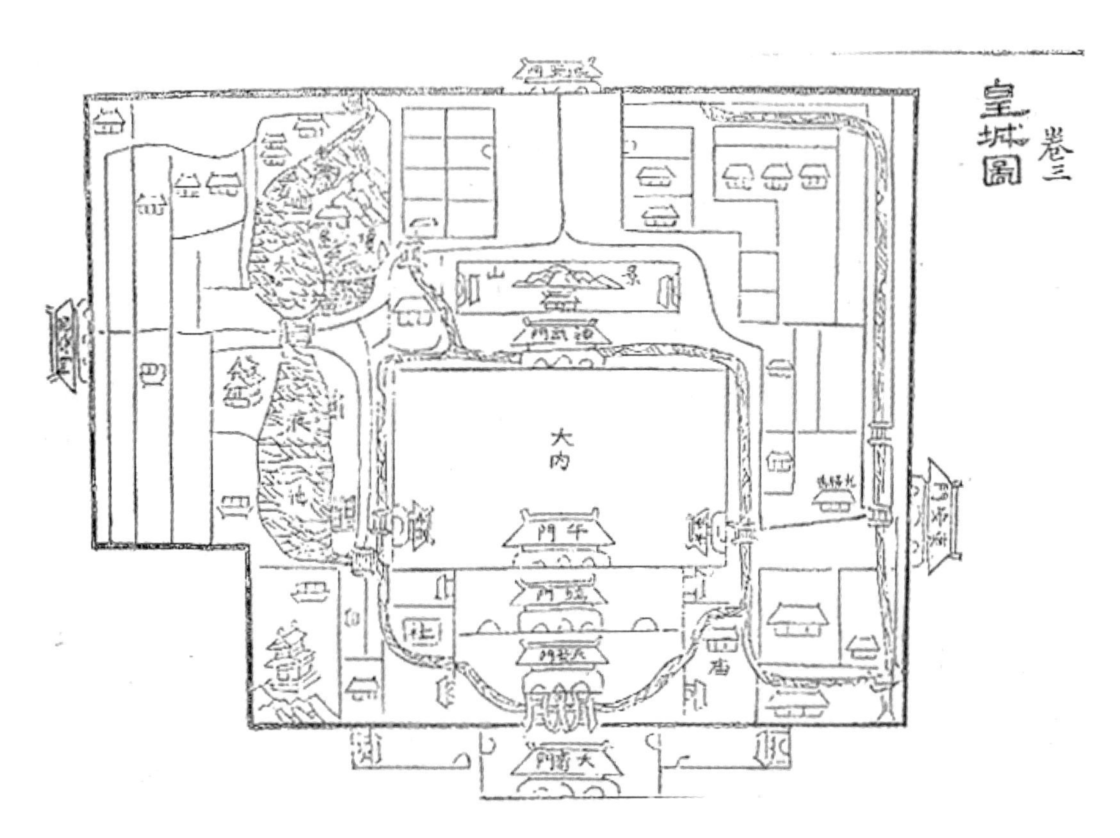

▼ 图 2–2　清皇城图

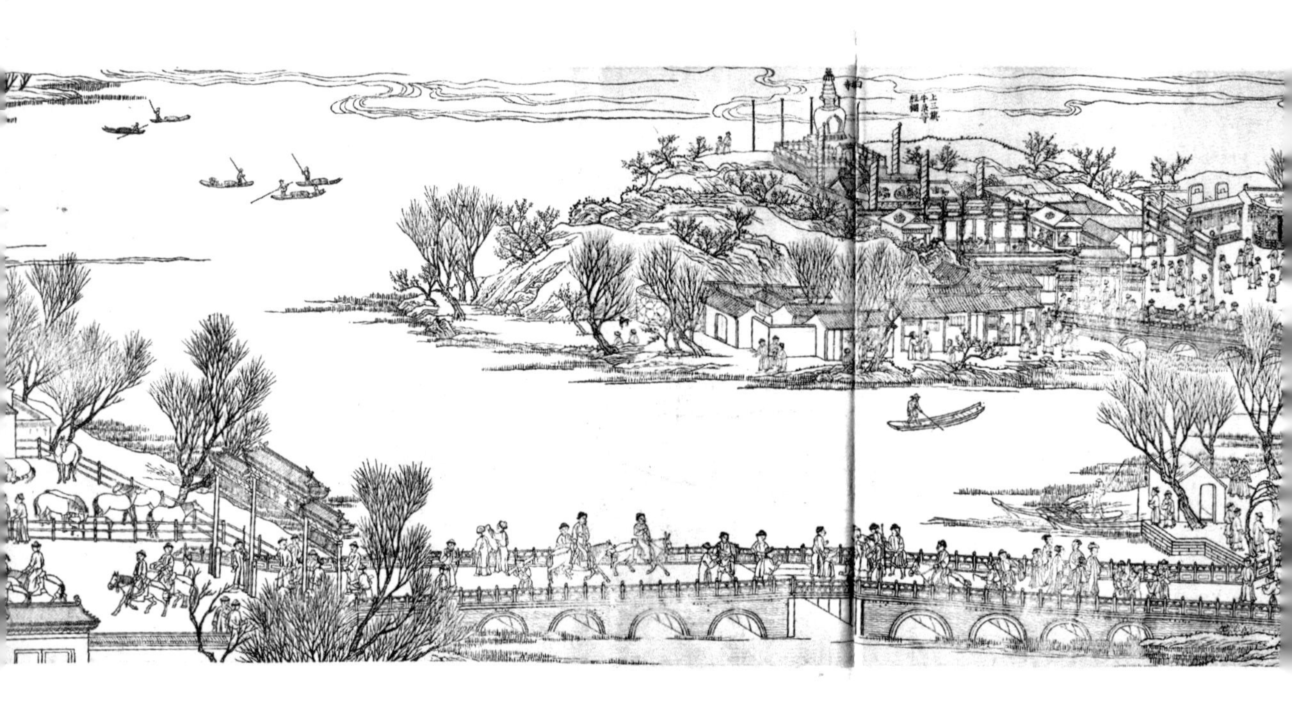

▼ 图 2–3 康熙时期的西苑北海，建筑格局疏朗质朴，主要建筑有顺治年间的白塔和北岸明代遗留的五龙亭。

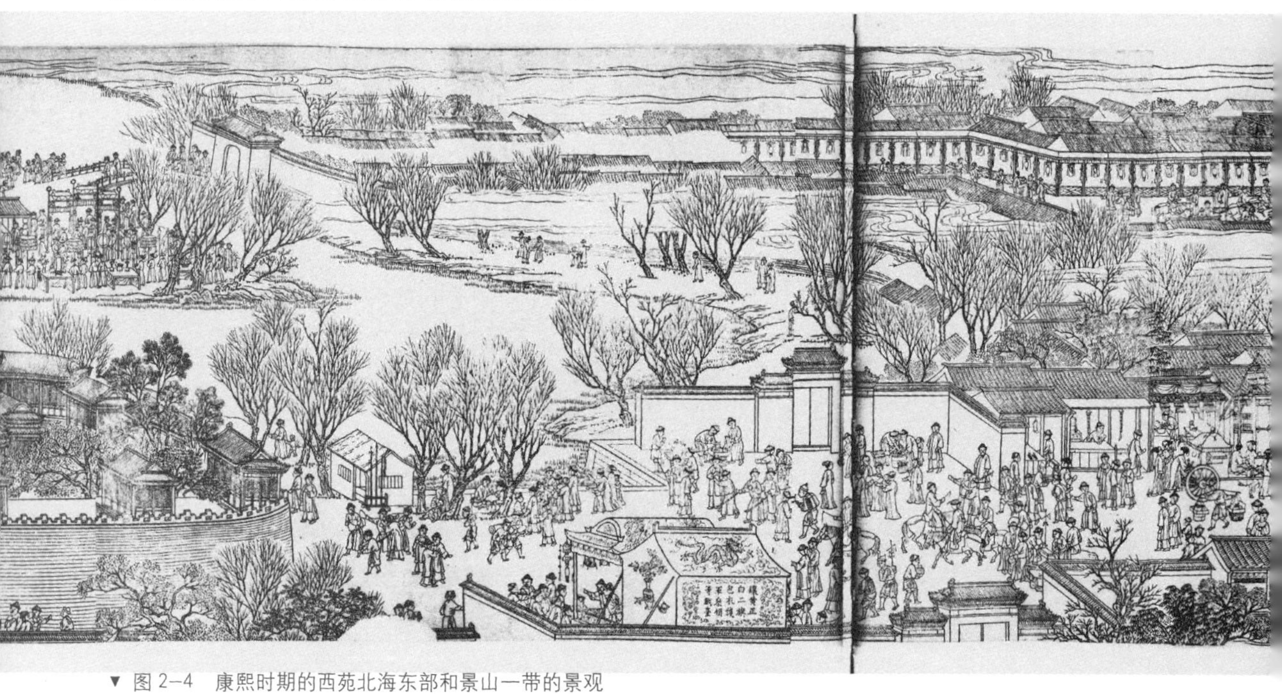

▼ 图 2–4 康熙时期的西苑北海东部和景山一带的景观

▼ 图 2-5 宁寿宫

▼ 图 2-6 宁寿宫后殿

▼ 图 2-7　乾隆花园建筑

▼ 图 2-8　乾隆花园叠石

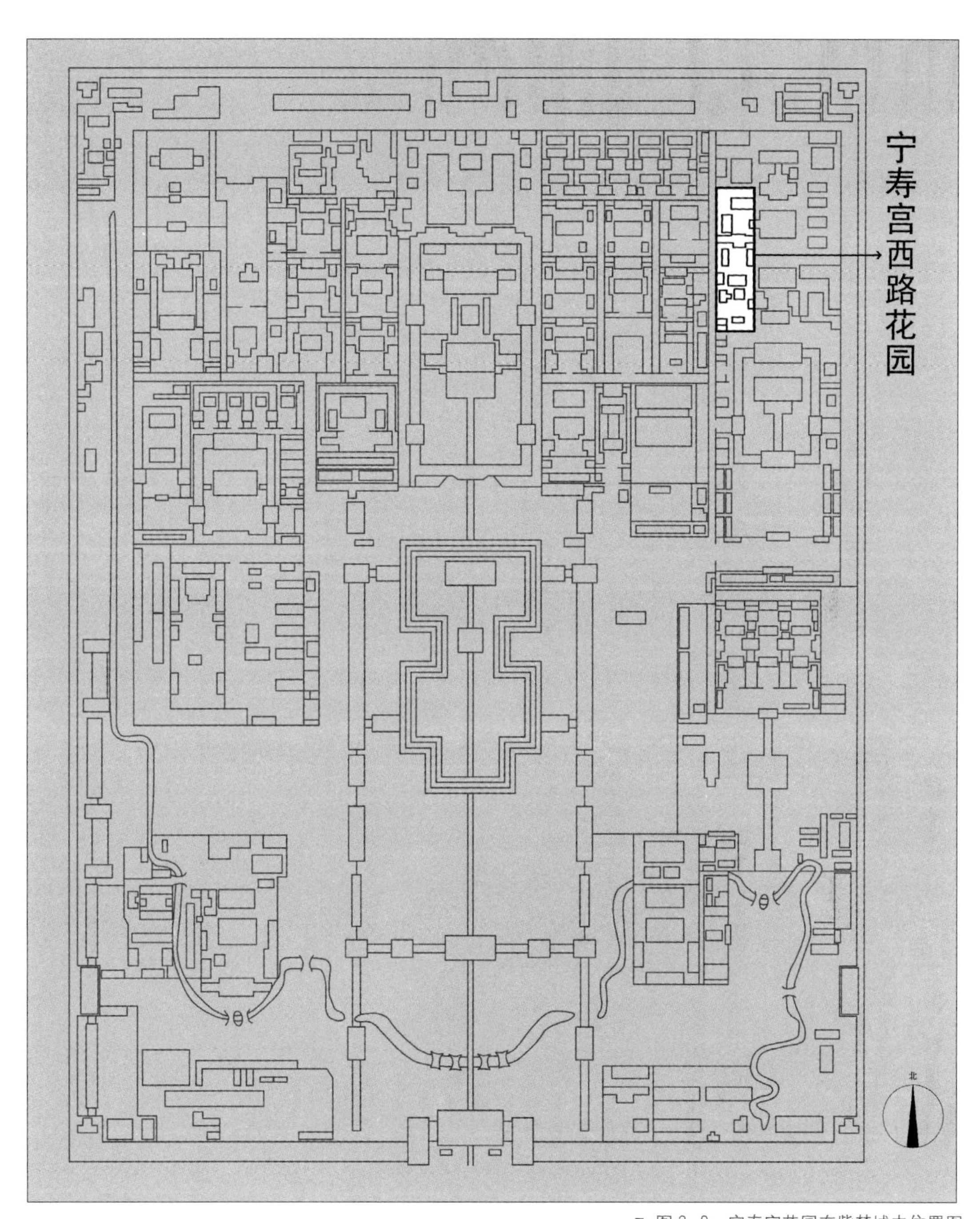

▼ 图 2–9　宁寿宫花园在紫禁城中位置图

二、三海苑区

根据刘敦桢的考证，《清皇城宫殿衙署图》（图 2–10）“所示之建筑……大都属于康熙十八年或十九年（公元1679年或1680年）以前，故图之正确年代，虽遽难确定，然所示皇城宫殿规模，在时间上属于康熙中叶，殆无疑问”[1]。从图中可以比较清楚地看到康熙中叶京师大内御苑的营建情况。

1　刘敦桢．刘敦桢全集·第2卷[M]．北京：中国建筑工业出版社，2007.10:341–346.

▼ 图 2–10 康熙时期京城衙署与西苑图

根据《清皇城宫殿衙署图》改绘的清康熙时期西苑三海苑林区水面示意图与今日北京三海苑林区水面示意图比较，可以看出，清康熙时期的三海水面与现在我们所能直观看到的三海水面有所差异（图 2–11、图 2–12）。

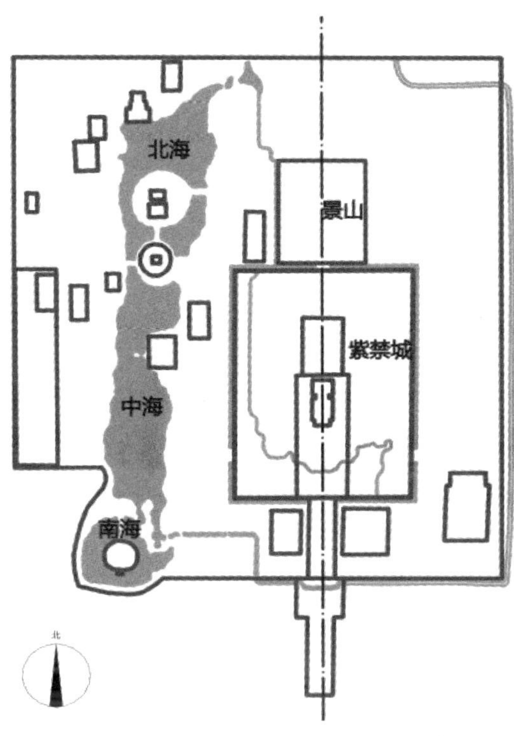

▼ 图 2–11　康熙时期三海苑林区水面示意图

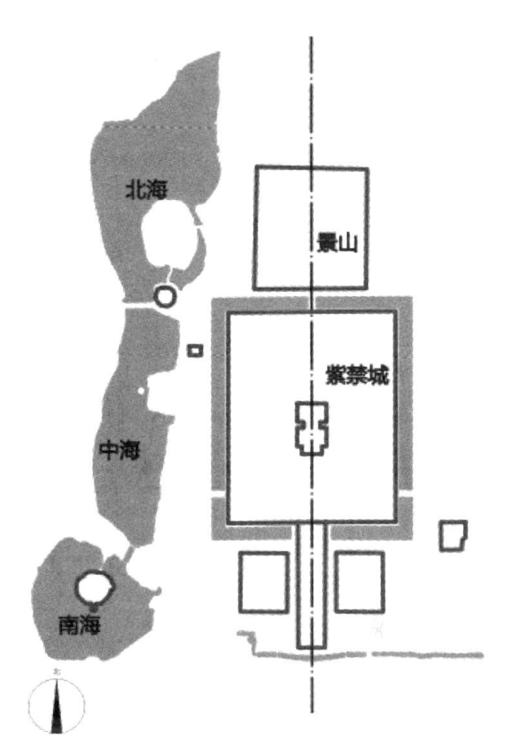

▼ 图 2–12　现在的三海苑林区水面示意图

康熙勤于国家政事，又恰逢畅春园、避暑山庄等离宫御苑的动工，相比之下对大内御苑关注较少，主要工事有修缮白塔、瀛台及重建承光殿等。图 2–13 所示为康熙年间在西苑的主要园林营建项目。

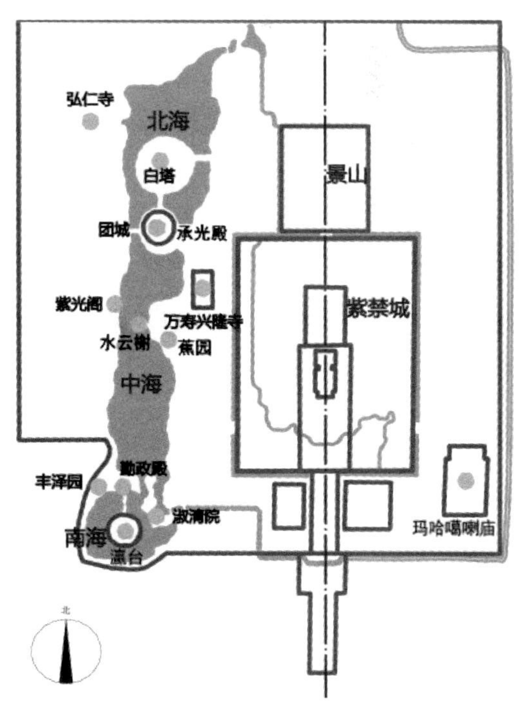

▼ 图 2–13　康熙时期西苑主要园林营建项目图

北海白塔 根据清内务府档案记载，康熙十八年（1679 年）七月二十八日，北海白塔由于京师地震被震毁，康熙二十年（1681 年）二月开始兴修，因震灾比较严重，将白塔拆除至宝瓶口，重新装藏、砌铸，至康熙二十一年（1682 年）七月告竣。嗣后每年十月二十五日，举行一次祈祷祝福活动。[1]清《日下旧闻考》中记述了当时祈福的场面：自山下燃灯至塔顶，灯光罗列，恍如星斗；诸喇嘛执经梵呗，吹大法螺；余者左持有柄圆鼓，右执弯槌齐击之；缓急疏密，各有节奏，更余方休（图 2–14）。

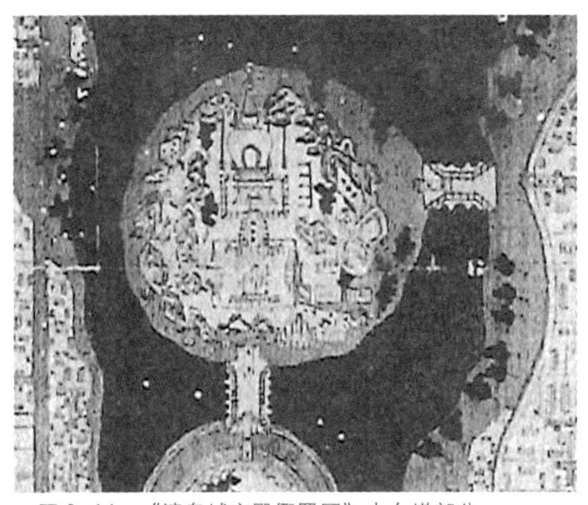

▼ 图 2–14 《清皇城宫殿衙署图》中白塔部分

▼ 图 2–15 《清皇城宫殿衙署图》中团城部分

北海承光殿 康熙二十九年（1690 年），在北京北海元代留下的仪天殿（金代称“遥光台”）的基础上重建了团城中央的主体建筑——承光殿。内供玉佛，左右有配殿，围成了一座对称布局的院落（图 2–15）。

据《北海景山公园志》载，康熙十八年（1679 年）的京城地震不仅毁坏了白塔，还同时震塌了承光殿，至康熙二十九年（1690 年）康熙帝才命人重建。根据元末明初陶宗仪《南村辍耕录》和清高士奇《金鳌退食笔记》中的文字记载，对照康熙朝《皇城宫殿衙署图》，能够发现承光殿原为一座重檐圆顶大殿，穹窿如盖，旧称“圆殿”。新建的承光殿呈方形重檐歇山顶，四面各推出单檐卷棚式抱厦一间，结构精巧，是当时京城里突出的建筑作品（图 2–16）。

1 李峥．平地起蓬瀛，城市而林壑 [D]．天津：天津大学，2007．

▼ 图 2-16　承光殿

中海紫光阁　位置在中海西岸，康熙朝每年仲秋，康熙帝常召集上三旗（八旗中的正黄旗、镶黄旗、正白旗）侍卫大臣，在北京中海紫光阁前的广场演习比武，骑马射箭。紫光阁原为明代武宗筑以阅射的，有数丈高的平台，阶梯式上升，其下面临着骑射用的苑，内设奔驰的马道。紫光阁是中海西岸最重要的建筑。康熙二十一年（1682年）十月初五、初六日，康熙帝在紫光阁亲试中式武举骑射、步射和舞刀，康熙帝赋诗《秋日紫光阁阅射》：

碧汉层云敛，金风别馆开。

驺虞宾射礼，士马羽林材。

队引花间入，镳分柳外催。

桓桓心膂寄，堪许属车陪。

中海蕉园　与紫光阁隔湖相对的是“蕉园”，又名“椒园”，是明代崇智殿的旧址。康熙为皇太后祈雨在此建造了一组佛殿，有万善殿、迎祥楼、朗心楼、大悲坛、悦性楼等。每年农历七月十五日中元节，康熙都在此举行盂兰盆会。康熙二十五年（1686年）七月十五日，康熙帝写诗《中元日蕉园作》：

中元来太液，新爽下林端。

水槛临流入，风牕捲幔看。

鱼游迷藻荇，鸥戏悦沙滩。

宇宙无尘翳，凉生月一团。

中海水云榭　中海水中的一座亭子，康熙年间建造，亭子好似在水云之中，取名“水云榭”。清代康熙时诗人朱彝尊作诗《早秋水云榭》：“残暑秋逾炽，凉风午乍催。微波莲叶卷，新雨豆花开。婉转通桥影，清冷邦水偎。夕阳山更好，金碧涌楼台。”后来的乾隆皇帝在亭内石碑上题字“太液秋风”，于是成为“燕京八景”之一。

南海瀛台　京城南海之中有一个美丽的小岛，叫“瀛台”，又名“南台”或“趯台”，它的东、南、西三面临水，为南海里的半岛。清顺治朝在岛上扩建宫室，题额更名为“瀛台”。康熙十九年（公元1680年）修葺南海瀛台，建瀛台门楼假山及宛转桥。康熙二十年（1681年），为修葺瀛台而移取白塔四周艮岳石若干，见载于清高士奇《金鳌退食笔记》：“辛酉（1681年）冬，运是山之石于瀛台，白塔之下仅余黄壤，宜多植松柏，为青葱郁茂之观。”康熙时移取白塔下的部分太湖石，没有破坏塔山风景，主体湖石仍然保存至今（图2–17）。

康熙时常居此园理朝听政，赏宴王公、大臣，饮酒联句赋诗，场面热烈而隆重。康熙青年时期描写瀛台的诗有《瀛台偶作》：

蝉鸣槐叶绿，鱼跃芰荷风。

太液临斜景，参差更不同。

康熙二十年（1681年）秋，康熙帝作《瀛台》：

红阑桥转白苹湾，叠石参差积翠间。

画舸分流帘下水，秋花倒影镜中山。

风微瑶岛归云近，日落清霄舞鹤还。

乘兴欲成兰沼咏，偶从机务得余闲。

▼ 图2–17　《清皇城宫殿衙署图》中瀛台部分

康熙二十三年（1684年）五月，康熙帝又作《瀛台》：

岁序开炎节，离宫绕翠微。

莲香闻讲席，柳色映垂衣。

物阜风光好，时清奏牍稀。

罢朝鹓鹭散，花下珮声归。

勤政殿　位置在南海瀛台桥之北，建造于康熙年间，是康熙帝在西苑处理政务的重要场所。正殿五间朝北，前有德昌门三间，门外左右有朝房，殿后有仁曜门三间，再后为瀛台桥。[1]康熙亲题“勤政”二字自勉，此后清代静宜园、圆明园等处的勤政殿均与此关联（图2–18、图2–19）。

1　李峥．平地起蓬瀛，城市而林壑[D]．天津：天津大学，2007．

▼ 图 2–18 《清皇城宫殿衙署图》中勤政殿部分

▼ 图 2–19 静宜园乾隆题名"勤政殿"

南海丰泽园 位于南海西北岸，建于康熙年间，是康熙活动频繁的场所。丰泽园里的颐年堂（后改名为"澄怀堂"），是康熙初年儒臣给皇帝进讲之所。颐年堂东边的小庭院叫"菊香书屋"，康熙题联："庭松不改青葱色，盆菊仍靠清净香。"颐年堂西边是一座精致的小园林，叫"静谷"，康熙延聘江南著名叠山匠师张然主持其中的叠石工程，[1] 完成了北方园林叠石的上乘作品（图 2–20）。丰泽园附近有多处明代的"御田"，康熙每年都在此演"籍田之礼"，亲自培育"御稻米"，康熙还作文章《御稻米》。康熙在御制《耕织图》序中写道："于丰泽园之侧治田数畦，环以溪水阡陌，井然在目，桔槔之声盈耳，岁收嘉禾数十钟。陇畔树桑，傍列蚕舍，浴茧缫丝，恍然如茆檐蔀屋。"

清代沈涵作诗《丰泽园》："名园高敞隔尘凡，竹迳逶迤度碧岩。别馆清阴迟玉佩，平畴翠色上朝衫。柔桑雨润经初剪，香稻云连候载芟。谁识九重宵汉上，耰锄长得睹民岩。"

南海淑清院 位于南海东岸，是在明代乐成殿旧址上改建而成。康熙每年来南海都必须到这座小园林停歇。淑清院旷奥兼备，幽静有佳，隔水可观赏湖心瀛台，所以正厅取名"蓬瀛在望"。

▼ 图 2–20 《清皇城宫殿衙署图》中丰泽园部分

1 周维权．中国古典园林史 [M]．北京：清华大学出版社，1999：275．

第二节　南苑及西郊离宫别苑

一、　南苑

“南苑”位于北京南城永定门外二十华里处，元朝时叫“南海子”，明朝永乐年间曾经修建过，围墙一百二十华里，苑门九座。清初顺治朝循元明旧址，将明末荒废的南海子重加修葺，命名“南苑”，作为皇家苑囿。建“元灵宫”“德寿寺”“真武庙”“关帝庙”“七圣庙”“药王庙”及“双台子”“大台子”“二台子”和“三台子”等，重修“旧衙门行宫”。南苑承袭明制，兼具狩猎阅武、物质生产、饲养牲畜的功能，也是紫禁城外的又一政治中心。

康熙时期的南苑边界范围基本沿袭自明朝，东西长三十四华里，南北长二十四华里，总面积约八百一十六平方华里，大约相当于京城面积的三倍。其范围包括现在大兴区旧宫镇的全部和瀛海镇、亦庄镇、西红门镇的大部分地区以及毗邻的丰台区南苑镇、朝阳区小红门镇的部分地区。[1]（图 2–21、图 2–22）

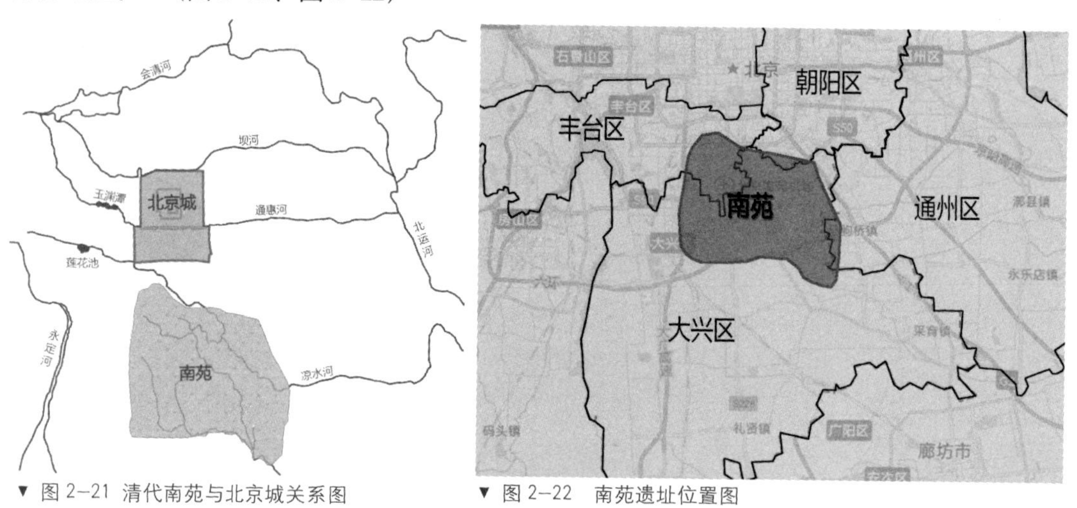

▼ 图 2–21　清代南苑与北京城关系图　　▼ 图 2–22　南苑遗址位置图

康熙十六年（公元 1677 年），康熙帝开始对明末和清顺治朝遗留下来的御苑进行修缮和添建。康熙十七年（公元 1678 年），康熙帝为孝庄太后祝寿祈福，在德寿寺东南二华里许建置永佑庙。康熙二十四年（公元 1685 年）三月，康熙帝在南苑原有五门的基础上，增添四门，形成九门之制。《日下旧闻考》中记载了九门的具体方位：“南苑缭垣为门凡九，正南曰‘南红门’，东南曰‘回城门’，西南曰‘黄村门’，正北曰‘大红门’，稍东曰‘小红门’，正东曰‘东红门’，东北曰‘双桥门’，正西曰‘西红门’，西北曰‘镇国寺门’。”南苑的东、西、南、北四座大门均按照方位定名，四隅之门皆以所临近之地名称之。

1　张林源．南海子－北京城南的皇家猎苑［J］．森林与人类，2009, 06: 40–45.

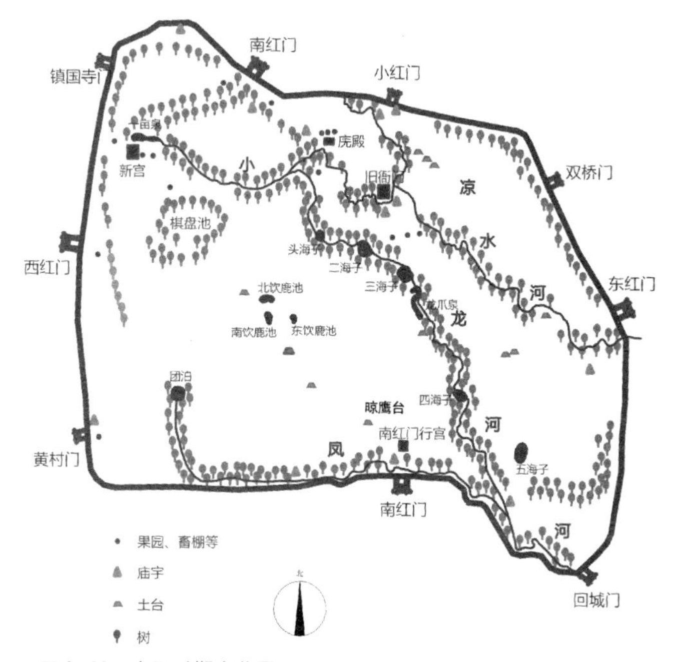

▼ 图 2–23　康熙时期南苑平面

康熙三十年（公元1691年），在小红门西南处建“永慕寺”。康熙三十三年（公元1694年），重修“永胜桥”，该桥位于南苑北红门外的凉水河上，又名“红桥”“大红桥”。康熙三十七年（公元1698年），康熙帝又下令在垣墙九门基础上增加十四座小门（图2–23）。

南苑是康熙行围狩猎、练兵习武的地方。郭美兰从清宫满文文献里考证说，此间康熙也对南苑的新旧“衙门”“德寿寺”“圆灵宫”“大西天”“道经场”等进行了大规模修缮。

康熙重视对八旗部队的作战能力训练，康熙初年在南苑的狩猎、军事演练和阅兵的性质非常突出。康熙皇帝在位期间共有一百五十九次临幸南苑，康熙四年（公元1665年）至康熙四十七年（公元1708年），康熙帝到南苑行围狩猎就达一百二十七次。[1]

康熙二十二年（1683年）三月，康熙帝西巡五台山返京途经南苑，有诗描述《南苑》：

十里郊南路，红门启上林。

岁时蒐狩礼，畎亩豫游心。

羽仗连花影，帷宫接柳阴。

凤城回首望，缥缈五云深。

南苑以自然风光为主，其中饲养了很多珍稀动物，相当于国家大型野生动物园。从康熙的诗中可以看出，他在此狩猎检阅，耕田种地。康熙另有诗《南苑阅马》：

渥洼龙种雪霜同，毛骨天生气格雄。

八骏齐观南苑里，岂夸当日玉花骢。

康熙四十四年（1705年），中国传教会总会长张诚神父在北京记述了南苑概貌：

行宫面积极大，周长达十（古）法里（1古法里=10华里），而且与欧洲王宫迥然不同。这里既无大理石雕像，也无喷泉及石头围墙；四条清澈见底、岸边栽有树木的小河浇灌着行宫。人们可看到三座极其整洁精巧的建筑物。还有许多池塘及为鹿、狍、野骡和

1　张英杰．北京清代南苑研究[D]．北京：北京林业大学，2011．

▼ 图 2–24　北京南苑南海子（一）

▼ 图 2–25　北京南苑南海子（二）

▼ 图 2–26　清末南苑行宫（一）

▼ 图 2–27　清末南苑行宫（二）

其他褐毛兽准备的牧场，饲养家畜的牲畜棚、菜园、果园，甚至还有几块播了种的耕地；总之，田园生活中的一切雅趣这里应有尽有。[1]（图 2-24 至图 2-27）

南红门行宫　康熙五十二年（1713 年），康熙在南海子南红门建行宫，叫“南红门行宫”，简称“南宫”，是康熙每当“大阅”之时的驻跸之地。这里景致宜人，无限风光。南宫有宫门二重，前殿五楹，后殿五楹，前后殿建有东西配殿（图 2–28）。清初依照明朝旧制，设海户籍一千六百人，每户分田地二十亩，守苑中，春蒐冬狩。

晾鹰台　南宫北约两华里的地方是明代的名胜，叫“晾鹰台”，康熙常年到此行围射猎，每逢“恭值大阅之典”，台上设御营帐殿，康熙身着甲胄，登台检阅八旗官兵，盛况空前。晾鹰台“台高六丈，经十九丈有奇，周经百二十七丈。”[2] 康熙诗：

清晨漫上晾鹰台，八骏齐登万马催。

遥望九重云雾里，群臣就景献诗来。[3]

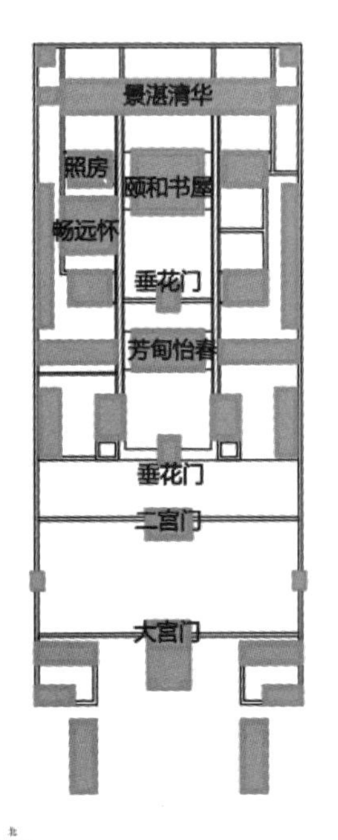

▼ 图 2–28　南红门行宫平面图

1　法国·杜赫德著．郑德弟，吕一民，沈坚，朱静译．耶稣会士中国书简集——中国回忆录 [M]．郑州：大象出版社，2001：27．

2　清·钦定日下旧闻考 [M]．

3　清·康熙．清圣祖御制文一集·卷三十二 [M]．

二、西郊胜地

北京的西郊约三十余华里之内，群山环绕，泉流汇集，景色秀美，是“避喧听政”的理想之地。金代在香山、玉泉山、万寿山建行宫，明代在此又营建了大量寺庙。清代康熙中叶，三藩平定，局面安定，全国趋于统一，经济发展，朝廷财力充裕。为了团结蒙藏各民族，特别是为了方便接见蒙古王公，康熙帝决定把皇家园林建设重点从南苑转移到西北郊的行宫御苑和离宫御苑。在香山及其附近的山系平地，玉泉山、翁山和西湖畔的平原，以及明代私家园林荟萃的大片多泉水的沼泽地方，康熙朝都营建了大规模的宫苑，形成了北京城西北郊“三山五园”的早期雏形（图 2–29、图 2–30）。

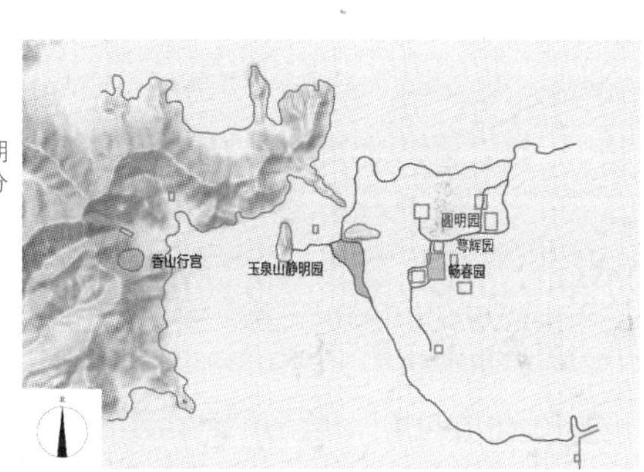

▼ 图 2–29　康熙时期北京西郊著名园林分布图

▼ 图 2–30　清北京西山图

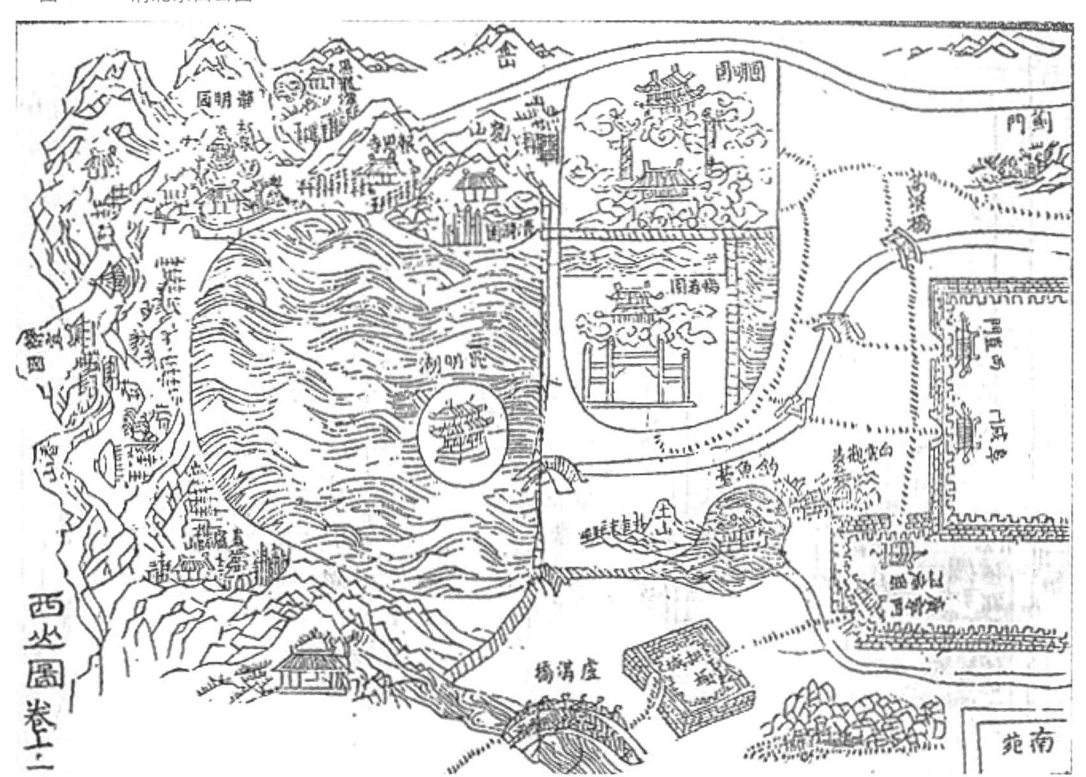

静明园　即北京玉泉山，这里经过金代和明代的陆续开发，形成了以佛寺道观和园亭为特色的山林景观。清初顺治朝，玉泉山的建设较之以往没有明显变化。

静明园在玉泉山之阳，园西山势窈深，灵源浚发，奇征趵突，是为玉泉。康熙年间创建是园，我皇上（乾隆）几余临憩，略加修葺。[1]

《钦定日下旧闻考》中这段记述说明了静明园的完成主要是在康熙时期。康熙十九年（1680年），康熙帝命将原有的行宫及元明时期的寺庙进行了大规模的翻修，把玉泉山改建为行宫，命名“澄心园”，设总领一人管理园务。康熙二十二年（1683年）建城关、玉泉新闸，康熙三十一年（1692年）改名“静明园”。[2] 康熙时期，静明园的范围在玉泉山的南坡和玉泉湖、裂帛湖一带。康熙在“城关”“裂帛湖”等景点御题“涵云”“清音斋”等。

从《康熙起居注》提供的资料可知，自从康熙十九年（1680年）开始建玉泉山行宫起，至第一座大型御园畅春园建成的康熙二十六年（1687年）为止，是康熙帝经常到澄心园驻跸的年代，期间康熙共二十一次到玉泉山居住、工作和游览。[3]

康熙在静明园写下了很多诗赋，如康熙二十二年（1683年）四月，康熙帝幸玉泉山时作《初夏玉泉山二首》：

别馆依丹麓，疏帘映碧莎。
泉声当槛出，花气入垣多。
路转溪桥接，舟沿石窦过。
熏风能阜物，藻景已清和。
山翠引鸣镳，湖光漾画桡。
野云低隔寺，沙柳暗藏桥。
百啭黄鹂近，双飞白鹭遥。
今年农事早，时雨足新苗。

又如《玉泉山晚景，用唐太宗〈秋日〉韵》：

晴霞收远岫，宿鸟赴高林。
石激泉鸣玉，波回月涌金。
熏炉笼竹翠，行漏出松阴。
坐爱秋光好，翛然静此心。

康熙又作《玉泉赋》：

若夫天产瑰奇，地标灵迥。融则川流，峙惟山静。抚风壤之清凉，对玉泉之幽靓。信芳甸之名区，而神皋之胜境也。……见凫雁之沉浮，

1、2　清·钦定日下旧闻考·卷八十五·国朝苑囿·静明园 [M].
3　张宝章．康熙年间的海淀园林 [A]. 圆明园·第十六期 [C]. 2014.11.

▼ 图 2–31 静明园北部

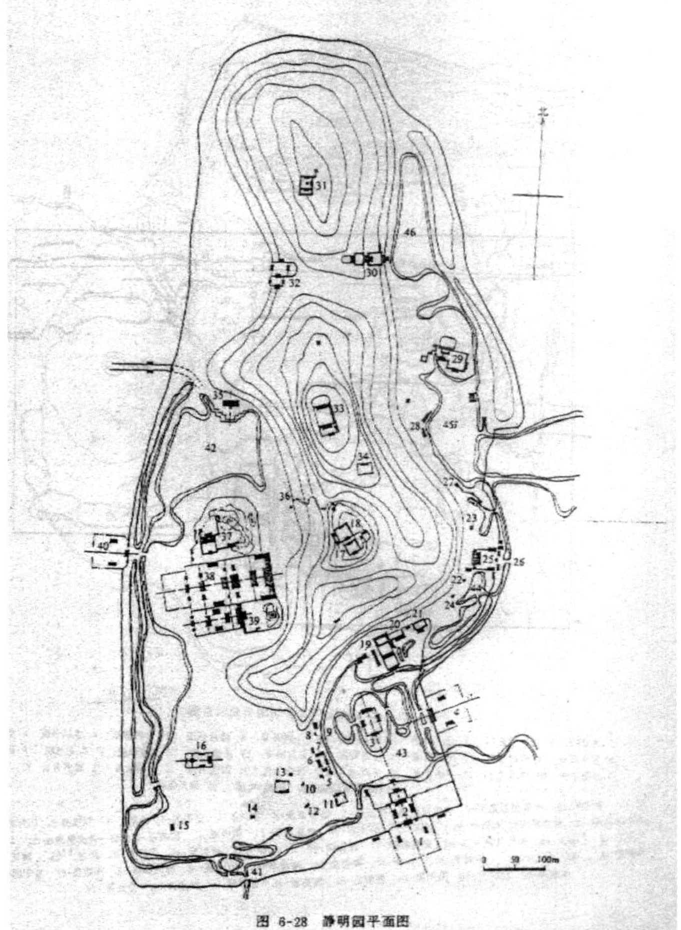

▼ 图 2–32 乾隆时期“略加修葺”后的静明园平面图

望烟云之出没。掬皓魄于晴澜，散清晖于深樾。至于凄辰中律，水树萧骚，木叶尽脱，微霜始飘。耿冰雪以流映，拥贞萎而后凋。揽六宇之旷邈，寄余怀于泬寥，是其为状也。何时不妍，何妍不极。境近心远，目营神逸。有林垧之美，而无待于攀跻。有亭榭之安，而无劳于雕饰。岂所语于入华林者，拟濠濮之游涉太液者，象蓬瀛之域也耶。

从康熙的诗词文赋中可以充分感受到他酷爱玉泉山地区诱人的景观，歌颂其为“神皋之胜境”。后来的乾隆时期，静明园进行了一定规模的扩建，全园景区可分为南山、东山和西山景区，乾隆还命名了“静明园十六景”（图 2–31 至图 2–34）。

▼ 图 2–33　静明园中部

▼ 图 2–34　静明园七层佛塔

香山行宫　位置在北京香山，金代开始建“香山寺”和行宫，元、明时期发展不大。清康熙开始修缮佛殿，并建行宫以“避喧听政”。康熙十六年（1677年），康熙帝在原香山寺旧址扩建香山行宫，作为“质明而往，信宿而归”的临时驻跸的一处行宫御苑。香山名胜，若来青轩、红光寺诸处及娑罗宝树，皆昔蒙圣祖仁皇帝康熙临幸，天章肇赐，御额亲题。乾隆时赐名“静宜园”，共有二十八景，后来成为规模宏大的皇家园林（图 2–35 至图 2–40）。

昔我皇祖（康熙）于西山名胜古刹，无不旷览，游观兴至，则吟赏托怀。草木为之含辉，岩谷因而增色。恐仆役侍从之臣或有所劳也，率建行宫数宇于佛殿侧。无丹雘之饰，质明而往，信宿而归，牧圉不烦。如岫云、皇姑、香山者皆是。”[1]

乾隆“于是乎就皇祖（康熙）之行宫，式葺式营，肯堂肯构。朴俭是崇，志则先也，动静有养，体智仁也。”[2] 可见，乾隆在整体布局上基本没有改变康熙经营的香山行宫，只是在建筑构筑方面进行了一番简单修缮，并通过命名的形式把康熙的造园思想表达了出来：

名曰“静宜”，本周子之意，或有合于先天也。殿曰“勤政”，朝夕是临，举群臣咨政要而筹民瘼，如圆明园也。[2]

在乾隆命名“静宜园”以前，康熙已经对一些景点进行过题名和赋诗。如乾隆二十八景之一的虚郎斋东宫门檐额就有康熙的御书“涧

1、2　清·高宗弘历．御制静宜园记[M].

碧溪情”。璎珞岩的“绿筠深处”额为康熙御书。康熙还在后来的“听法松”景点御制《娑罗树歌》：

娑罗珍木不易得，此树惟应月中植。
想见初从西域移，山中有人多未识。
海桐结蕊松栝形，千花散尽七叶青。
山禽回翔不敢集，虚堂落子风泠泠。
楚州遗碑今已偃，峨眉雪外双林远。
未若兹山近可游，灵根终古蟠层巘。
繁阴亭午转团圞，回睇精蓝路几盘。
凭教紫府仙山树，写入披香殿里看。

乾隆二十八景之一的来青轩内恭悬着康熙的“普照乾坤”额，在观音阁上层康熙御制《来青轩临眺二首》：

摇拂烟云动翠旗，登临翰墨每相随。
山河景象无穷意，俯瞰人情因物知。
来青高敞眺神京，斜倚名山涧水清。
此日君臣同览赏，村村鸡犬静无声。

清《钦定日下旧闻考》中还记述道：

洪光寺盘道，即所谓十八盘也。昆庐圆殿额曰“光明三昧”，正殿后檐额曰“慈云常荫”，皆圣祖（康熙）御书。

康熙还御制《洪光寺盘道诗》：

白云飞夏日，斜径尽崎岖。
仙阜崇高异，神州览眺殊。

康熙又曾作诗《碧云晓起诗》：

山中晓起听蝉鸣，遥对峰岑霁色清。
洞壑有年奇树老，梦回疑是在蓬瀛。

▼ 图 2–35　乾隆赐名“静宜园”

▼ 图 2–36　从碧云寺俯瞰香山

▼ 图 2–37　香山行宫洪光寺盘道

▼ 图 2–38　香山行宫来青轩山门

▼ 图 2–39　香山行宫遗址整修

▼ 图 2–40　香山行宫璎珞岩绿筠深处

圆明园　坐落在北京挂甲屯的北面，距离著名的畅春园约为一华里远的地方，是康熙给皇子胤祯（雍正）的赐园，建于康熙四十八年（1709 年）。这座园林占地三百亩，以水景为胜。后来雍正王朝和乾隆王朝均在此基础上大规模地扩建，终于形成了“圆明园”“长春园”和“绮春园”的著名三园，总占地达五千二百余亩。根据雍正《圆明园记》的叙述，康熙帝“熙春盛暑，时临幸焉。林皋清淑，陂淀渟泓。因高就深，傍山依水。相度地宜，构结亭榭。取天然之趣，省工役之烦。槛花堤树，不灌溉而滋荣。巢鸟池鱼，乐飞潜而自集。盖以其地形爽垲，土壤丰嘉。

百汇易以蕃昌，宅居于兹安吉也。园既成，仰荷慈恩，赐以园额，曰‘圆明’。”

萼辉园　在京师西北隅，畅春园东北御果园旧地，是康熙给兄长裕亲王福全的赐园。康熙作《萼辉园记》：

京师西北隅，地旷而幽。西山叠巘，近可指瞩。清泉交流，停泓于其间。林木茂密，禾黍芊绵，有古鄠杜之风焉。朕既筑畅春园，时往以省耕观稼，炎暑蒸郁，亦将以憩息于此也。

东北御果园旧地，以赐裕亲王。其地有清泉乔木，因而葺治，循乎自然，林樾丘壑具萧远之致。

王既为斯园，请朕名之。夫《诗》以棠华比兄弟，朕每读《诗》，未尝不三复流连；思古人友爱之谊，天伦之乐，邕邕怡怡；被于弦诵，窃欣慕焉。因以“萼辉”名兹园，盖有取于诗人之旨也。王秉性宽和，入则集议岩廊，翼赞机政，退居之暇，澄怀简澹，不涉外务。时当风日佳美，眺览郊垌，辄至斯地，荫嘉树，镜清流，问农阅圃。古人有言：为善之暇，想足怡神。王之游息于兹园也，其犹此意也欤！唐开元中，营兴庆宫，赐诸王第于宫侧，建为“花萼相辉之楼”。史册传之，朕所嘉尚。于是既命其名而并记其事云。

《诗经·常棣》用常棣的花比喻兄弟相亲相爱，康熙每次读到这首诗时，都是手不释卷，反复吟诵；想想古人的友谊和欢乐，可谓融洽和睦；配合乐器唱起这首诗，康熙又是欣喜又是羡慕。康熙之所以给此园命名“萼辉”，是因为吸取了诗人所表达的意旨。

第三节　康熙朝京师土木建设

清孝陵、景陵　位于河北遵化昌瑞山南麓，这里山川灵秀，植被茂盛，空气清新，地臻全美，景物天成，是一处祈福纳祥、天人合一的风水宝地。康熙三年（1664年），孝陵竣工。孝陵埋葬着康熙的生父顺治帝的遗体，中轴线上十二华里长的孝陵神道气势恢宏，由难往北依次是金星山、石牌坊、大红门、顺治神功圣德碑楼、石像生、龙凤门、七孔桥、孝陵。石牌坊采用完全石料而依据木结构形式构筑，面阔三十一点三五米，高十二点四十八米，精美巨大。碑楼也称神道碑亭，重檐歇山顶，亭内碑身阳面用满、蒙、汉三种文字镌刻着顺治皇帝的谥号。石像生全长八百七十米，共有十八对，其中文臣、武将各三对，马、麒麟、象、骆驼、狮豸各一对，狮子站、卧各一对，每座石雕均用整块石料雕成，犹如两列威武雄壮的仪仗队排列于神道两侧，使陵园更加威严、神圣、肃穆。龙凤门为三门四壁三楼顶形式，周身用黄绿琉璃构件嵌面，壁心画面为龙、花、鸟图案。自康熙九年（1670

年）八月，康熙帝首次谒孝陵，至康熙六十年（1721 年）二月，康熙一生曾经四十次诣孝陵（图 2–41 至图 2–45）。

景陵是康熙帝的陵寝，位置在孝陵东侧两华里地方，内葬有康熙皇帝、孝诚皇后、孝昭皇后、孝懿皇后、孝恭皇后和敬敏贵妃共六人。始建于康熙十五年（1676 年）二月初十日，康熙二十年（1681 年）完工。主要建筑有大碑楼、五孔神路桥、石像生、牌楼门、神道碑亭、东西朝房、三孔神路桥、东西值房、隆恩门、东西燎炉、东西配殿、隆恩殿、陵寝门、二柱门、石五供、方城、明楼、宝城、宝顶、地宫、神厨库等，建筑完备，规模宏达。景陵建设效仿孝陵，局部有突破创新。景陵首创大碑楼内立双碑、石像生设五对、废火葬改用棺椁入葬、先葬皇后以待皇帝、皇贵妃附葬帝陵之规制。康熙朝建景陵时没有石像生，为乾隆朝在弯曲的神道上补建。景陵布局严谨，三面环山，松柏滴翠，风景秀丽（彩图 4、图 2–46、图 2–47）。

▼ 图 2–41　清孝陵石像生

▼ 图 2–42　清孝陵金星山

▼ 图 2–43　清孝陵神道大红门

▼ 图 2-44　清孝陵

▼ 图 2-45　清孝陵龙凤门

▼ 图 2-46　清景陵神道碑亭与东西朝房

▼ 图 2-47　清景陵

康熙朝京师其他土木建设　康熙中期以后，清王朝从初期的战乱已经步入了国泰民安，康熙把精力投放在了国家经济建设上。中国第一历史档案馆郭美兰根据清朝内务府满文文献获知：“仅康熙四十年（1701年）前后，除对紫禁城加以修缮外，修建的王府、苑囿就有很多，当时的四贝勒（即后来的雍正帝胤禛）、八贝勒（即后来的廉亲王胤禩）二人的府第，就是在原来驼馆的旧址上建起的一东一西、颇具规模的宅院。”

康熙三十八年（1699年）正月，康熙帝力排众议，支持法国耶稣会士在皇城“敕建天主堂”，建于中南海蚕池口前，命名“救世主堂”，题匾额“万有真原”。光绪十三年（1887年），该教堂迁至北京西什库。

郭美兰还通过查阅馆藏满文清史档案证实，康熙四十年（1701年）左右兴建的土木工程非常之多，在圆明园和潭柘寺等京师地区新修了很多庙宇。康熙朝内务府用于日常维修的工匠达一千九百七十一人。在多伦会盟之后，康熙帝敕建多伦诺尔庙（汇宗寺），康熙四十六年（1707年）六月二十八日，康熙亲临拈香后发现大殿中央所供佛尊过于空寂，立即下令仿照畅春园西北门外的永宁寺供佛式样造办送往。

表 2–1　康熙朝京师土木工程大事年表

年份	月份（农历）	土木工程大事
康熙元年 1662年		整修贡院：厅堂房屋二百一十八间，号舍七千二百四十间。在广渠门内建育婴堂。
康熙三年 1664年	八月二十二日	清孝陵主体结构结束。
康熙四年 1665年	三月二十日	装修完成历代帝王庙。
康熙五年 1666年		修筑城壕：护城河遇水冲坏处，内城由工部委官修筑；外城由顺天府及五城官修筑；城上洼漏处，由步军统领衙门会同工部委官修补。
	四月二十九日	重建皇城内明“清馥殿”竣工，康熙帝敕名“弘仁寺”（又名“旃檀寺”“喇嘛庙”）。
康熙六年 1667年		修建端门，增设京城仓房。
康熙七年 1668年	三月二十三日	在东西长安门外设立石牌，为民伸告冤枉之事。
康熙八年 1669年	正月十四日	康熙帝命修乾清宫、交泰殿。
	二月初八日	疏浚京师护城河。
	十月初九日	重修卢沟桥。
	十一月二十三日	修造太和殿、乾清宫告成。
康熙十一年 1672年	十一月三十日	建南苑行宫。
		修贡院号房。

年份	月份(农历)	土木工程大事
康熙十三年 1674 年	二月初三日	南怀仁设计督造观象台新仪器告成。
康熙十五年 1676 年	二月初十日	开始营建清景陵。
康熙十六年 1677 年		扩建香山行宫（静宜园）。建喀喇河屯行宫。
康熙十七年 1678 年		修孔庙成。
康熙十九年 1680 年		建玉泉山澄心园（后改名静明园）。
		重葺瀛台
康熙二十年 1681 年	正月二十一日	疏浚通州运河。
	四月	始建木兰围场。
		重建黑龙潭神庙。
		清景陵完工。
康熙二十二年 1683 年		建长春、启祥、咸福宫。
		重建文华殿。
		建玉泉新闸。
康熙二十三年 1684 年		定天坛望灯杆木丈尺。
		由供奉内廷的江南山水画家叶洮参与规划，在明神宗生母李太后之父武清侯李伟的故园清华园的旧址上改建为畅春园，延聘江南叠山名家张然主持造园工程。
康熙二十四年 1685 年	十月	修治京城大小道路。
康熙二十五年 1686 年		重建柏林寺。
		在畅春园建算学馆。
康熙二十七年 1688 年		听从靳辅策划，治理沙河。
	十一月初七日	重修慈宁宫英华殿。
		重修天安门和端门券门及随券城墙。
		建皇孙住房一百二十一间。
		修东便门至西便门水闸。
康熙二十八年 1689 年		初建紫禁城宁寿宫，同时修葺明代仁寿宫并改称宁寿宫后殿。
康熙二十九年 1690 年		建天安门外石桥七座。
		筑玉河决口。
康熙三十一年 1692 年	三月二十八日	修浑河堤。
		整修什刹海。
康熙三十二年 1693 年		建舍饭幡竿寺。
康熙三十三年 1694 年	二月十二日	始筑通州至西沽堤岸，堵塞西沽至霸州决口。
		康熙帝令改建摄政王多尔衮府邸为玛哈噶喇庙，后乾隆赐名普渡寺。
康熙三十四年 1695 年	二月二十五日	兴太和殿工。
康熙三十六年 1697 年	七月十八日	重修太和殿告成。
		建坤宁宫东西暖阁。
		重建承乾、永寿宫。
		疏浚护城河。
康熙三十七年 1698 年	四月二十九日	康熙帝命速浚浑河（七月二十一日康熙赐名永定河）筑堤。

年份	月份(农历)	土木工程大事
康熙三十八年1699年	正月	康熙帝敕建天主教堂于皇城。
	十月	兴永定河工。
		重建广济寺。
		建贡院前牌坊。
康熙三十九年1700年	四月十七日	八旗兵丁协助开河。
		建文渊阁。
		定修理城上火药房及拨房例。
		康熙帝敕改万寿兴隆寺。
康熙四十年1701年	五月二十六日	永定河及子牙河堤工共二百一十华里，竣工。
康熙四十一年1702年	五月二十日	修国子监。
	八月初一日	增顺天乡试中额。
		筑紫光阁前廊。
		增贡院号舍。
		重修东岳庙。
康熙四十二年1703年	五月初四日	修顺天府尊经阁。
		始建热河行宫（避暑山庄）。
		康熙帝命修整城内外沟道。
康熙四十五年1706年		疏浚清河至通州一段。
		建清河本裕仓。
康熙四十七年1708年		热河行宫（避暑山庄）初步建成。
		重修龙安寺。
康熙四十八年1709年		始建圆明园。
康熙五十年1711年		康熙帝题避暑山庄三十六景诗，后冷枚绘《避暑山庄图》。
		重修天坛祈谷殿配殿。
康熙五十二年1713年		建西黄寺班禅塔。
		建避暑山庄溥仁寺和溥善寺。
		重修柏林寺。
康熙五十三年1714年	正月十七日	康熙帝命重修各坛、庙、宫殿乐器。
		在青龙桥建稻田仓廒。
康熙五十九年1720年		修大觉寺。
康熙六十一年1722年		重修崇国寺，改名为护国寺。

（参考文献：北京市社会科学研究所．北京历史纪年[M]．北京：北京出版社，1984:193~206．）

第三章
巡幸行宫园林

康熙皇帝亲政以后，每年都出京巡视，少则两三次，多则五六次。著名的有六次南巡、三次东巡和七次西巡。出塞北狩，巡历蓟甸多在百次以上。康熙每次出巡的时间少则数日，多则百余日，有时一年大部分的时间都在巡幸途中度过。如康熙四十二年（1703年）正月到三月，南巡至苏州、杭州、江宁；五月至七月，北狩巡视塞外、蒙古；七月至九月，再次北狩，视察塞北，并进行“木兰秋狝”；十月至十二月，西巡晋陕，南下视察河南，十二月十九日返京，历时二百四十天。康熙从二十年（1681年）开始频繁巡狩，至康熙六十一年（1722年）去世，每年出京巡视超过二百天的共有十一次，超过一百天的共计二十四次，最少的每年也在一个月时间，详见第六章第三节“康熙巡幸地方考”。

雍正元年（1723年），耶稣会传教士巴多明神父在致法兰西科学院诸位先生的信中说：

（康熙）皇帝几乎不断出外巡视，每年在京仅呆十五天。他在位的最后十八年时间里，我始终随他同行。在北京和主要狩猎场之间，他下令修建了二十余处行宫，为了避暑，他在热河行宫要住三个月。[1]

康熙巡幸的目的是从综合的治国方略上考虑的，他深深悟出了皇帝巡访四方的意义：为君者要时刻明了天下大事，百官要时刻了解下情，使上下畅通。康熙南巡治水和谒孔，是为了团结汉族士大夫；北巡行围，是为了怀柔蒙古；东巡祭奠先祖，是为了尽孝道；西巡上五台拜黄教，是为了尊重蒙藏。

康熙在巡幸的途中，莅临大量名山胜景，直接被大自然的风光所感染，形成了他的清醇而豪迈的审美心理，这种审美心理促成了康熙园林美学特征的产生。康熙临幸名寺，题额圣殿，修建行宫。康熙中期以后，国家政权趋于稳固，国力一步步走向强盛，之前大量花费在武装战事方

1　法国·杜赫德著．郑德弟，吕一民，沈坚，朱静译．耶稣会士中国书简集——中国回忆录[M]．郑州：大象出版社，2001：300．

面的资金转为民用基础设施的建设。康熙把园林文化与政治活动有机地结合了起来（彩图 5、图 3–1、图 3–2）。

▼ 图 3–1　清康熙巡幸图

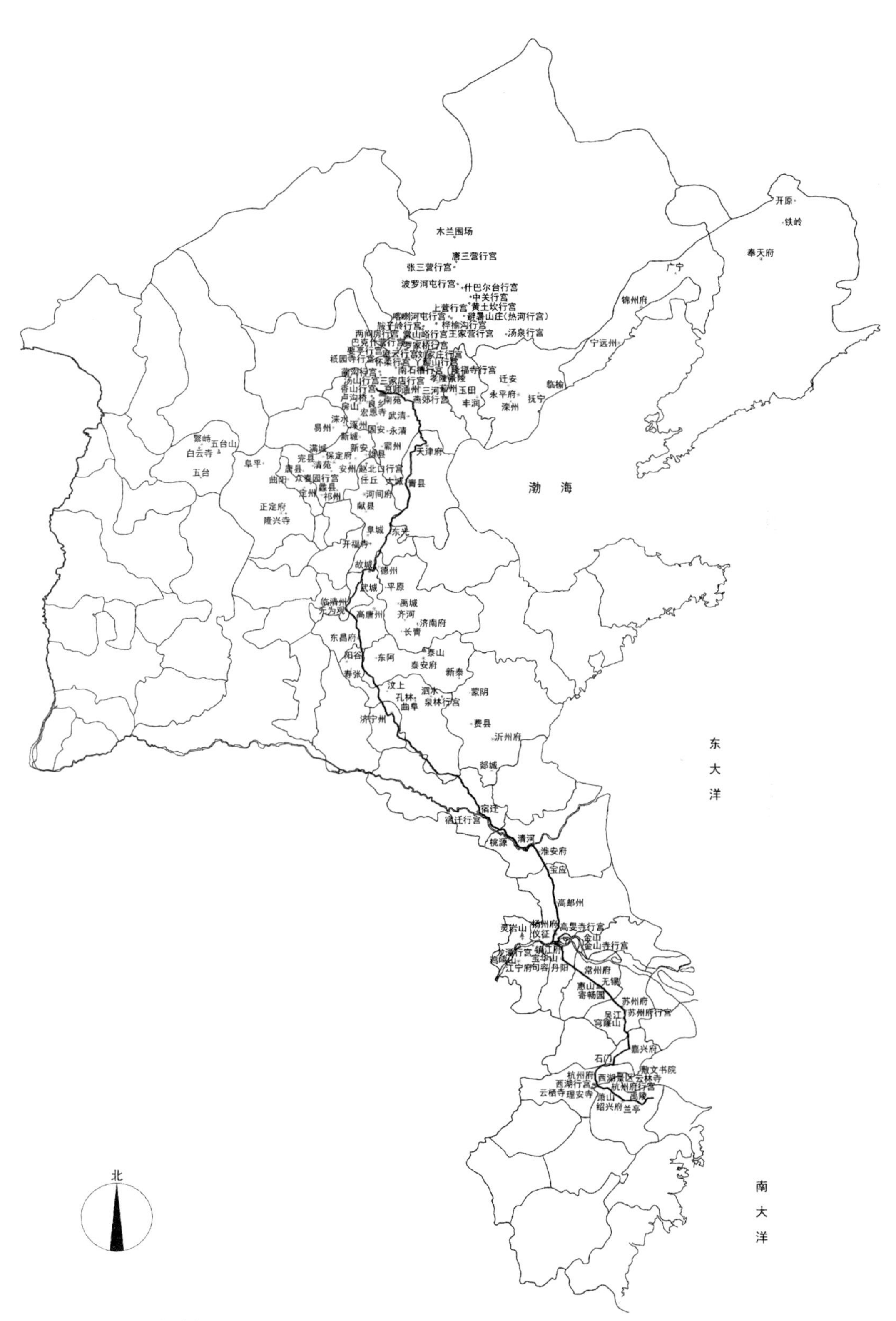
木兰围场
唐三营行宫
张三营行宫
波罗河屯行宫
什巴尔台行宫
中关行宫
上营行宫
黄土坎行宫
喀喇河屯行宫
避暑山庄(热河行宫)
桦榆沟行宫
汤泉行宫
开原
铁岭
奉天府
广宁
锦州府
宁远州
临榆
抚宁
迁安
永平府
滦州
玉田
丰润
三河
燕郊行宫
香山行宫
卢沟桥
房山
宏恩寺
武清
涿州
易州
固安
永清
新城
霸州
新安
雄县
天津府
满城
保定府
完县
清苑
唐县
安州
曲阳
任丘
大城
青县
定州
蠡县
祁州
河间府
献县
正定府
隆兴寺
繁峙
五台山
白云寺
五台
阜平
渤 海
阜城
东光
开福寺
故城
德州
武城
平原
临清州
高唐州
禹城
齐河
济南府
长清
东昌府
阳谷
东阿
泰山
泰安府
新泰
寿张
汶上
泗水
孔林
曲阜
泉林行宫
蒙阴
济宁州
费县
沂州府
郯城
东
大
洋
宿迁
宿迁行宫
桃源
清河
淮安府
宝应
高邮州
灵岩山
扬州府
仪征
高旻寺行宫
金山
金山寺行宫
龙潭行宫
镇江府
宝华山
江宁府
句容
丹阳
常州府
无锡
惠山
寄畅园
苏州府
苏州府行宫
吴江
穹窿山
嘉兴府
石门
杭州府
西湖景区
云林寺
敷文书院
西湖行宫
杭州府行宫
云栖寺
理安寺
禹陵
绍兴府
兰亭
南
大
洋
北

▼ 图 3–2　康熙巡幸地方图

▼ 图 3–3 清杭州西湖全图

第一节　南巡行宫及风景园林

康熙南巡驻跸名寺、胜景，他大多题额、赋诗，有些还要修葺或增建殿、亭、碑等。通过大量的南巡园林活动，使康熙对江南园林艺术有了深入的理解。虎丘的人文，西湖的秀美（图 3–3），滋养了康熙的园林审美，激发了他的造园热情。康熙酷爱江南园林，他把儒家造园思想移植到北方，从而掀起了清初北方造园的热潮，发展了皇家造园的理念。下面节选的是康熙《南巡笔记》中与风景园林有关的片段，从中可以看出康熙对江南自然景观与人文景观的感受（彩图 6、图 3–4 至 3–6）：

（康熙二十三年即 1684 年九月）二十八日，出京师，经河间，过德州，阅济南城，观趵突泉，题曰：激湍百姓。

十一日至泰山，石径崚嶒。缓步登陟四十华里，御障崖瀑水悬流，五大夫枯松犹在岩畔，或亦后人继植者。入南天门，扪秦时“无字碑”。至“孔子小天下处”，真可收罗宇宙，畅豁襟怀，题“普照乾坤”“云峰”诸字，宿泰山巅，月色清朗，赋诗遣兴。来日登日观峰，看扶桑日出，下山，祀于岳庙。岳为五之长，发生万物，故躬祀之，为苍生祈福。

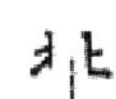

大興縣圖

經線三十九度五十五分緯度依中綫

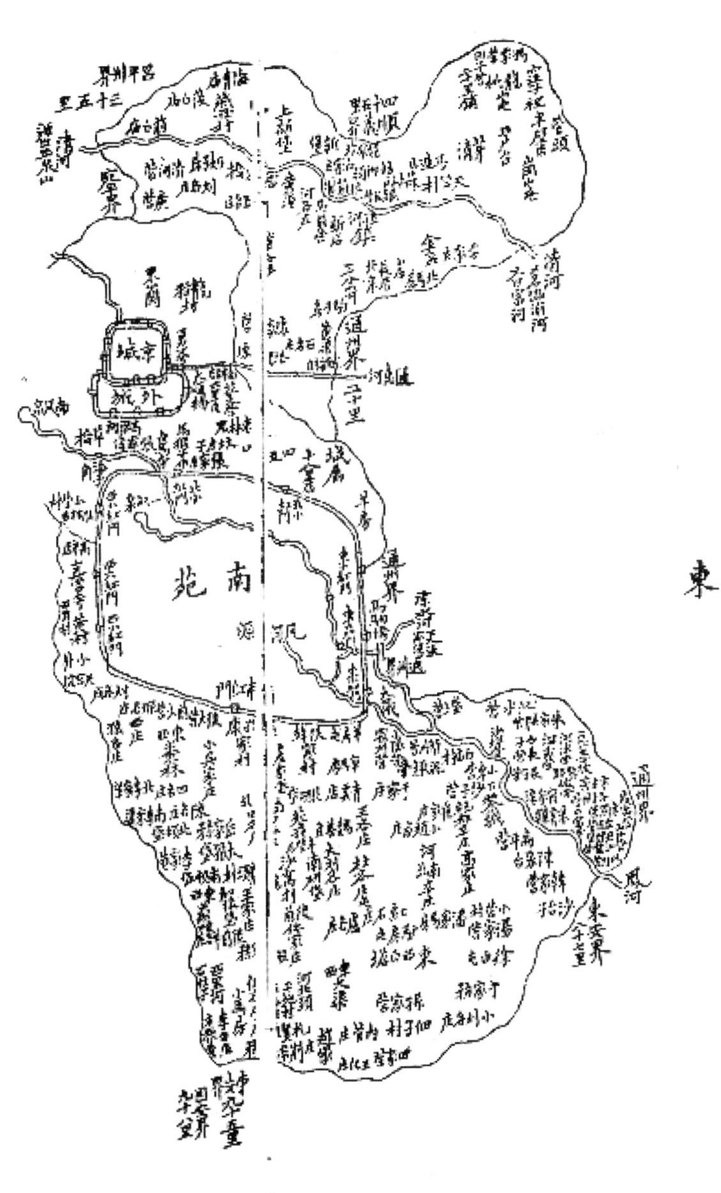

西

大興東除城屬八里外至通州界十二里西兼營轄係宛平縣屬南除城屬二十四里外至東安界七十一里北除城屬十二里外至昌平界二十三里東南除城屬三十七里外至東安界五十里西南除城屬二十四里外至固安界七十四里東北除城屬十里外至順義界三十五里西北除城屬十二里外至昌平州界十三里

陽湖趙宗恭繪

▼ 图 3–4　大兴县图

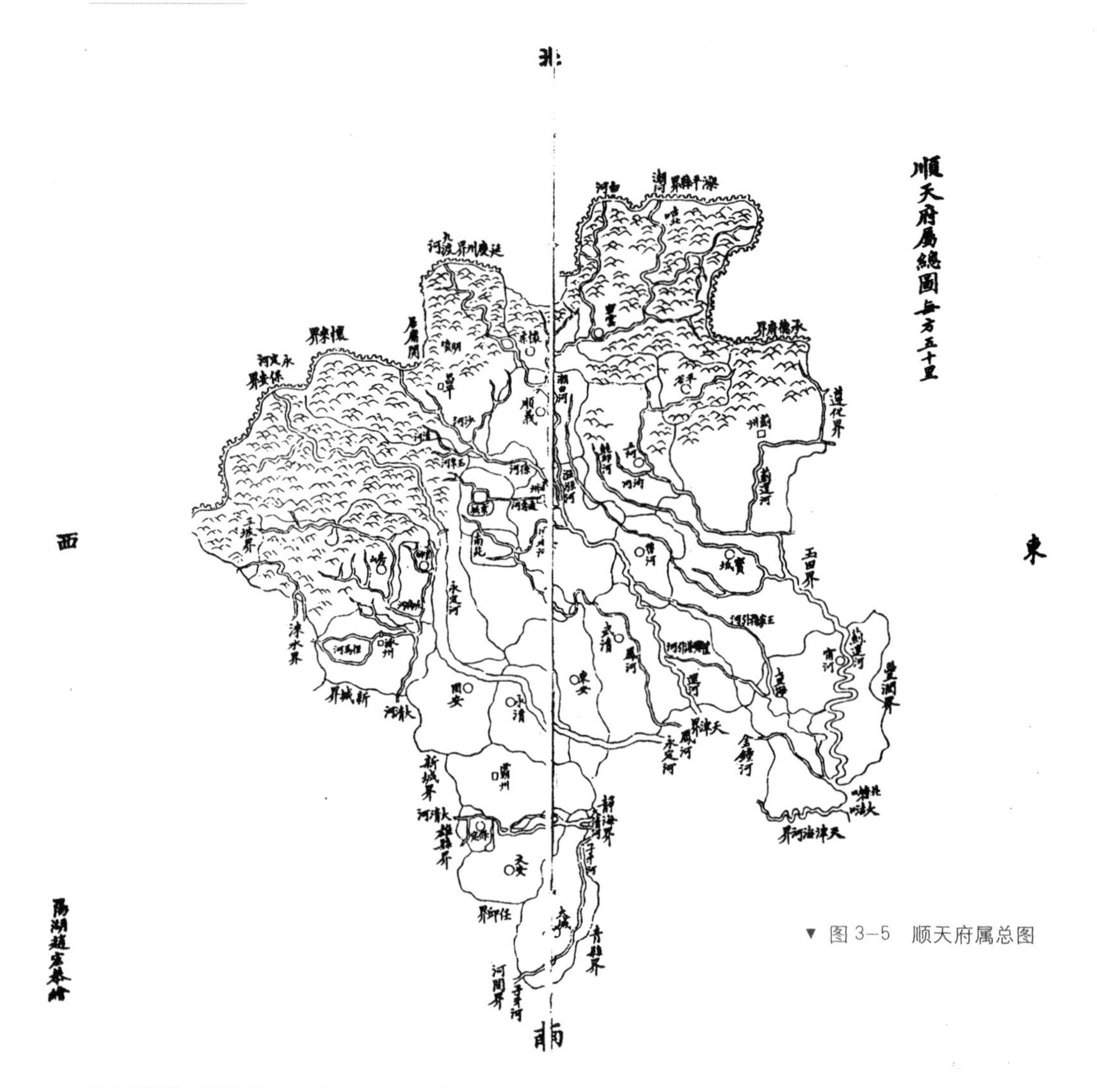

▼ 图 3–5 顺天府属总图

▼ 图 3–6 清王翚《康熙南巡图》局部

十三日，雨雪，驻蒙阴县，侍臣云：明日小雪。喜其应候，诘朝雪霁，望蒙山峰顶，半入云雾，或隐或现。其上石衣，土人攀縋取之，名：蒙山顶上茶。尝考四川雅州有蒙山五峰，极高峻，上产甘露茶。世所传者，或雅州之蒙山也。

廿三日，抵维扬。市肆繁华，园亭相望。游平山堂、天宁寺……

廿四日，次早，登金山，孤峦隐岫，屹峙大江中，飞阁流丹，金碧照灼。更有一峰离立，曰"善才石"。郭璞墓在其西，上有妙高台、留云亭、朝阳洞。下有中泠水，称"天下第一泉"。朕率扈从诸臣，一一探眺，纵目千里，题"江天一览"四字，并赋二诗。竹林禅院在镇江府城南五华里，曲径逶迤，茂林修竹，高者四五丈，大者围尺，青叶碧枝，阴森崖谷，实北地之所未有。

廿八日，回銮，过虎丘。山不甚高，亭榭阑槛，布满其上。千人石，高下可容千人，传为生公讲经处，故旁有点头石。剑池在夹崖中，殊可观。平远堂，俯瞰虎丘之背。田畴林木，望若错锦。……游锡山，观惠泉石甃，八亩池水色渟泓，味较玉泉远不相及，不知前人何以称之为"第二泉"。

初一日，过句容县，蜿蜒石堤数十华里，抵江宁府。雨花台在城南，登之，则江山城郭，历历可见。报恩寺规制弘壮，宝塔九级，金碧琉璃，尽镂梵相，结构之巧，殆竭人工，非前代内帑所修，不能至此。城中阛阓充实，烟火万家，景物太平。昔称六朝佳丽，今亦不减大都也。明日，祭明洪武陵，见其颓废，敕地方官禁護之。过明故宫，仅存遗址，不禁慨然，作《过金陵论》，并赋一诗。登欢星台，望后湖，题"旷观"二字。

十一日，渡河至宿迁。次日，驻跸渶花铺。自郯城、沂州取道东兖，渡沂、济、祊、汶、泗诸水。泗水出陪尾山，下泉林寺侧，石穴吐水，众泉俱导，古树成林，有石碑刻"子在川上处"。然《阙里志》载：孔子观川亭在尼山宣圣庙侧。未知孰是。

十六日，长至节，天气晴暖，无朔风祁寒，扈从诸人莫不欣喜。十七日，过少昊陵、颜子林，驻跸曲阜县南。十八日黎明，祀于阙里，斋心穆穆，若有所见。礼毕，坐诗礼堂，命孔氏子孙讲《周易》《大学》，遍观车服、礼器及汉唐碑版。桧树在大成门内，古干苍然，苔藓润泽，真灵迹也。敬想至圣道，冠百王，前代留金银器具，皆人力可办。独以仗前曲柄龙盖留庙中，并书"万世师表"四字、《过阙里》诗、《古桧赋》。出北门，酾酒孔子墓下。……念周公制礼作乐，道接文武。顷过曲阜，未得躬谒庙庭，特制祭文，遣亲藩代祀之。

是行也，往返数旬，所历山东、江南诸郡县，日以周谘民隐、体察吏治为首务，行道之顷，复得览其山川，凭吊古迹……

一、 康熙新建重建的行宫和景点

赵北口行宫 在河北任丘县北面五十华里的地方，又名“赵堡口”。后汉时期就被称为“燕南陲，赵北际”，因此有后来的“赵北口”之说。此地柳树水岸，原建有十座连续的堤桥，其上是通达南北向的大道，犹如长虹一般。赵北口西侧的诸多水淀经过这个位置向东灌注流淌。康熙“举水围之典，葺治行殿，并于端村、郭里口、圈头各建一所。”[1] 形成了好比江南的画图。康熙时期，赵北口行宫水槛风廊，莲泊莎塘，烟蔼云行，景致环映。在碧空晴朗之日，更是湖光帆影，鸢飞鱼跃。康熙二十二年（1683 年）二月二十三日，康熙帝巡游五台山返京途中驻跸赵北口北，亲眼见燕南古镇一派太平景象，遂生感慨，赋诗为纪：

赵北时巡至，燕南古戍闻。
人烟生晓市，桥影漾晴云。
浴鸟迎船出，垂杨隔浦分。
中流清赏洽，萧鼓陋横汾。[2]

康熙皇帝曾经四十次到白洋淀巡幸、水围。郭里口行宫建于康熙四十四年（1705 年），宫内建有前殿、寝宫、朝房、书房、御膳房，在行宫一侧建有码头。康熙帝御书“溪光映带”匾额，盛赞大淀风光。康熙曾在行宫御膳房享用水凫、野鹜和淀泊水产美味。沛恩寺为康熙驻跸行宫拜佛之处，是水围行宫的重要组成部分，寺中建有钟楼、鼓楼、天王殿、大雄宝殿、东西配殿、禅房僧舍，康熙“敕赐沛恩寺”匾额（彩图 11、图 3–7 至图 3–11）。

▼ 图 3–7 赵北口行宫图

1 清 · 高晋，等编撰 . 张维明选编 . 南巡盛典名胜图录 [M]. 苏州：古吴轩出版社，1999：156.
2 清 · 康熙 . 清圣祖御制诗初集 . 卷七 [M].

▼ 图 3–8 赵北口

▼ 图 3–9 白洋淀

▼ 图 3–10 康熙御书赵北口行宫"溪光映带"匾额

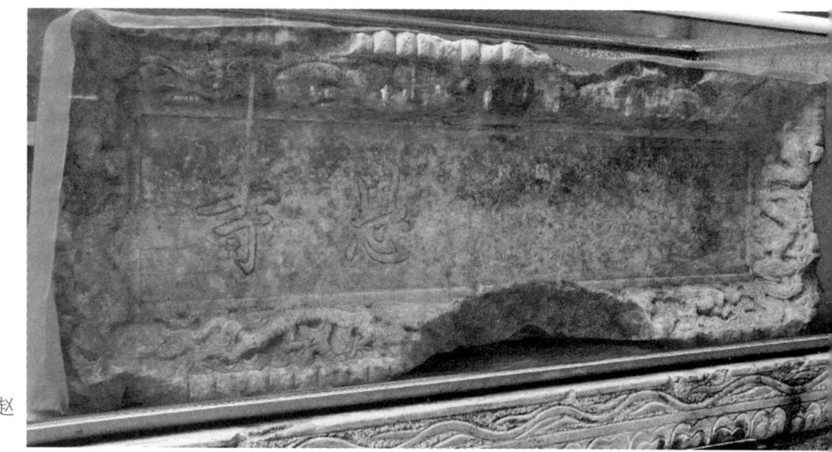

▼ 图 3–11 康熙敕赐赵北口沛恩寺匾额

高旻寺行宫 在江苏扬州城以南十五华里，有个叫"茱萸湾"的地方，也叫"三汊河"，那里自然形成了三条分支状水流地理格局，河水由北方的淮河而来，西边流向仪征，向南通达爪步。清朝初年以前这个地方就建有一座寺院，院内立一名为"天中"的七层楼阁式佛塔。江宁织造曹寅和苏州织造李煦为迎接康熙第五次南巡而修建、扩展寺院的规模，形成了多路多进式附带自然式花园的建筑布局。高旻寺行宫建成后琳宇嵯峨，精美绝伦。在远处山上俯瞰重重院落，可谓这一带江中最美的胜地（图 3–12 至图 3–14）。

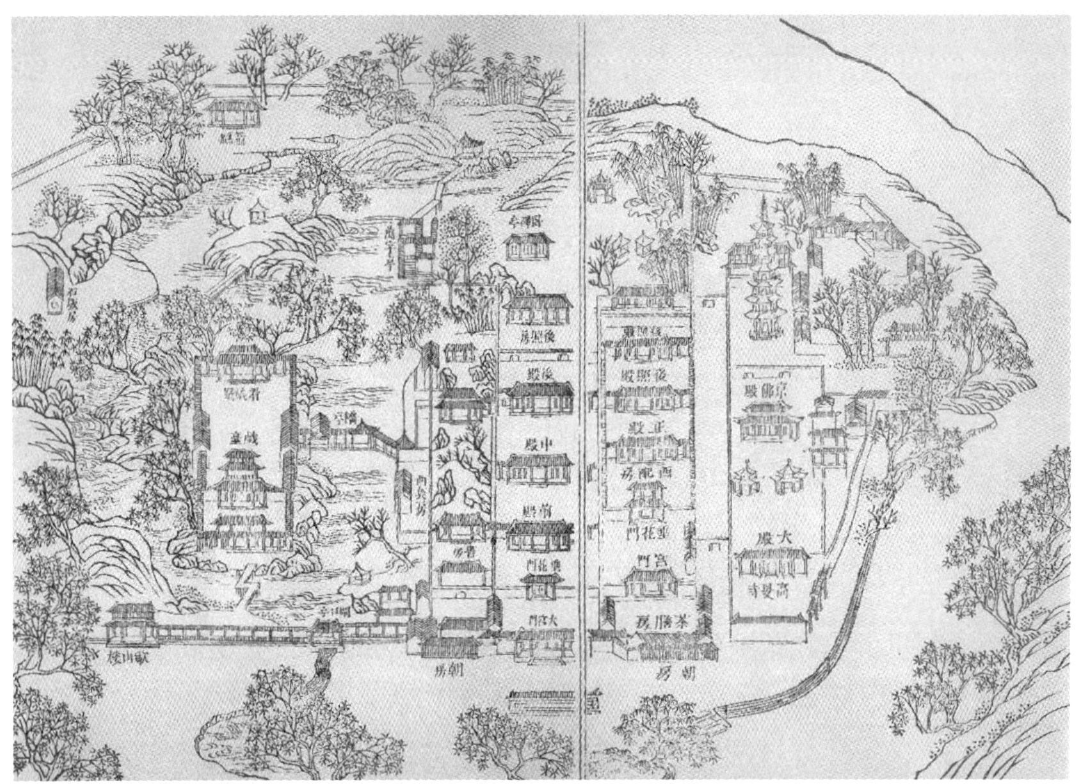

▼ 图 3-12 高旻寺行宫图

▼ 图 3-13 高旻寺行宫宫门

▼ 图 3-14 高旻寺佛塔

龙潭行宫　坐落在江苏句容县西北方向八十华里的地方，北面倚靠长江，距离京口和金陵之间，地理位置对于古代车马步行则比较适中。康熙南巡决定在该地恭建行殿。龙潭行宫五进五路布局，朴素整齐，规模适当，槛前烟树，岩峦葱茏，也别有一番休闲味道（图3–15）。

▼ 图 3–15　龙潭行宫图

宿迁行宫　坐落于江苏宿迁市西北四十华里处的古镇皂河，始建于清顺治年间（1644 ~ 1661 年），改建于康熙二十三年（1684 年），占地三十余亩，建筑群布局方正，规模宏大。南北中轴线上及两侧的戏台、山门、钟楼、鼓楼、“怡殿”“龙王殿”、东西配殿、“灵宫殿”“禹王殿”等建筑均建于康熙二十三年（1684 年）。该建筑群是为祈求消除水患而建，用于祭祀。康熙南巡曾在此驻跸。

戏台不幸在 1976 年被毁，2004 年重建，占地一百二十八点五平方米，建筑面积九十三点三平方米，青石基座，台口高一点四四米，斗拱制作台面，前台歇山顶，后台卷棚顶，戏楼清时用于庙会、节日表演和皇帝驾临观戏。山门又名“禅殿”，面阔三间，进深五檩，占地九十三平方米，建筑面积六十一点五平方米，山门两侧各有一便门，按理规皇帝临驾从正门入内，随从文官员走东侧便门，武官员走西侧便门。钟、鼓楼于雍正五年（1727 年）大修，嘉庆十八年（1813

年）又修，重檐歇山卷棚顶，每栋建筑均占地五十三平方米，面阔七点二一米，进深七点一五米，皇帝南巡至此，红毡铺地，地方官员撞钟击鼓以迎驾。怡殿面阔三间，进深五檩，歇山顶，占地八十八点五平方米，建筑面积五十八点七平方米。龙王殿面阔七间，进深九檩，周匝回廊，重檐歇山顶，上檐斗拱七踩出三昂，下檐斗拱五踩出两昂，占地三百三十三平方米，建筑面积二百八十九平方米。东、西配殿均为面阔五间，进深五檩，歇山顶，占地一百四十四点八平方米，建筑面积一百一十点七平方米。灵宫殿，占地四十七平方米，建筑面积三十九点二平方米。禹王殿始建于明末清初，原名“草堂庙”，康熙二十三年（1684 年）南巡治理洪灾，将其扩建，以敬奉大禹王，1959 年上层建筑被拆除，2003 年复建为重檐重楼式建筑，占地三百五十九点八平方米，建筑面积三百零八平方米，屋面黄琉璃瓦，清官式大作，上下二层，典型帝王殿宇建筑结构，坐落在清白石板筑成的一米高的须弥台上，通高二十三米，成为宿迁行宫建筑群当中规模最大、规格最高、最为壮观豪华的殿宇（图 3–16、图 3–17)。

▼ 图 3–16　宿迁行宫戏台、山门

▼ 图 3–17　宿迁行宫龙王殿

理安寺　坐落于浙江杭州南山的十八涧，宋朝以前原名“法雨寺”，宋代时改名叫做“理安寺”。理安寺周边天然百转清泉，千重绿嶂，素有山林环保，景致幽幽的美称。康熙帝看此地神木灵草，四时敷荣，判定其风水尤佳，于是于康熙五十三年（1714 年）对这座古寺发帑重建，为寺置地三千亩，斋田二百多亩，并御书“石磬正音”和“理安寺”匾额，以及对联二副（图 3–18）。

▼ 图 3–18 理安寺图

二、 康熙修葺增建的行宫和景点

卢沟桥 距离北京城广安门以南三十华里的地方，“卢沟即永定河，发源代郡古桑乾水也。石桥横跨二百余步，创于金明昌间，名曰‘广利’。”[1] 卢沟桥是京城百姓喜欢游赏的胜地，这里古木苍苍，平沙陡坡，一派天然画图。天气晴朗之日，西望道道美景，傍晚霞光万缕，层林尽染，夜晚白月当空，后有“卢沟晓月”之称（图 3–19 至图 3–21）。

康熙八年（1669 年），康熙帝命重修卢沟桥，十一月二十七日制文记石，石碑加龟座，总高五点七八米，碑身高四点五三米，宽一点一七米，厚零点五七米，记载了康熙七年（1668 年）因河水泛滥冲毁桥东部分桥体进行修缮的情况（图 3–22）。康熙帝于康熙三十九年（1700 年）在河堤上又开始重建明朝正统年间的龙神庙。康熙四十年（1701 年）十一月，康熙帝御笔《察永定河诗》，并刻石碑，碑含须弥座总高三点七九米，宽零点九六米，厚零点三三米，诗文（图 3–23）：

源从自马邑，流转入桑干。
浑流推浊浪，平野变沙滩。
廿载为民害，一时奏效难。
岂辞宵旰苦，须治此河安。

1 清·高晋，等编撰．张维明选编．南巡盛典名胜图录 [M]．苏州：古吴轩出版社，1999：156．

▼ 图 3–19 卢沟桥图

▼ 图 3–20 卢沟桥

▼ 图 3–21 卢沟桥晚霞

▼ 图 3–22　康熙重修卢沟桥碑

▼ 图 3–23　卢沟桥康熙察永定河碑

宏恩寺　在京城良乡县之南。两路七进式院落，院内两路近端皆有三层阁一幢，歇山飞檐。宏恩寺院墙外环以密密的树丛，苍然古拙。山门之南是一条古道，引人追思。康熙翠华三次临幸宏恩寺，赐书“大愿慈航”牌匾，立碑题诗（图 3–24 至图 3–26）。

▼ 图 3–24　宏恩寺图

▼ 图 3–25　翻修中的宏恩寺

▼ 图 3–26　宏恩寺山门之南传说明朝朱三太子踩过的古道

孔林　在山东曲阜县城的北部，占地面积广，达数十平方华里。康熙二十三年（1684 年）十一月，康熙帝南巡过阙里，亲祀孔庙，至圣林，谒见圣墓，诏于孔林：原额地外增扩地十一顷十四亩之多，免除粮课。此次为纪念康熙朝圣之行而建一驻跸亭。在康熙的尊孔重孔的政策支持下，孔林在整个康熙朝变得比以往更加辉煌，院内桧柏参天，茁壮繁茂（彩图 10、图 3–27）。

▼ 图 3–27　孔林康熙驻跸亭

宝华山　在江苏句容县的北面，本来的名字叫“华山”，又名“宝华山”。是秦淮水的发源地。宝华山范围拥有“虎山”“观音洞”“叠石塔”“杨柳泉”等诸多名胜。宝华山之西峰上的峡谷有一片清水池，蜿蜒流入峡谷小道之间。明朝万历中期在寺内建了一座“铜殿”。康熙南巡到此，又敕赐一座“慧居寺”（图 3–28、图 3–29）。

▼ 图 3–28　宝华山图

▼ 图 3–29　宝华山铜殿、无梁殿

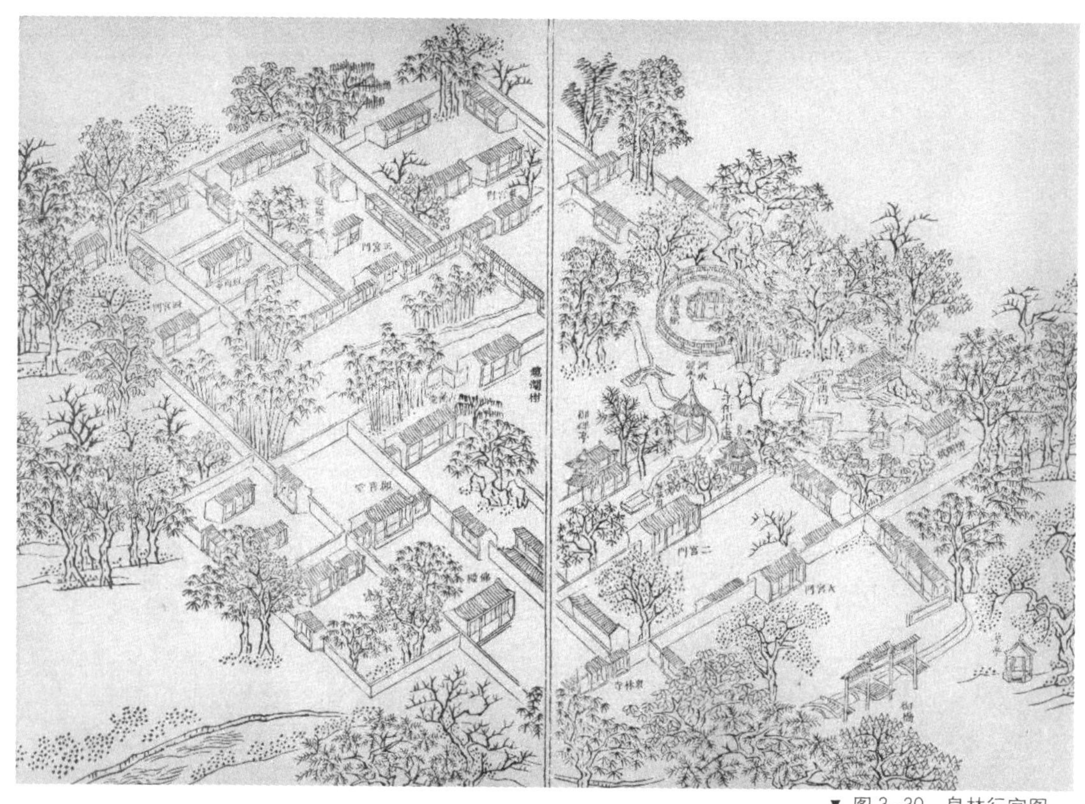

▼ 图 3–30 泉林行宫图

泉林行宫　在山东泗水县城以东五十华里的地方，最早有四个泉眼同时喷涌，所以把这里称为“泗”；后来又发现了几十个泉眼，汇聚为一股大的洪流，因此就出现了“泉林”之称谓。康熙二十三年（1684 年），康熙帝临幸泉林行宫，驻跸卞桥，听说此地还是传说里的“子在川上处”，故记文勒石。泉林行宫位于陪尾山山下泗河发源地，始建于康熙二十三年（1684 年），为坐北朝南园林式建筑群，后经乾隆二十一年（1756 年）重修，占地二万四千二百九十八平方米（不计文武御桥），包括宫前风景区、内宫区、“文武御桥”、行宫八景，行宫八景又包括“横云馆”“近圣居”“镜澜榭”“九曲彴”“柳烟坡”“古荫堂”“红雨亭”“在川处”。行宫共一百一十四间亭台宫殿，雕梁画栋，金碧辉煌，水光山色，相映成趣（图 3–30 至图 3–33）。

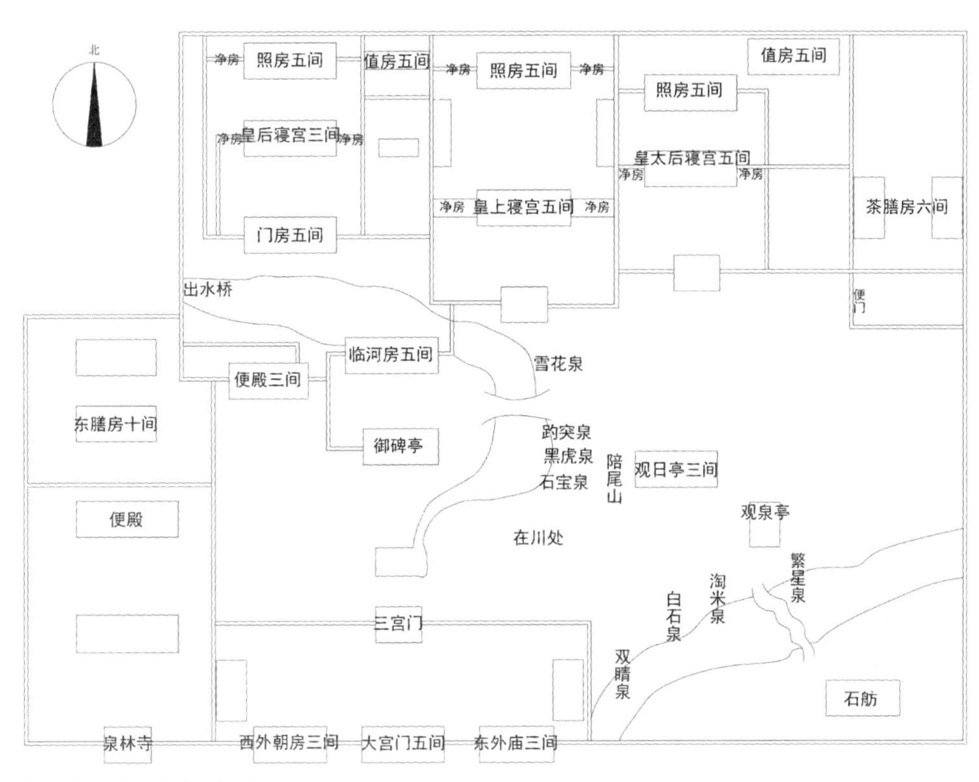

▼ 图 3-31　泉林行宫平面图

▼ 图 3-32　泉林行宫“子在川上处”

▼ 图 3-33　康熙泉林碑记（1990年代原址仿制）

苏堤春晓　属杭州西湖风景。最早记载的是宋代苏轼守临安时筑堤于湖上，从南山到北山的人行道两侧种植垂柳，故有“苏公堤”之称。康熙三十八年（1699 年），康熙帝临幸此堤，因四季揽胜皆宜，而以春晓为最佳，故御书“苏堤春晓”，同时在堤之东部构建造型奇特的“曙霞亭”，“榱桷凌云，檐牙浸水”。苏堤春晓被公认为西湖十景中的第一景点（图 3–34、图 3–35）。

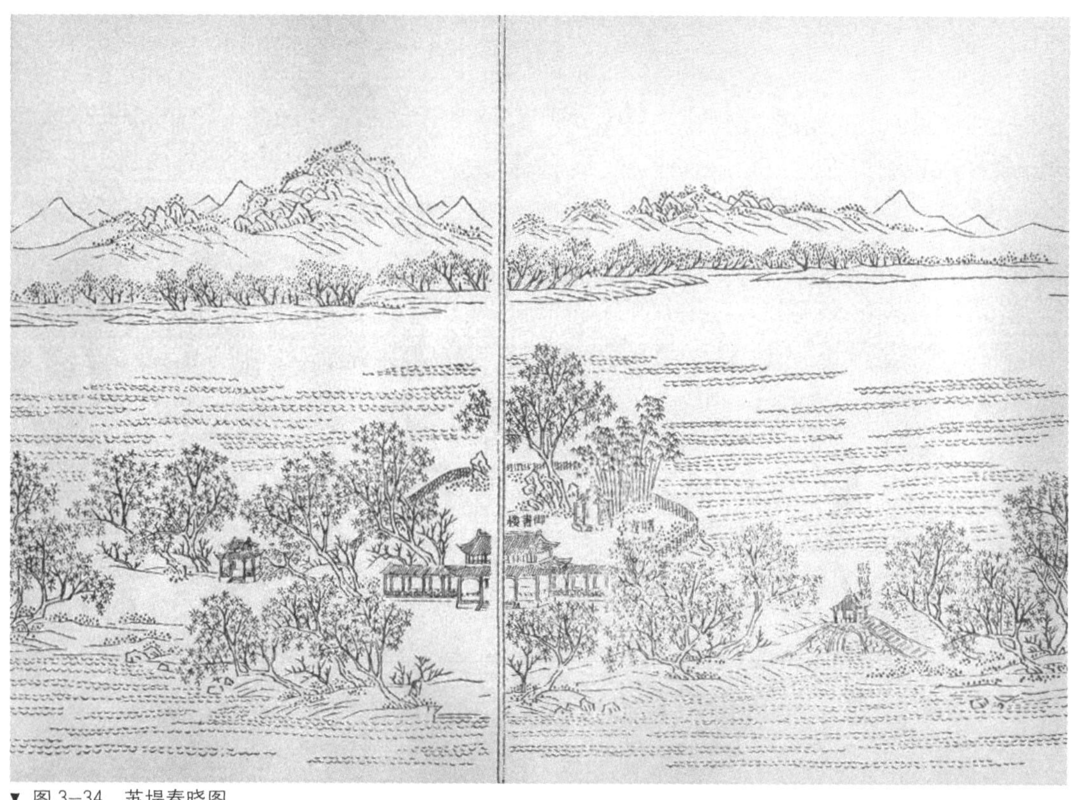

▼ 图 3–34　苏堤春晓图

▼ 图 3–35　苏堤春晓

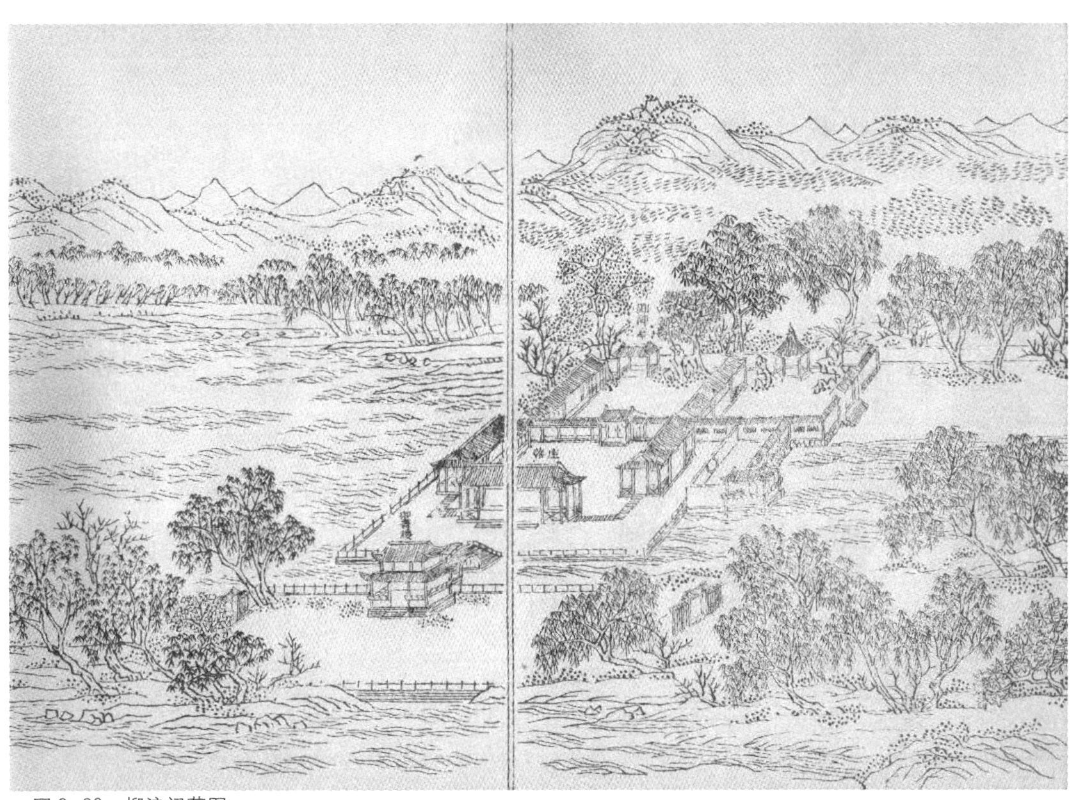

▼ 图 3–36 柳浪闻莺图

柳浪闻莺 属杭州西湖风景。宋代时因沿堤植柳而取名“柳州”，其上之桥叫“柳浪桥”。康熙临幸，御书匾额“柳浪闻莺”，命建造了一座亭子和一座舫，还临湖用石梁架在了两侧石堤之上。“柳丝轻风，翠浪翻空。春时黄莺飞舞其间，流连倾听，与画舫笙歌相应答”（图3–36）。

曲院风荷　属杭州西湖风景。宋代时叫做“曲院”，水中生长大量荷花，称为“曲院荷风”。元、明时期有人临湖面“环植芙蕖，引流叠石，为盘曲之势”。康熙御书，改“曲院荷风”为“曲院风荷”，并在跨虹桥的西侧命人建造了亭子。使此景“轩槛玲珑，池亭别致”。开花时节，“香风四起，水波不兴，绿盖红衣，分披掩映”（图 3–37）。

▼ 图 3–37　曲院风荷图

▼ 图 3–38　双峰插云图

双峰插云　　属杭州西湖风景，在九华里松行春桥的地方。湖岸上层峦叠嶂，众山蜿蜒蟠结，列峙争雄，其中有两座奇高突出的山峰。每当云气笼罩之时则仅显露两座山尖，直插云霄，所以称“两峰插云”。康熙临幸西湖，亲灑宸翰，改“两峰插云”为“双峰插云”，在行春桥一侧构建六角亭一座。每当春秋佳日，倚栏远望，仿佛“天门双阙，拔地撑霄”（图 3–38）。

三潭印月　属杭州西湖风景。旧的湖心亭外建有鼎立之势的三塔，借以镇住神不可测的三处深潭。三塔像宝瓶一样浮在湖上，把月光映照下的潭水分成三道影子，极具诗意。岛内布置轩阁，经平桥三折而入，绕着潭水为土埂，形成湖中湖之放生池。康熙御书“三潭印月”匾额，并在放生池的北面建立石碑和凉亭（图 3–39）。

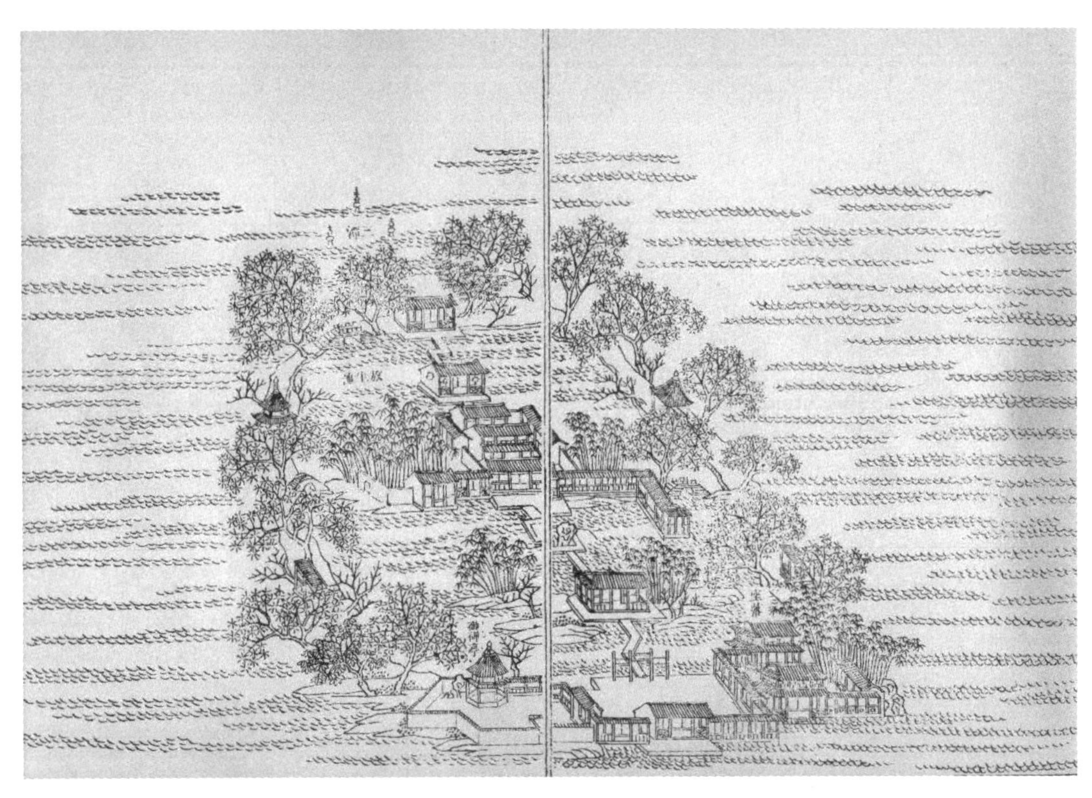

▼ 图 3–39　三潭印月图

▼ 图 3-40　平湖秋月图

平湖秋月　　属杭州西湖风景。在“苏堤”三桥的南面，宋代在此建有“水仙王庙”，后来明代又移建于孤山路口，改叫“望湖亭”。康熙三十八年（1699 年），康熙帝巡幸西湖时，御书匾额“平湖秋月”，并于唐代望湖亭遗址上建构了三面临水的六角重檐攒尖亭，其旁边又建了个水轩。每逢清秋气爽，水波澄澈，眼前仿佛琼楼玉宇（图 3-40）。

断桥残雪　属杭州西湖风景。在前后两湖之间白沙堤上的首座桥，叫“断桥”。康熙临幸此桥，见水光潋滟，桥影倒浸，提笔御书“断桥残雪”匾额，并在这座虹桥的上面建造四面重檐方亭。当春雪消融，视野跨过寒岩深谷，借景对面峰头的“保俶塔”，感受吉祥之天象（图3–41、图3–42）。

▼ 图 3–41　断桥残雪图

▼ 图 3–42　断桥残雪

湖心平眺　属杭州西湖风景。在湖中心，四围群山遥列，南北两峰对峙。前后分别筑有石台和舫轩，中部构建层楼，花柳环植，雕栏掩映，天光波影，虚实难辨，极湖光山色之胜。康熙临幸，御书“静观万类”四字对联一副，又御题“天然图画”匾额，恭摹勒石于亭上，赋诗曰：“水上起楼台，湖面平如镜。春风吹柳条，远与山光映。”[1]

吴山大观　在杭州的“紫阳山”。山巅原有“崇台”，东侧流淌着江水，西侧依靠着大湖。绕城三十华里之自然山水景观，互为映衬，为城郡之大观。康熙临幸，勒石建亭于山上，并制诗章：“槛外青山纵目收，繁花初落叶新稠。更教点染烟云色，添得窗前翠欲流。”[2]“偶来绝顶凭虚望，似向云霄展画图。”[3]（图 3–43）

▼ 图 3–43　吴山大观

梅林归鹤　在杭州西湖孤山的北面，宋代人开始建亭，种植梅花，放养仙鹤。康熙临幸，回顾历史，御书“放鹤”二字，并制诗章，又临董其昌书《舞鹤赋》，勒碑于亭上。当早春雪驻天晴，梅花到处盛开之时，养鹤翩翩起舞。

兰亭　在浙江绍兴山阴县城之西有个地名叫“兰渚”，晋代书法家王羲之等人修建一亭，取名“兰亭”。王羲之等四十一人于此流觞曲水，每个人都赋诗一首，由王羲之作序，即《兰亭序》。康熙

1　清·康熙．清圣祖御制文二集．卷四十三．湖心亭 [M].
2　清·康熙．清圣祖御制文二集．卷四十九．行宫雨中望吴山 [M].
3　清·康熙．清圣祖御制文二集．卷四十三．吴山 [M].

二十八年（1689 年）二月，康熙帝第二次南巡，他见此处地多修竹，瓮池叠石，遂御书大字“兰亭序”，特命刑部员外郎宋骏业建造一亭，恭摹勒石，并重新修葺兰亭，在亭的背后立一幢右军祠堂（彩图 12、图 3–44）。

▼ 图 3–44 兰亭

三、 康熙题额赐名的行宫和景点

无为观 在山东临清州境内，京杭大运河的南岸。道观院内旧有“玉皇阁”，康熙赐书“无为观”额。

穹窿山 在江苏苏州府西南方向六十华里处。有传说中神农时的雨师赤松子之炼丹台和升仙台的遗迹，以及这位上古仙人灌溉农田的名泉和磐石读书台等。梁朝时建“穹隆寺”，后来到了明代又改为“拈花寺”。康熙二十四年（1685 年），康熙帝赐名“穹窿山”。

鸡鸣山 在江苏江宁府城东北地方。宋代时此山多隐士。晋代建置道场，明初改创为寺，建五重佛塔，登塔俯瞰会城和元武湖，可尽览亭山全胜。康熙御题“旷观”，并勒石于鸡鸣山寺。

花港观鱼 在杭州西湖“苏堤”之第三与第四桥之间地方，湖水通达“花家山”，起名“花港”。宋人在花港的南面建楼，并于港内方池注水养鱼。康熙三十八年（1699 年），康熙帝临幸并赐额“花港观鱼”（图 3–45）。

▼ 图 3–45 花港观鱼康熙题名勒石

雷峰西照　在杭州净慈寺的北面。属“南屏”的支脉，“雷峰”是其原来的名字。五代十国时吴越国建塔于峰顶，因为古诗留有“夕照前村见”，故有之后的“雷峰夕照”。康熙巡幸西湖，御书改“夕照”为“西照”。每每西映亭台，金碧灿烂，为西湖十景之一（图3–46）。

▼ 图3–46　远望雷峰夕照

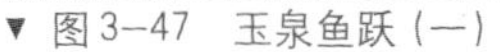

▼ 图3–47　玉泉鱼跃（一）

▼ 图3–48　玉泉鱼跃（二）

南屏晚钟　坐落在杭州府之清波门外。南屏山正对孤山，层峦翠岭，宛如屏风。每当寺钟长鸣，山谷回响。康熙于三十八年（1699年）御赐“南屏晚钟”匾额。

浙江秋涛　浙江又叫做“曲江”，秋季潮汐自海入江时激成浪涛，所以有“秋涛”之说。康熙两次临幸江滨，御制诗章，赐额四字“恬波利济”。

玉泉鱼跃　泉水自发源地伏流数十华里远后又出现在杭州“清涟寺”地方，甃石形成周长三丈多的方形池塘，水池清澈，其中放养了各种颜色的鱼苗。泉水上方建有亭子，叫“洗心亭”。康熙曾为清涟寺池亭御制诗章（图3–47、图3–48）。

天竺香市　是坐落在杭州乳窦峰北与白云峰南之间的一座山寺，拥有汩汩的溪流和茂密的松竹。山寺有“下竺”“中竺”“上竺”，称“三竺”，景致宏丽，以上竺最为光彩。康熙亲笔御题“法雨慈云”和“灵竺慈缘”匾额（图 3–49）。

▼ 图 3–49　上竺寺

▼ 图 3–50　康熙云栖寺诗词勒石

云栖寺　位于杭州西南郊五云山之西的山坞内，传说山上时有五色瑞云飞集，名“云栖”。五代十国时吴越国建寺，宋治平三年（1066 年）改“栖真院”。明隆庆五年（1571 年）复标“云栖”旧名，即“云栖寺”。清康熙三十八年（1699 年），康熙帝南巡临幸，御题“云栖”及“松云间”二匾额，并御制古今体诗共五章（节选）：

此来也为佳山水，又恐迟行畏景催。[1]
江路转隈隩，山行惬心赏。
古树与茂竹，翳蔽极深广。
潺潺细泉流，萋萋芳草长。
鸟性鸣晴曦，蜂蝶争下上。
小憩涧壑幽，泽贵被草莽。[2]
山径纡徐合，溪声到处闻。
竹深阴戛日，木古势干云。
倚槛听啼鸟，攀崖采异芬。
韶华春已半，万物各欣欣。[3]

说明云栖寺竹树、幽兰甚多（图 3–50 至图 3–52）。

1　清・康熙．清圣祖御制文三集．卷四十九．幸云栖寺二首 [M].
2　清・康熙．清圣祖御制文二集．卷四十九．云栖寺 [M].
3　清・康熙．清圣祖御制文二集．卷四十四．云栖竹树甚茂幽兰满山 [M].

▼ 图 3–51　五云山顶

▼ 图 3–52　云栖竹径

敷文书院　坐落在杭州西湖凤凰山万松岭。周遭形势雄杰，左江右湖，青松夹道，旧名“万松书院”。康熙五十五年（1716 年），康熙帝为书院题写“浙水敷文”匾额，遂改称为“敷文书院”（图 3–53 至图 3–55）。

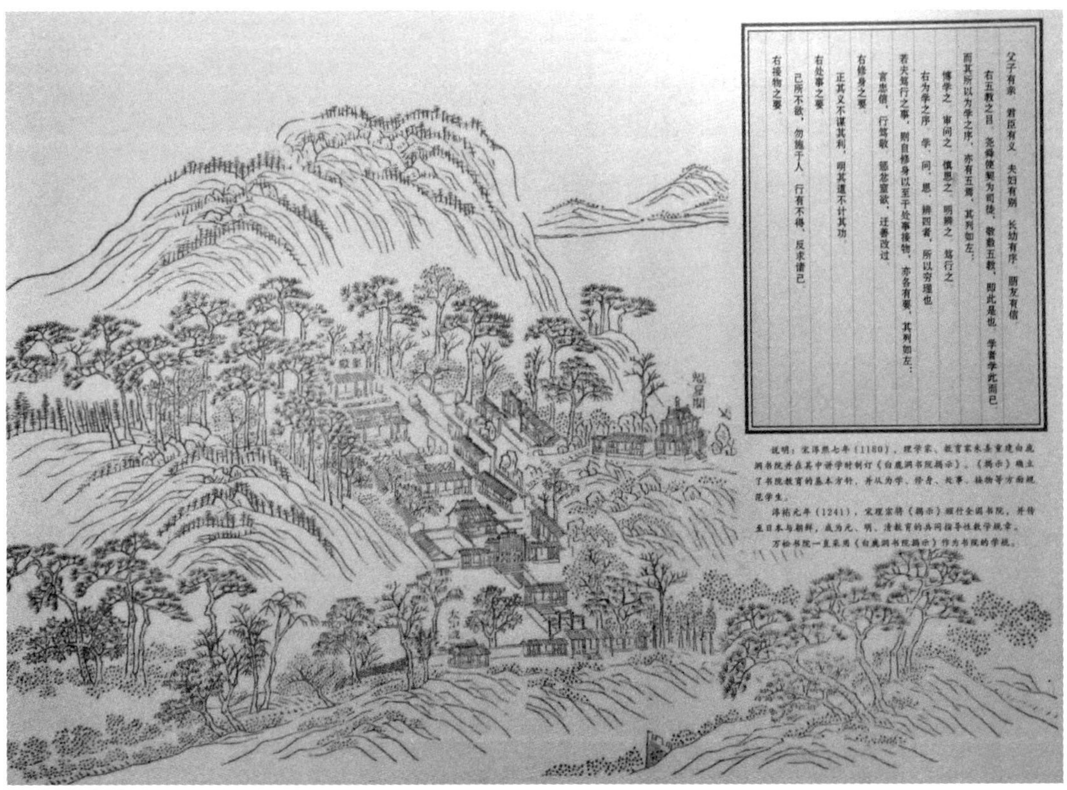

▼ 图 3–53　敷文书院图

▼ 图 3-54　敷文书院

▼ 图 3-55　敷文书院康熙题名勒碑

▼ 图 3-56　云林禅寺

云林寺　在杭州灵隐山之北，北高峰之下，原为古灵隐寺。晋朝以后，该寺多次重建，又多次被毁，清初重修大雄殿及堂宇楼阁。康熙赐名“云林寺”，又御书“禅林法纪”匾额及“飞来峰”三字，并制诗章（图 3-56 至图 3-59）。

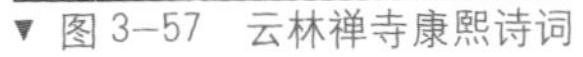

▼ 图 3–57　云林禅寺康熙诗词

▼ 图 3–58　云林禅寺康熙题字

▼ 图 3–59　云林禅寺飞来峰

▼ 图 3–60　虎跑泉（一）

虎跑泉　　在浙江杭州大悲山上，泉清甘洁。相传唐僧人栖禅此山，见二虎跑山出泉，因此得名“虎跑泉”（图 3–60 至图 3–62）。康熙南巡临幸西湖，御制诗二章并序：

松林带余雪，空山啼百舌。

石溜音涓涓，寒泉自清洁。[1]

1　清·康熙．清圣祖御制文二集．卷四十四．虎跑泉 [M].

▼ 图 3–61　虎跑泉（二）

▼ 图 3–62　康熙虎跑泉亭碑记

大禹陵　位于浙江绍兴东南会稽山麓，是中国古代治水英雄大禹葬地。陵前有禹井、禹池、禹碑，陵的左面是庙。康熙二十八年（1689 年），康熙帝南巡亲诣陵庙致祭，御题“地平天成”匾额及对联一副，并制诗章（图 3–63、图 3–64）。

寄畅园　在无锡惠山东麓，建于明正德年间（1506 ~ 1521 年）。康熙历次南巡，无不临幸此园赏梅，曾留御笔“山色溪光”石匾额（图 1–18）。

▼ 图 3–63　大禹陵康熙碑记（一）

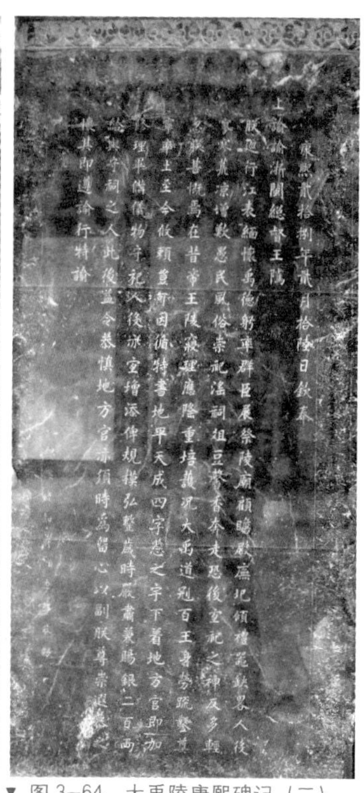

康熙貳拾捌年貳月拾陸日欽奉
上諭諭浙閩總督王騭
朕廵行江表緬懷禹德躬率群臣展祭陵廟顧瞻殿廡圮傾禮器缺略人役
寡少黃滾增歎愚民風俗崇祀淫祠俎豆馨香奔走恐後至祀之神反多輕
忽殊甚慨禹在昔帝王陵寢理應隆重培護况大禹道冠百王身勞疏鑿有
功華土至今攸賴朝因循特書地平天成四字懸之字下着地方官即加
修理平整儀物守祀人役添室增添俾規模弘整歲時嚴肅兼賜銀二百兩
給與守祠之人此後並令恭慎地方官亦須時為留心以副朕尊崇之
其即遵諭行特諭

▼ 图 3–64　大禹陵康熙碑记（二）

金山　在江苏镇江府西北七十华里大江之中。始建于东晋，唐朝因有人开山得金于此而取其名“金山”，又名“浮玉山”（图 1–17、图 3–65）。沿山架屋，金碧辉煌，与长江水光互相激射。中有“中泠泉”，东有“日照岩”“善才石（鹘峰）”，西有“石排山”，顶有“金鳌”“妙高”诸峰。宋人有诗赞叹金山是“揽数州之秀于俯仰之间”。“圣祖（康熙）南巡，叠蒙宸赏”[1]，赐“江天禅寺”。康熙二十三年（1684 年）十月二十四日，康熙帝幸金山，御书“江天一览”四字。康熙有多首歌赋金山的诗（节选）：

烟雾空濛水国昏，夜移凤舸泊山门。
然犀欲照鼋鼍窟，卧听涛声自吐吞。[2]
烟云清处晓霞飞，万里滔滔映紫微。
花翻浪涌疑天色，风动帆张共德威。[3]
烟树重重两岸间，流云著水水漫漫。
江烟江树无穷尽，不让蓬瀛岛上山。[4]

▼ 图 3–65　金山建筑群

1　清・高晋，等编撰．张维明选编．南巡盛典名胜图录 [M]．苏州：古吴轩出版社，1999：160.
2　清・康熙．清圣祖御制文二集．卷四十三．驻跸金山 [M].
3　清・康熙．清圣祖御制文三集．卷四十六．登金山望长江 [M].
4　清・康熙．清圣祖御制文二集．卷五十．金山雨望 [M].

四、 康熙游览驻跸的行宫和景点

开福寺 在河北景州治之西北方向，属明代旧刹。层檐叠架，博敞丰丽。有隋代十三级古塔，康熙时已为宋代风格楼阁式砖木结构舍利塔，通高六十三点八五米，塔内穿心式结构，环形走廊，与洞户相通。该塔始建于北魏高宗兴安年间（452 ~ 453 年），齐、隋、宋代都有过较大维修，层间盘旋而上数百级阶梯达极顶。舍利塔周围有明代建筑千佛阁、无量殿等（后毁于二十世纪文革年代），与村虚互衬，鳞次栉比。民国二十一年（1932 年）版《景县县志》记载：“开福寺古塔上层悬有铁匾，匾内铸有齐、隋重修字样，重修既在齐、隋，其创建当在北魏时代。”康熙南巡途中曾经驻跸这里（图 3–66）。

▼ 图 3–66　景州开福寺唯一现存的宋代风格楼阁式砖木结构舍利塔

▼ 图 3–67　从西湖行宫望西湖

杭州府行宫　在杭州涌金门内太平坊。旧为织造公廨。康熙二十八年（1689 年），康熙帝省方南服，在此驻跸。之后康熙的数次南巡，都把此处奉为行宫。康熙认为这里“越境湖山秀，文风天地成，南临控禹穴，西枕俯蓬瀛”[1]。

西湖行宫　在杭州孤山的南面。群山环拱，万堞平莲，居此可以尽赏全湖之胜。康熙四十四年（1705 年），康熙帝第五次巡视江南，数次经过驻跸此宫（图 3–67）。

第二节　北巡行宫园林

康熙所直接干预的皇家造园大都是在北方完成的，他在北巡的过程中，沿途命人创建了一系列驻跸用的行宫园林。遗憾的是这些塞外行宫多数已经遭到彻底破坏，仅剩下断壁残垣遗址，甚至荡然无存。致使当代对于清代园林的研究主要聚焦于晚清时期，忽视了康熙造园思想指导下的皇家园林建设实绩。

自大、宛两县起，至承德，成为康熙每年巡幸热河，举行秋狝典礼的区域。康熙皇帝每年到木兰围场行猎，随行的王公大臣、太后嫔妃、皇子皇孙、八旗将士，每次都成千上万，有时多达三万人。这么多人，从北京到围场，长途跋涉，沿途安营扎寨，又要携带大量用品和物资。康熙四十年（1701 年）之前，沿途没有固定式行宫，皇帝每到一地，都是临时搭建黄幄，王公大臣也是临时搭建帐篷和蒙古包。成千上万人的一切用品，围猎需要的所有物资，都靠驼队、车队往返运输。这种状态持续了十七八年。行围木兰已成定制，沿途迫切需要有固定建筑，于是康熙皇帝做出了建立木兰围场以后的又一重大决策：“命发

1　清·康熙．清圣祖御制文三集．卷四十九．驻跸杭州府 [M].

内府余储，建行宫数宇，以省驼载之劳。”[1]

康熙北巡，起自京师，历经大兴、宛平、昌平、顺义、怀柔、密云、滦平，北至热河。沿途所建行宫，属昌平境内的有两个，叫“蔺沟行宫”“汤山行宫”；属顺义境内的也有两个，叫“三家店行宫”“南石槽行宫”；属怀柔境内的只有“祈园寺行宫”一个；属密云境内的有三个，叫“刘家庄行宫”“罗家桥行宫”“要亭行宫”；属滦平境内的有五个，叫“巴克什营行宫”“两间房行宫”“常山峪行宫”“王家营行宫”“喀喇河屯行宫”；临近热河则有“避暑山庄”。清《畿辅通志》对康熙北巡行宫有记载：

若蔺沟之于汤山，三家店之于南石槽，皆相去密迩，则以自大、宛至密云御道不一。康熙四十六年（1707 年）年以前则出东直门，经大兴县界之冯家营入顺义县界，历谢家营、三家店、牛栏山入怀柔县界，历耿辛王各庄以达于密云，此旧道也。嗣以水潦改途，则自畅春园启跸，至宛平、昌平两界之回龙铺，历蔺沟、高丽营入顺义县界，历石槽，仍绕昌平边界，出峰山口入怀柔县界，历祗园寺、南富乐至驸马庄以达于密云，此新道也。若由昌平之蔺沟绕汤泉营，历桥梓铺，直出峰山口入怀柔界，以达于密云，此汤山之道也。故两路皆建有行宫，以徯车驾云。

满文清史专家郭美兰女士于 2003 年在中国第一历史档案馆翻阅清代满文档案中发现，从康熙四十一年（1702 年）至四十三年（1704 年）之间破土动工修建的口外行宫，自南到北包括“两间房”“鞍子岭”“花峪沟”“喀喇河屯”“上营（热河）”“蓝村（蓝旗营）”“波罗河屯”“一百家子（张三营）”等八处行宫。

郭玉普、安忠和、王舜《木兰围场大寻踪》的研究成果是，康熙四十一年（1702 年），建立了“两间房”“鞍子岭”“喀喇河屯”等三座行宫。康熙四十二年（1703 年），建立了“桦榆沟”“蓝旗营”“热河”“波罗河屯”“张三营”“唐三营”等六座行宫。康熙四十三年（1704 年），建立了“王家营行宫”。康熙五十一年 （1712 年），建立了“中关行宫”。康熙五十六年（1717 年），建立了“黄土坎行宫”。康熙五十九年（1720 年），建立了“巴克什营”“常山峪”“什巴尔台”等三座行宫。十九年间，康熙皇帝先后在塞外建立了十五座行宫。

康熙多由波罗河屯到张三营，然后进入木兰围场。康熙皇帝建立的这些行宫，在京城至木兰围场之间次第分布。御路如一长线，穿起这一串珍珠，把北京和木兰围场连在一起。[2]（图 3–68 至图 3–70）

1、2　郭玉普，安忠和，王舜．木兰围场大寻踪 [M]．海拉尔：内蒙古文化出版社，2001．

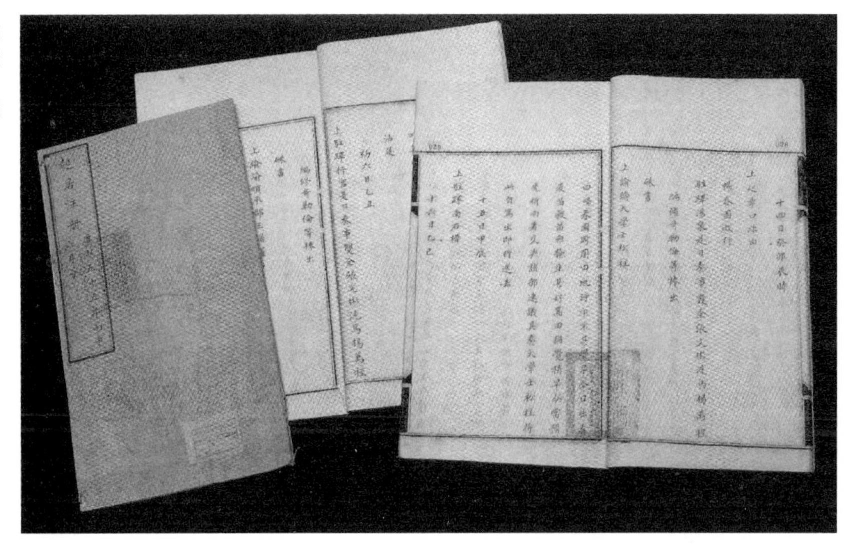

▼ 图 3–68　记载康熙北巡情况的起居注，康熙五十五年四月至九月，中国第一历史档案馆藏《内阁起居注》。

▼ 图 3–69 清《木兰图》，中国第一历史档案馆藏《内务府舆图》，该图反映清帝木兰秋狝北上路线，其地名均用满文标注，绘制朝年不详。

▼ 图 3–70 康熙北巡行宫地理方位图

一、 木兰围场

坐落在热河地区，地处昭乌达盟、卓索图盟、锡林郭勒盟和查哈尔蒙古东四旗的接壤之地，距北京七百华里，康熙二十年（1681 年）建立[1]，占地广阔，周长一千三百华里，东西宽约三百华里，南北约两百华里。木兰围场用于皇家狩猎秋狝和会盟蒙古王公。围场北部为坝下草原，气候温和，雨量充沛，森林繁茂，野兽成群，适合行围狩猎。

木兰秋狝时康熙皇帝的行营是什么样，法国人热比雍（即张诚），曾详细记述过他看到的康熙御营。他写道[2]：

皇帝住的黄幄在中央，他的住处分四个院子。第一个院子最大，周围是卫士住的帐蓬，相距如此之近，看起来像一条帐篷组成的走廊。第二院和第一院类似，但小得多。第三院是以黄色绳网围着的部分，围得很严密，人不能通过。每一院都有三个门，最大的门向南，是皇帝及其随从经过的门。第二个门向东，第三个门向西。三个外院的进门处都有皇帝的卫兵把守，由二至三名官员指挥。最后一个，

1 根据郭玉普、安忠和、王舜《木兰围场大寻踪》第 22 页的研究，康熙二十二年 （1683 年）才开始建立木兰围场。

2 郭玉普，安忠和，王舜．木兰围场大寻踪[M]. 海拉尔：内蒙古文化出版社，2001：217—219.

即最里面的一个，是个长四十八至五十码（约合 43.9 米至 45.7 米）、宽三十六码（约 32.9 米）的长方形院子，四周围以黄布，布的两侧用木桩及绳子支撑着，看去很像墙。这里只有一个门，有漆好的门扇。此门有两名侍卫昼夜看守。他们各用皮带拉住一扇门，没有皇帝陛下的明确命令，任何人不得入内，侍候皇帝本人的人例外。此门的上方有一带黑色刺绣的黄布做的圆幄，很是好看。

在第一和第二院之间，有大臣们和内务府官员们的帐幕，但帐幕和第二院间必须空出八十步之距离，这是表示对皇帝的崇敬。在第二院的布墙的网墙之间，住着皇帝的管家， 占去了整个面积。只有南侧除外， 因那是正前方，要空着。

在黄布围墙的中央，有皇帝住的黄幄。它按照鞑靼式样是圆形的，和鸽子窝很相似。皇帝一般有两座这样的黄幄，每个直径六码（约合 5.49 米）。两黄幄互相对着，中间留一通道，皇帝住在一个黄幄里，白天呆在另一黄幄里。它们高处挂着蓝色丝绸，外面盖以厚毛毡，上面再加上一层坚固美观的麻布外套，在外套外面又盖一层麻布，其顶部和边部有黑色刺绣，这布拉得很紧，只是在顶部和黄幄接触，然后逐渐通到四周。四周用旋得很圆并涂以红漆的木棍支撑的，同样还用长毛绳拴在打入地内的大铁钉上，这种毛绳与我们的马肚带相似。这种覆盖是为了防止帐篷雨打日晒。

在第二个帐篷的最里边是皇帝的御床，床的天盖及床帘由有龙的图案的金色镍缎做成。被子和床单全是缎子制成。天冷时，在被子上面还盖一条狐狸皮的被子。

这两座帐篷的地面上，都铺着很美丽的白地毯，中间部分还铺有极精致的席子。在此二帐篷之间，挂着一套黄色麻布挂帘，此黄布把整个内院分成两部分。在前一部分大帐幕旁边，有一个非常精致的黄麻布矩形帐篷。在这一部分院子正前方的两个角上，有皇帝的两个儿子的两座帐篷。皇帝陛下帐幕的后方，即在院子后一部分两个角上，有两座圆帐幕，一个当做皇帝的衣橱，另一个是皇帝的餐具室，即酒茶等食物之保管室。此外，有几座为侍候皇帝的官员用的帐幕。

在第三院周围，每隔八步，有所有大臣按品位居住的帐幕。八旗士兵的营房、骑兵营和火枪手的营房，都在大营的周围排开。

木兰围场地方气候温凉，自然繁盛，物产丰厚，水土肥美，动植物种类众多，适宜狩猎和避暑。营建木兰围场，对于康熙朝曾经同时起到了三个方面的重要作用：第一是训练军队，会盟诸侯，怀柔蒙藏，威慑边疆；第二是避开京师炎热的酷暑天气，在气温较低的围场办理国家公务；第三是为蒙、藏、回部王公们提供凉爽的场所，以方便他们前来朝觐（彩图 7、图 3–71 至图 3–77）。

康熙子女众多，一生生育二十个女儿，虽然只有九位公主长大成人，而为了安抚塞外，联姻蒙古王公，其中的七位公主竟然远嫁到了蒙古地区。康熙每年一度的木兰秋狝，另有一股的原动力，那就是身为父亲的康熙，到蒙古草原会见自己的千金公主。

康熙帝思念这些远在塞外的亲人，适逢北巡，经常探视公主。翻阅康熙朝满文朱批奏折，某日行抵某公主府的记载有很多。皇二女和硕荣宪公主于康熙三十年（1691 年）下嫁巴林部鄂齐尔郡王子乌尔衮，康熙四十年（1701 年）六月底，康熙帝一行即将抵达二公主府，内务府即遵旨派总管领萨尔图、尹达浑率厨师三人，先于皇帝前往二公主府备办宴席，随身带去的食物有“面三百斤、芝麻油五十斤、糖稀十斤、芝麻三升、淀粉四升、橙沙三升、江米面三升、葡萄干细粉三斤、枸杞细粉三斤、稻米六斤斗、绵糖十五斤、蜂蜜十斤、冰糖一斤八两、块糖一斤八两、核桃糖一斤八两、枸杞二升、核桃仁五斤、乌枣十斤。”原打算还要带鸡鸭鹅蛋，康熙帝以公主府有鸡鸭鹅蛋未准。[1]

康熙提倡节俭，但从所携带的主副食品的数量和丰富程度上看，宴请的人数很多，也足以证明康熙帝对爱女及其蒙古王公女婿的重视。

康熙皇帝在位的六十一年里，共有三十八个年头来过木兰围场。康熙皇帝到围场，进出累计上千天。他第一次到围场时，是三十岁的青年，而最后一次到围场时，已是六十九岁的老人。木兰围场的狩猎和政治活动，贯穿了康熙大半个生涯（表 3–1）。

1　郭美兰．康熙年间口外行宫的兴建．由中国第一历史档案馆藏内务府上传档 5（满文）翻译与议论 [R]. 承德：纪念避暑山庄 300 周年清史国际学术研讨会，2003,9.

表 3–1　康熙皇帝一生到木兰围场情况统计表

康熙二十二年（1683 年）	六月十二日离京，二十五日入九隘口（伊逊河崖口），过闰六月，七月初十日出围场噶拜谷口，二十五日回京。在木兰围场四十四天。
康熙二十三年（1684 年）	五月十九日离京，约在六月十五日进入木兰围场，八月十一日出围场，十五日回京 。在木兰围场约五十六天。
康熙二十四年（1685 年）	六月初一日离京，中途回京一次，七月初五日入围场，八月二十七日出围场，九月初二日回京，在木兰围场五十三天。
康熙二十五年（1686 年）	七月二十九日离京，八月初三日进围场，十九日出围场，二十四日返京，在木兰围场十七天。
康熙二十六年（1687 年）	八月初三日离京，初八日进围场，二十七日出围场，九月初四日还京，在木兰围场二十天。
康熙二十七年（1688 年）	七月十六日出京，约二十六日进入围场，九月十三日出围场， 二十二日还京， 在木兰围场约四十七天。
康熙二十八（1689 年）	八月初十日离京，十六日进围场，约九月初三日出围场，初十日回京，在围场约十八天。
康熙三十年（1691 年）	四月十二日出京， 到多伦主持“多伦会盟”， 曾涉足木兰围场， 五月十九日回京。 闰七月二十二日再度出京， 到木兰围场行猎 ， 九月二十六日还京。
康熙三十一年（1692 年）	七月十九日离京， 到木兰围场行猎， 九月十三日回京。
康熙三十二年（1693 年）	八月十三日离京赴木兰围场， 九月二十七日回京。
康熙三十三年（1694 年）	七月二十四日离京赴木兰围场，九月十三日回京。
康熙三十四年（1695 年）	八月初三日离京赴木兰围场， 九月二十一日回京。
康熙三十六年（1697 年）	七月二十九日离京赴木兰围场，九月十六日回京。
康熙三十七年（1698 年）	七月二十九日离京， 取道木兰围场， 去盛京（沈阳）谒陵， 十一月十二日由山海关回京。
康熙三十八年（1699 年）	闰七月十七日离京赴木兰围场，经张家口九月初十日回京。
康熙三十九年（1700 年）	七月二十五日离京赴木兰围场， 九月十二日回京。
康熙四十年（1701 年）	五月二十九日离京，出张家口巡视蒙古部落，经木兰围场九月初九日回京。
康熙四十一年（1702 年）	六月初九日离京， 七月初三日自热河赴木兰围场，八月二十九日回京。
康熙四十二年（1703 年）	七月初六日出京， 二十七日从热河启程赴木兰围场，九月十七日回京。这一年开始建北京至木兰围场沿途行宫。
康熙四十三年（1704 年）	六月初六日离京，八月初七日离热河赴木兰，九月二十五日回京。

康熙四十四年（1705 年）	五月二十三日离京，六月十六日赴木兰，九月十三日经张家口回京。
康熙四十五年（1706 年）	五月二十二日离京，八月初四日入围场，九月初十日出围场，九月二十五日回京 。
康熙四十六年（1707 年）	六月初六日离京，巡视各蒙古部落时经木兰围场，十月十六日回京。
康熙四十七年（1708 年）	五月十二日离京，七月二十一日赴木兰围场，九月十六日回京。
康熙四十八年（1709 年）	四月二十六日离京，七月二十九日赴木兰围场，九月二十日回京。
康熙四十九年（1710 年）	五月初一日离京，七月十八日赴木兰围场，九月初九日回京。
康熙五十年（1711 年）	四月二十一日离京，七月二十八日赴木兰围场，九月二十一日回京。
康熙五十一年（1712 年）	四月二十一日离京，八月初二日赴围场，九月二十九日回京。
康熙五十二年（1713 年）	五月初十日离京，七月二十一日赴围场，九月二十三日回京。
康熙五十三年（1714 年）	四月二十一日离京，八月初九日到达围场，九月十二日离开围场，二十八日回京。
康熙五十四年（1715 年）	四月二十六日离京，八月十八日到达围场，九月十五日离开围场，十月十九日回京。
康熙五十五年（1716 年）	四月十四日离京，八月初二日进入围场，九月初三日离开围场，九月二十七日回京。
康熙五十六年（1717 年）	四月十七日离京，八月初十日进入围场，九月十四日离开围场，十月二十日回京。
康熙五十七年（1718 年）	四月十三日离京，八月十二日赴围场，九月二十九日回京。
康熙五十八年（1719 年）	四月十一日离京，八月初十日赴围场，十月初八日回京。
康熙五十九年（1720 年）	四月初十日离京，八月初四日赴围场，十月初十日回京。
康熙六十年（1721 年）	四月十六日离京，七月二十日赴围场，九月二十七日回京。
康熙六十一年（1722 年）	四月十二日离京，八月初二日赴围场，九月二十八日回京。

（参考文献：郭玉普，安忠和，王舜．木兰围场大寻踪[M]．海拉尔：内蒙古文化出版社，2001．清·清圣祖实录[M]．清·康熙起居注[M]．）

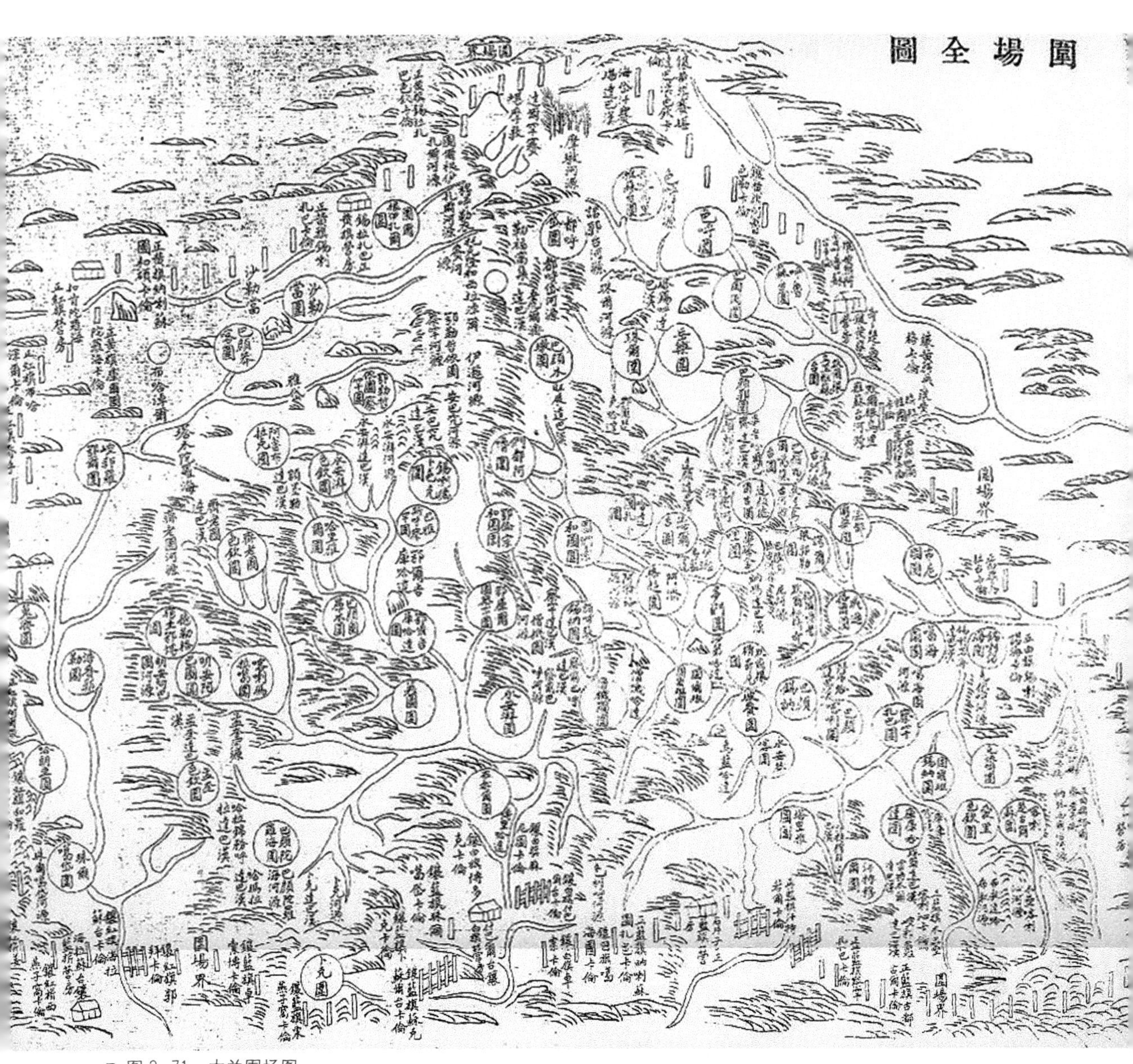

▼ 图 3–71　木兰围场图

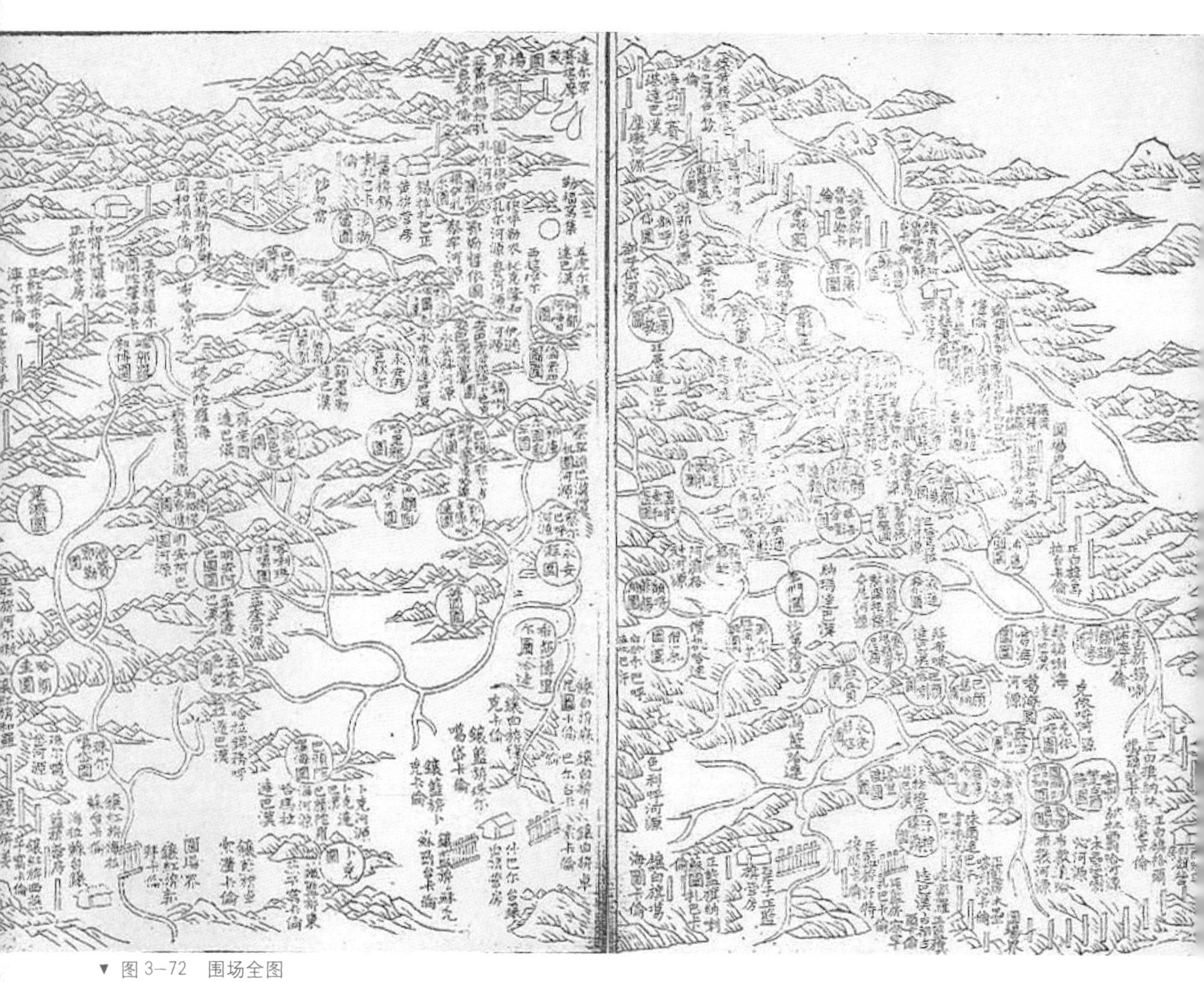

▼ 图 3–72　围场全图

▼ 图 3-73 木兰秋狝地方

▼ 图 3-74 木兰围场七星湖

▼ 图 3-75 木兰围场塞罕坝

▼ 图 3-76 木兰围场御道口

▼ 图 3-77 木兰围场－乌兰布通五彩山

二、 喀喇河屯行宫

在河北滦平县治西，今承德钢铁公司区域内，古兴州管辖，距避暑山庄西南三十五华里，距王家营三十华里。行宫毁于民国至日伪时期，现在遗迹难寻。喀喇河屯又称“喀喇城”，是“黑城”或“旧城”的意思。康熙十六年（1677 年），当避暑山庄尚未建立的时候，康熙帝肇举巡典，驻跸于此。

康熙帝把清顺治八年（1651 年）十二月停建的喀喇河屯原“避暑城”圈在宫苑内，扩建后命名为“喀喇河屯行宫”。宫基占地九十一亩，周长二十华里许。东至蓝旗营子，西至宫后，南至红旗营子，北至滦河。行宫坐北朝南，滦河流经行宫使其分为宫殿区和苑景区。据《承德府志》和道光十九年（1839 年）十二月内务府《房屋陈设铺垫清档》记载：宫殿区自东而西又分为东所、中所、西所和新宫。各所自南向北，排列有序。中所有正殿五间，中楹慕悬圣祖御题对联：“吟咏之间，兼泉清山碧以成趣；画图所会，盖树色云光而入神。”东西两所分别设有跨院，布局与中所相仿，但规模略小。康熙帝在东所明间御笔“清风拂面来”匾，在西两间西山墙御笔“图史自娱”匾，在西所明间柱题“岩中趣”匾，在新宫七间正殿明间题“云岑碧岫”匾。

每座宫所前院为宫室，后院为花园，虎皮石院墙。园中名花异石，苍松绿草。苑景区在宫殿区的西北两侧，在苑景区的西部，位于滦河之阳有别墅名为“滦阳别墅”，从行宫的西北坐船渡过滦河可到达那里。此处山水绝佳，景致无限。《热河园庭现行则例》记载：滦阳别墅，东至生计地，西、南至滦河，北靠山，占地十九亩，别墅分东、西两所。据道光十九年（1839 年）十二月内务府《房屋陈设铺垫清档》记载：西所建殿五间，明间挂圣祖御笔“滦阳别墅”匾一面。东、西、北三面以半封闭式游廊环绕，中间以长廊相隔。在行宫与别墅之间的滦河中有个石矶小岛，岛上有亭。《钦定热河志》记载：宫基中界滦河，依山带水，比之京口浮玉，故有“小金山”之号。所以康熙皇帝为其取名曰“小金山”，寓于长江中的金山小岛与南边河岸伸入水中的两个石崖相对，石崖若两个龙头，小岛若明珠，恰好构成了二龙戏珠的景观。在树形斑驳中一座小亭，三楹虚榭掩映其间，当年榭内挂有明代画家文嘉《寒梅图》一幅。在行宫东面还有冰窖、仓廒、御马圈。在行宫的东南面附近有穹览寺，远有琳宵观等大型寺庙和道观。[1]

喀喇河屯行宫由原侍郎托岱承建。康熙四十年（1701 年）十二月十八日，内务府郎中佛保，将坡赖村的建房地盘图恭呈御览，康熙帝随即降旨：“照此在喀喇河屯建房一处，内房均加游廊，墙外建堆

1 郝志强，特克寒．清代塞外第一座行宫——喀喇河屯行宫．满族研究，2011（3）：58–69．

房一处，其河边修花圃一处，著复绘图呈览。建此房时，派原侍郎托岱、原巡抚喀拜、曾赴两淮盐差之监察御使赫硕色，自立修建。著将彼等召至，会同内务府大臣宣旨。俟上元过后，即去勘查地方，备办所用木石、砖瓦、石灰等物，过年从速修建。”[1] 康熙四十一年（1702 年）正月初五日，内务府奏称：“喀喇河屯地方拟修建房屋一处，共大小三百九十七间，需长一丈八尺、粗一尺五分松木二十四根，长一丈五尺、粗一尺五村木料四根，长一丈七尺、粗一尺四寸木料三十六根，长一丈五尺、粗一尺四寸木料二十八根……以上共大小松木四千一百五十七根，丈之滚木二千一百二十九根，七尺之滚木四千四百一十八根半。”[2] 康熙四十二年（1703 年）八月十六日，康熙帝在查看喀喇河屯行宫所建房屋之后，命郎中佛保向托岱传谕旨：“观八处所建房屋，尔所建房屋多于他处，且做工精良，著将现在建成房屋即作工竣，造册上报。明年但凡掉落一砖一瓦，亦与尔无关，另有维修之人。其尚未上瓦房屋，今年即便上瓦，亦赶上寒冬，无法坚固，索性明年竣工即可。尔建房所用银两数目，著造具清册，交付内务府大臣，以便议叙。兹赏朕用貂皮帽、白鼠皮褂，朕亲书对联、横批、单条。”[3] 康熙四十三年（1704 年）五月初四日喀喇河屯行宫竣工后，托岱呈文称：“托岱我本愚鲁，毫无仰副皇上委用至意奋勉之处，今蒙皇上格外悯爱，赏赐御用帽、褂、御笔墨宝，又赏我母以匾额，宽免养赡新满洲等差，并施厚恩予以议叙，托岱我即便粉身碎骨，亦断难还报。现我所建房屋均已竣工，故钦尊上谕，将我建房所用银两数目造具清册，一并奏呈，共建房四百一十四间，用银六万一千一百五十二两一分。”[4]

从康熙《热河穹览寺碑文》全文也可以间接知道康熙建喀喇河屯行宫园林的情况：

喀喇河屯者，蒙古名；色释之，即乌城也。乃古兴州之辖，因世久事殊，前朝未及设官分职，《皇舆》等书遍察难考。

朕避暑出塞，因土肥水甘，泉清峰秀，故驻跸于此，未尝不饮食倍加，精神爽健。所以鸠工此地，建离宫数十间，茅茨土阶，不彩不画，但取其容作避暑之计也。日理万几，未尝少辍，与宫中无异。万几偶暇，即穷经史性理诸书，临池挥翰。膳后较射观德，以示安不忘危之念，此其大略也。

因有离宫随侍人员共祝万寿而建寺，不日即成，又求匾额以垂永久。朕赐书云“穹览”，取沈约“骧首览层穹”之意。在行宫之

1、2、3、4　郭美兰．康熙年间口外行宫的兴建．由中国第一历史档案馆藏内务府奏销档 118（满文）翻译与议论 [R]．承德：纪念避暑山庄 300 周年清史国际学术研讨会，2003.9.

巽位，寺势虽微，莲社梵音，铃铎经声，巨细皆备。内有三大士相，仙衣飘扬，端园涵影，以空寂为本，慈悲为教，汲引四生，津梁三界。清钟夜闻，远近罔弗皈依；月殿朗辉，中外靡不瞻仰。况右倚层岩，左带大河，口外诸藩来往进贡，皆由经过。三庚无暑，六月生风，地脉宜谷，气清少病，诚为佳景。

前朝以戍边不暇，何得驻跸？今四海为一，八表同风，自京北至万里，如同家人父子，岂有他术哉！以诚而已矣。今臣下归福于朕，朕曰：天下皆福，朕之福也；先忧后乐，朕之职也。所愿者年丰岁稔，烟尘永息，予之念兹在兹之意足矣。

喀喇河屯行宫，“热河以南，此为胜境，规制亦整”[1]。后来康熙秋巡驻跸避暑山庄，回銮也必莅临此地（图 3–78 至图 3–80）。

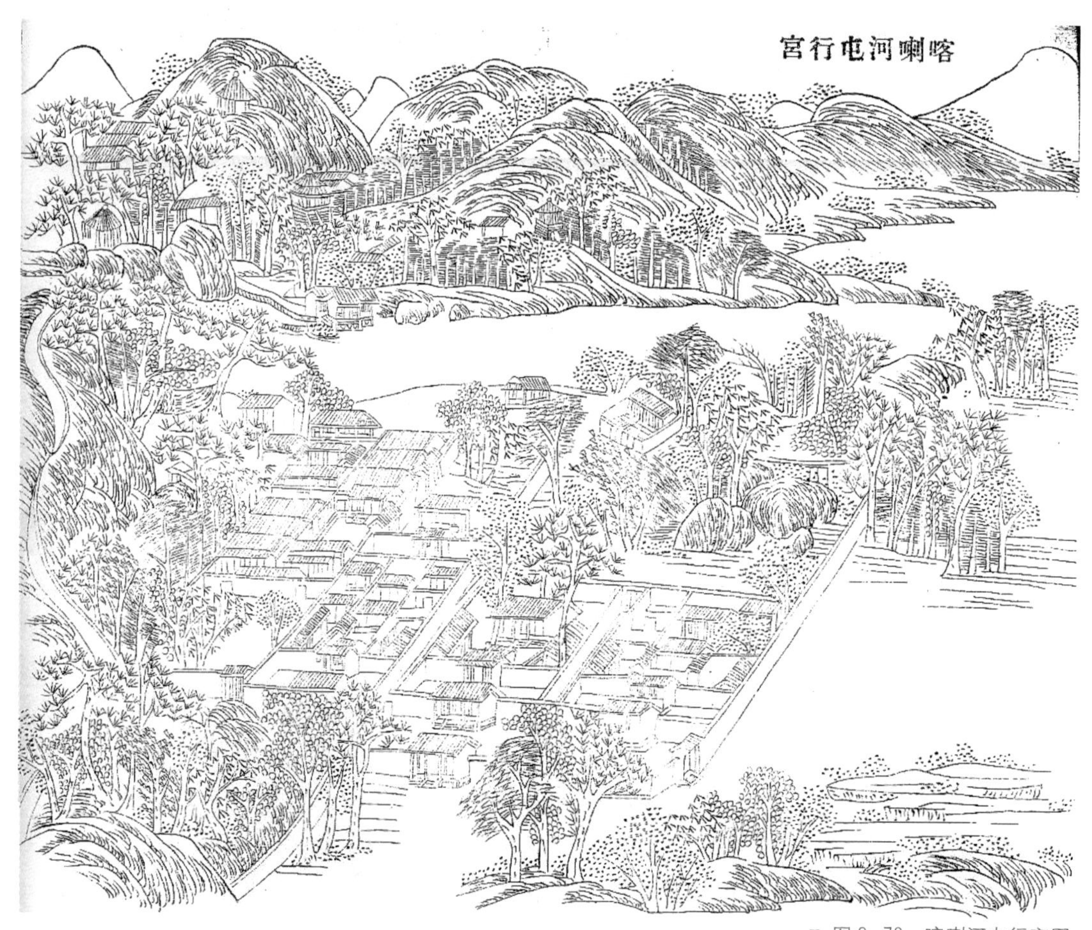

▼ 图 3–78 喀喇河屯行宫图

1 清 · 乾隆 · 热河志 [M].

▼ 图 3–79　喀喇河屯行宫地理环境平面图

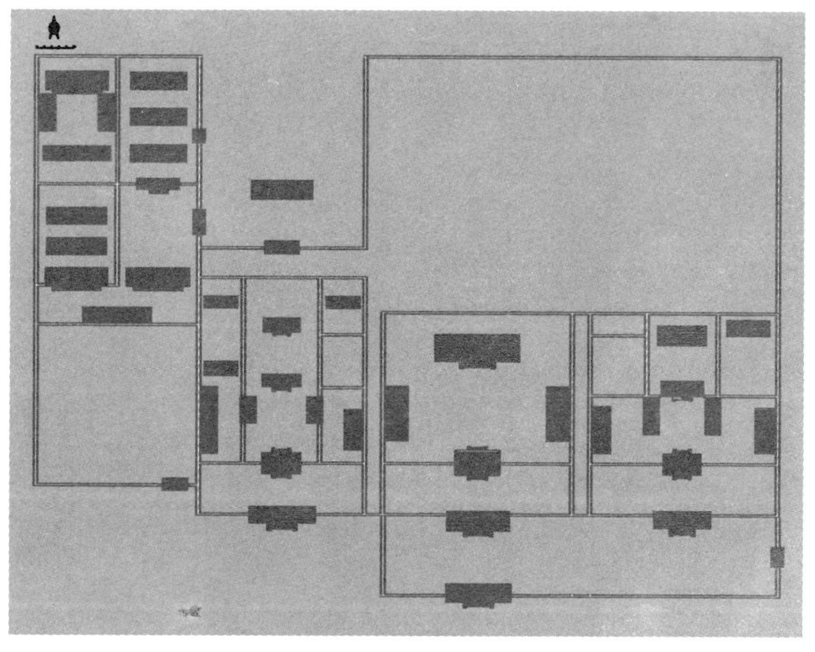

▼ 图 3–80　喀喇河屯行宫宫殿区平面布局示意图

三、 其他行宫御苑

蔺沟行宫　属京师昌平州，至京师德胜门五十华里。清《怀柔县志》记载："圣驾巡幸热河，自康熙四十六年（1707年）改由蔺沟一路行走。则此处恭建行宫，当在其时。"蔺沟行宫"宽三十一丈四尺，深一十八丈"[1]。

汤山行宫　属京师昌平州，在州东南三十华里小汤山镇，有温泉可浴。北魏《水经注》"温泉又东温泉水注之"者也[2]。行宫建自康熙五十四年（1715年），清《光绪昌平州志》载：康熙时期"设八品总领一人，无品总领二人，效力笔贴式二人。"乾隆时期扩建名为"汤泉行宫"。

王家营行宫　在河北滦平县治西南七十华里，常山峪行宫东北四十华里。行宫被彻底毁于民国十四年（1925年），如今行宫遗址已成为村址。王家营行宫建于康熙四十三年(1704年)。宫前有清溪，宫后倚青山，峰峦叠翠，山环水绕。行宫有东、西、中三座宫院，还有前、后照山。岭势环列，宛如屏障，山麓行宫正当其盛。

大宫门三间，东西宫门各三间。正宫为三进院，大殿五间，有"引流成溪"四字榜文。东西各三间配殿，二殿七间，后照房九间。东宫大殿五间，后照房三间。西宫大殿五间，二殿五间。整个宫殿区以回廊连接，布局严谨，占地二十五点三亩。前照山六十九亩，数峰连峙，奇石天成，松柞树满山。后靠山三十一亩，灌木丛生（图3-81至图3-83）。康熙四十三年至六十一年（1704～1722年），康熙帝木兰秋狝往返驻跸此宫二十一次。[3]

▼ 图3-81　王家营行宫图

1　清·采访册[M].
2　清·昌平山水记[M].
3　田淑华. 清代塞外行宫调查考述（上）[J]. 文物春秋，2001（5）：31-34.

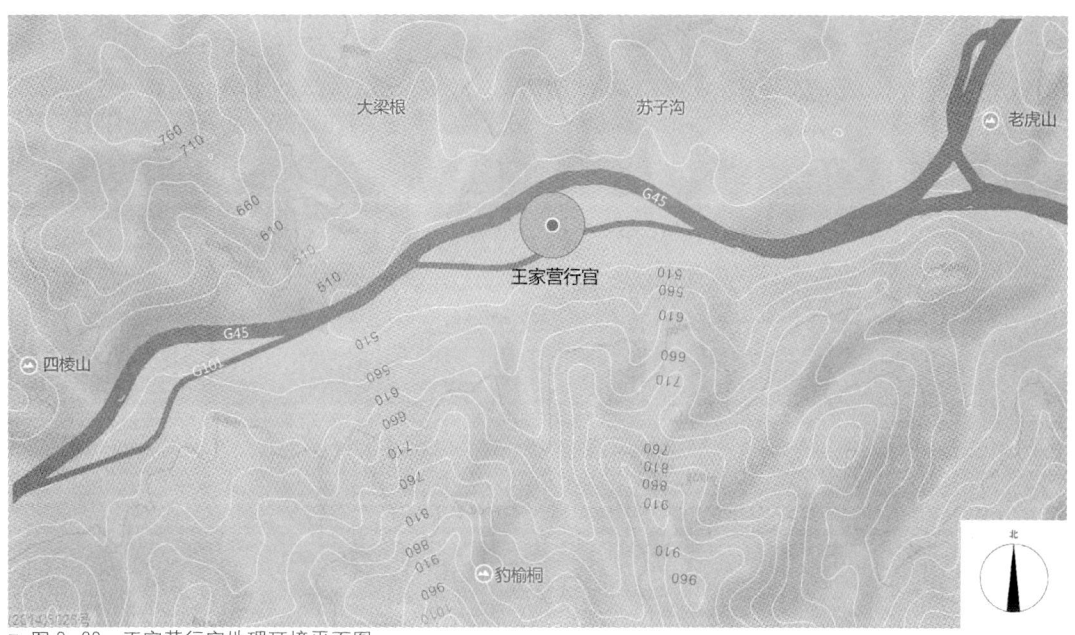

▼ 图 3–82　王家营行宫地理环境平面图

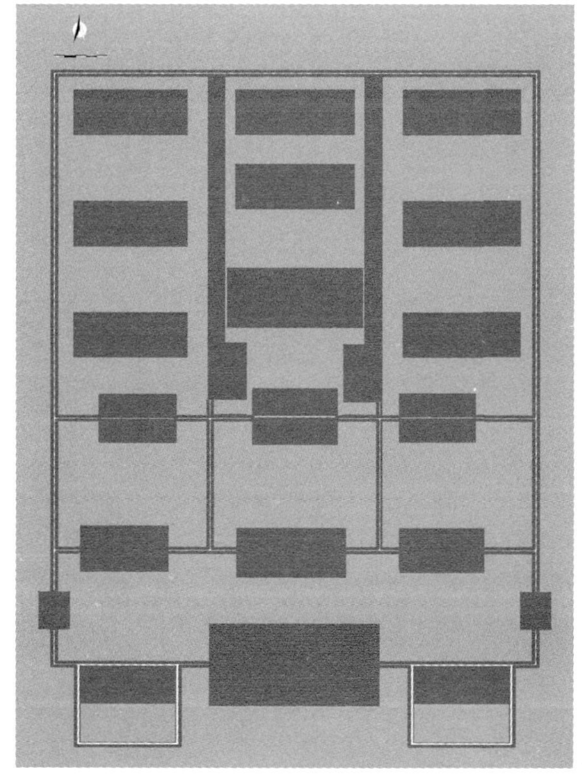

▼ 图 3–83　王家营行宫宫殿区平面布局示意图

桦榆沟行宫　距离王家营行宫东北三十华里，位于今桦榆沟村。行宫濒临滦河，有宫殿区、苑景区，有寺庙“峭壁寺”。在桦榆沟行宫南八华里，康熙建过钓鱼台。康熙木兰秋狝的十九年间共驻跸此宫二十四次。[1]此行宫在乾隆七年（1742年）被撤销。

巴克什营行宫　在河北滦平县治西南，距古北口十华里，在今滦平县巴克什营镇。行宫在民国至日伪统治时被彻底损毁，如今宫址无从辨别。巴克什营行宫于康熙四十九年（1710年）建，规制纯朴，南望边墙，高出山上，潮河奔流入塞，田畴井里熙然丰皞，不觉在边关之外[2]。“巴克什”是满语“学者”或“博士”的意思，清初朝廷“委派十六个大臣，八个巴克什”住在这里，负责办理、登记粮食的收集事宜，从而形成了居民点，名为“巴克什营”。[3]

巴克什营行宫是“驻宫”，占地二点六公顷，位于巴克什营南北向大街中部东侧，是康熙皇帝出古北口塞外的第一处行宫。建筑布局特征鲜明，一道贯通左、右、中三宫院的大墙，南向门殿三间，东西两宫院内各有照房五间。大墙中间为垂花门，内中央为大殿五间。东西两侧各有门通往东西两宫，清《热河志》记载：“左右各二重，旁东西向”[4]。大殿后三宫院的殿房是取“九九”之数，即按一排九间，九排，九九八十一间房的间数排列的。采用大方砖对缝铺设宫内地面。在巴克什营西南方向，距离行宫门前一百米地方，一条蜿蜒清澈的河流流经向西汇入潮河。门前横卧一座栏板小木桥，过桥不远迎面耸立一断面小山，为金牛山的一角。[5]（图3–84至图3–86）康熙帝因木兰秋狝曾于康熙五十一年至六十一年（1712～1722年）在此行宫驻跸十八次。道光九年（1829年），行宫被裁撤。[6]

▼ 图3–84　巴克什营行宫图

1、6　田淑华．清代塞外行宫调查考述（上）[J]．文物春秋，2001(5)：31–34．
2　清・大清一统志[M]．
3　戴逸．简明清史・第一册[G]．北京：人民出版社，1984：64．
4　清・和珅修．钦定热河志[G]．巴克什营序．天津：天津古籍出版社，2003．
5　王淑云．清代北巡御道和塞外行宫[M]．北京：中国环境科学出版社，1989：113．

▼ 图 3-85 巴克什营行宫地理环境平面图

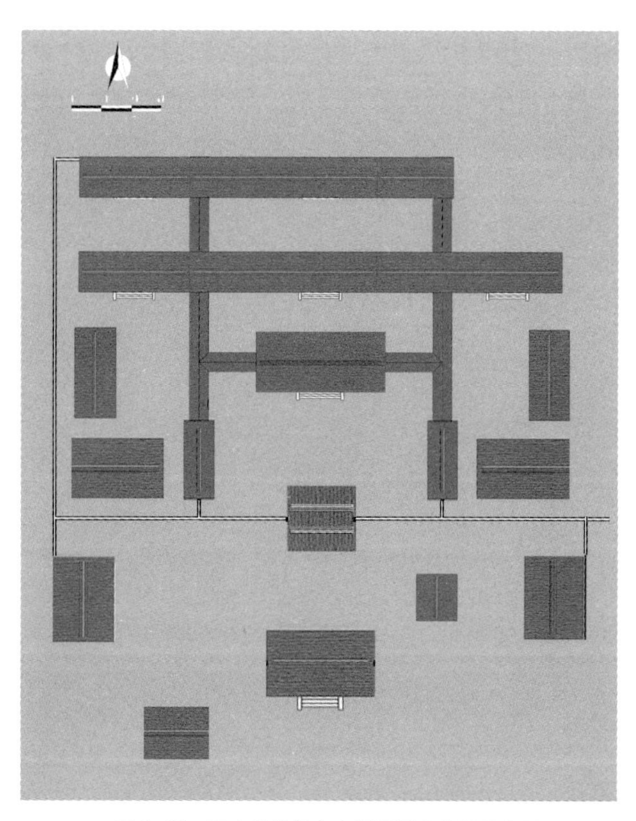

▼ 图 3-86 巴克什营行宫宫殿区平面布局示意图

两间房行宫　在河北滦平县治西南，出古北口四十余华里，从巴克什营行宫东北行三十华里，在今滦平县两间房乡。行宫位于两支流相交的三角地带，在今两间房的东头，宫址东原为皇帝到此射猎的场所，西面是当时随皇帝来此的内阁六部办事衙门所在地址，至今当地的人们仍称之谓“东宫府”“衙门府”。行宫后来屡次被毁，现已消失。

两间房行宫建于康熙四十一年(1702 年)。行官包括宫殿区（平地）和苑景区（山地）。宫殿区有正宫、东宫和西宫，苑景区有前宫山、后宫山。宫殿区占地四公顷多，花草繁茂，古柏森森，“绕砌秋花饶野音，当窿古柏拙蓉蛹”。[1] 宫南向，门殿三间。正宫为四进院，大殿五间。前后各有围廓连接东西照房，前后两殿东西二宫均为三进院，前殿有东西照房各五间，均由游廊连接成封闭式的小院。宫殿区隔墙北为山地苑景区。宫墙形如扇面，将诸多山头圈于宫墙内。山谷和翠柏掩映着轩、阁、亭、廊。宫殿区与苑景区由木桥连接。山地东北角有“澄秋”轩，至高点有“畅远”亭，又名“消暑亭”，为皇帝消暑、远眺、观光。塞外山川，兹地首当形胜[2]。康熙四十二年（1703 年），康熙帝曾陪伴同父异母兄和硕恭亲王常宁在此行宫连续驻跸十天之多。[3]

康熙四十二年（1703 年），康熙帝北巡，往返经过两间房行宫，仔细观看了建成的房屋，于九月十七日颁降谕旨给穆丹[4]：“尔所建房屋牢固美观，况尔所建房屋系出塞第一站，竣工从速，朕往来行走，并无耽搁。尔甚属奋勉，兹赏朕手书扇子、朕用貂皮帽、白鼠皮褂袍。俟至京城，将尔建房所用银两数目造册交付内务府大臣，以便议叙。”[5] 到康熙四十二年（1703 年）九月十八日内务府郎中佛保验收时[6]，“共计建房四百一十七间，用银四万八千九百九十八两余。”[7]（图 3-87 至图 3-89）

▼ 图 3-87　两间房行宫图

1　王淑云．清代北巡御道和塞外行宫 [M]．北京：中国环境科学出版社，1989：90．
2　清・乾隆・热河志 [M]．
3　田淑华．清代塞外行宫调查考述（上）[J]．文物春秋，2001(5)：31–34．
4、5、6、7　郭美兰．康熙年间口外行宫的兴建．由中国第一历史档案馆藏内务府奏销档 124（满文）翻译与议论 [R]．承德：纪念避暑山庄 300 周年清史国际学术研讨会，2003,9．

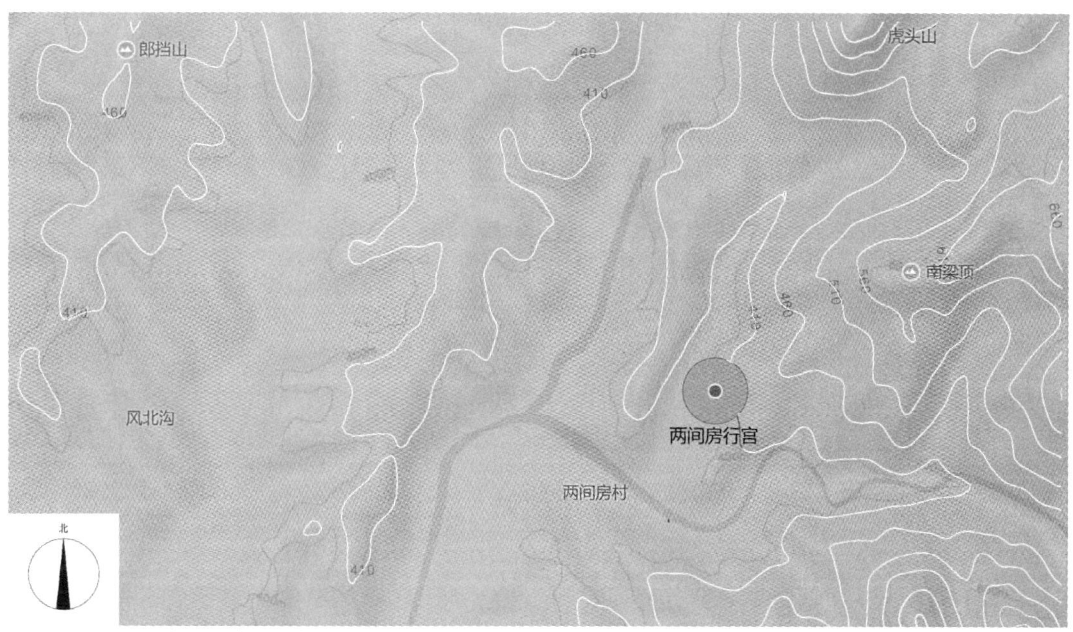

▼ 图 3–88　两间房行宫地理环境平面图

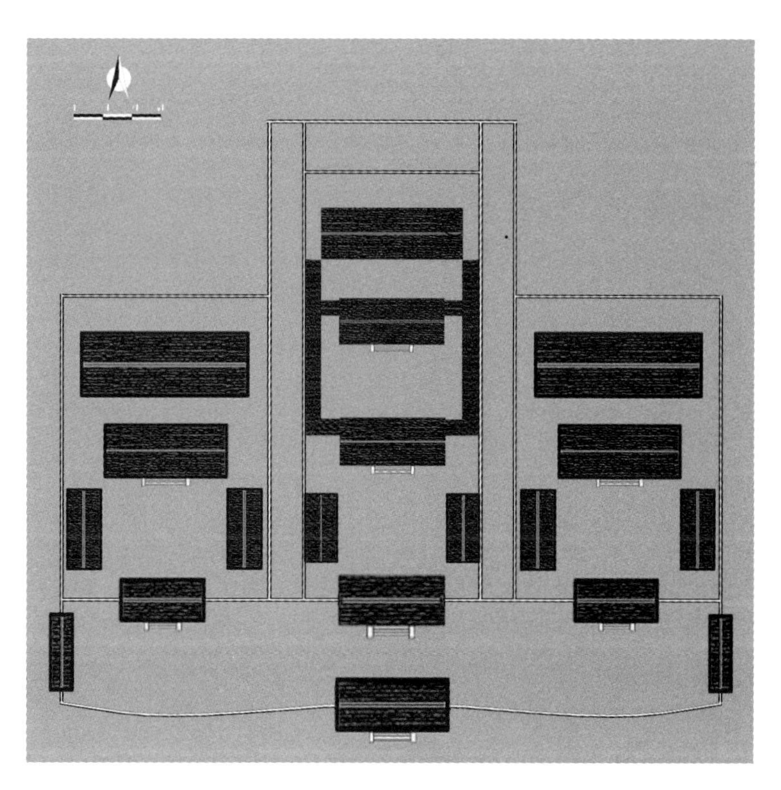

▼ 图 3–89　两间房行宫宫殿区平面布局示意图

常山峪行宫 在河北滦平县治西南七十华里，由两间房行宫东北行三十三华里，位于今滦平县常山峪镇东。行宫已于民国八年（1919年）被拆毁。[1] 康熙五十九年（1720年）建常山峪行宫。宫南向，分宫殿区和山区两部分，宫殿区占地六点六公顷多，行宫平面呈蘑菇状。周有数里之长，东、西、南三面有多门，正宫门位于两区之间。门内东西两面宫墙又有照门可出入行宫，内院中有二门并排三座，是分别进入东、西、中三宫院的大门。再往内院有殿五楹叫"蔚藻堂"，其内部有"青云梯""虚白轩""如是室"，蔚藻堂的右侧布置有"翠风埭""绿樾径""枫香坂""陵霞亭"，这些建筑都是由康熙帝命人建造的。常山峪行宫的后宫门门殿三间，两端各有耳房，各三间、内二门三间，东西两边有进入东西两院的随墙门。"宫基面山，丹崖翠壁，列若屏障，轩窗披览，领妙延清"。[2]

常山峪行宫可谓风景优胜。宫殿区和苑景区有康熙亲题八景："绿樾径""蔚藻堂""虚白轩""如是室""青云梯""翠风埭""枫香阪""陵霞亭"。其阳面山，地势平旷，涧壑交流。[3] 宫门两侧种植十八株罗汉松。山区有松柏和橡树。南山最高顶有四柱亭，为最高览景点。据说此亭每面有柱四根，四四一十六根，至今亭址依稀可见，其面积约二百平方米，被称为巨亭。周围原有假山、碑刻。西部北坡山根有一泉眼，为当时宫鹿饮水处，至今泉水仍潺潺流淌，风景幽雅。[4]（图 3–90 至图 3–92）

▼ 图 3–90 常山峪行宫图

1 田淑华．清代塞外行宫调查考述（上）[J]. 文物春秋，2001(5)：31–34.
2、4 王淑云．清代北巡御道和塞外行宫 [M]. 北京：中国环境科学出版社，1989：90.
3 清・乾隆・热河志 [M].

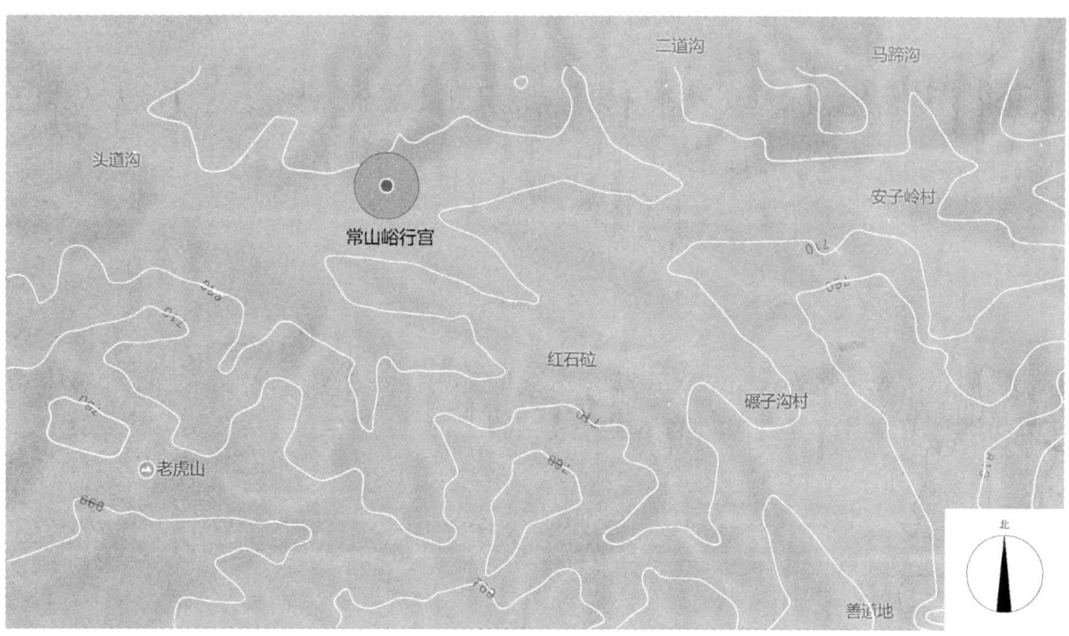

▼ 图 3-91　常山峪行宫地理环境平面图

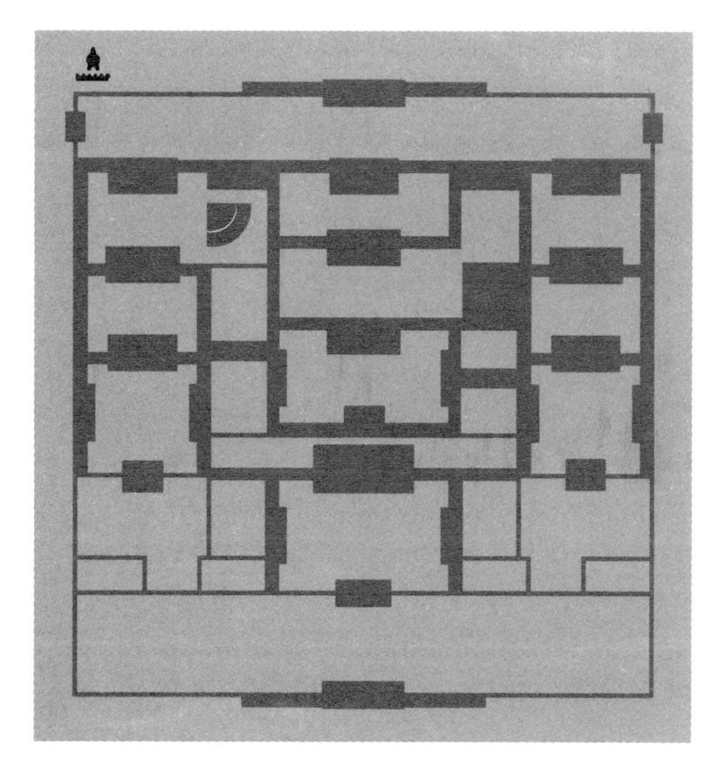

▼ 图 3-92　常山峪行宫宫殿区平面布局示意图

三家店行宫　属京师顺义县三家店，又作“山峡店”。是康熙朝驾幸热河首站驻跸之所。清《顺义县志》记载：

顺义地当孔道，为热河往来要路之冲。銮舆每岁在过一行信宿，因于三家店谨建造行宫一座。

三家店行宫东西宽二十四丈，南北纵深二十六丈一尺。清《日下旧闻考》记述了行宫位置：

从东直门出京，往古北口驿路一道，境内计程四十八里。自大兴县界古柳树一十二里至西三家店，自三家店二十里至牛栏山镇，又一十六里至怀柔县界。

到康熙四十六年（1707年），由于夏季水潦涂泞，开始改由蔺沟、南石槽一道行走。清《畿辅通志》卷十五记载：

三家店、南石槽两处行宫同时营建，所开楹室，与今现勘者间有未符，盖新道故道两处并随时修葺，故今规制与前有不同也。

南石槽行宫　属京师顺义县，地当热河往来孔道。銮舆每岁再过一行信宿，因于南石槽谨建造行宫一座。周环围墙共六百步，内横广一百二十步，纵深一百八十步。[1] 发圆明园往热河驿路一道，境内计程二十五华里，自昌平州界官庄横道一十二华里至治西北南石槽，从南石槽歧路三华里至北石槽，又十华里至昌平界。[2]

祈园寺行宫　属京师怀柔县，在南门外。先是每年圣驾出古北口，于县南门外三教堂旧址改建祈园寺[3]，遂建行宫于其地[4]，然殿宇未备。至康熙五十三年（1714年），复奉旨增建如今制。御路起昌平州交界峰山口，五华里至南富乐，五华里至王化庄，五华里至房家庄，五华里至驸马庄，五华里至梨园庄，与密云县交界。共二十五华里，今奉部核定二十三华里。先是每年圣驾往热河避暑，由东直门，由孙侯河、山峡店、牛栏山，经怀柔罗山店入密云界。康熙四十六年（1707年），奉旨以东直门一带道路夏月雨水泥泞难行，另择高燥之地，自西直门外畅春园起，经蔺沟、南石槽至峰山口入怀柔县界。其时峰山口仅有小径通步，乃凿石丈许，填垫平坦以通，遂为辇路要冲。每岁四、九两月工部派出司员督修道路，著为例[5]。

刘家庄行宫　属京师密云县，在县东门外一华里[6]。康熙帝始行幸古北口外，路经密邑，初驻跸营盘，后或居民舍，或搭芦殿。至康熙二十二年（1681年）始建行宫，每岁夏四月，康熙帝由畅春园启銮，驻跸汤山，历石槽、怀柔，入密云交界，至栗园庄尖营，过西大桥。鸿胪寺引例得迎驾官员于大桥东道旁接驾，由南门入刘家庄行宫驻跸[7]。

1　清·顺义县志[M].
2、4、6　清·钦定日下旧闻考[M].
3、5　清·怀柔县志[M].
7　清·密云县志[M].

罗家桥行宫　属京师密云县，在县治东北三十五华里罗家桥。康熙五十一年（1712 年）建[1]。由刘家庄至穆家峪尖营，康熙帝驻跸省庄行宫，道经九松山，因上有松九株，御赐今名[2]。清《畿辅通志》卷十五记载：

《县志》无“罗家桥行宫”，有“省庄行宫”，而造亦在康熙五十一年（1712 年），其时同。又按：省庄即在罗家桥，其地亦同，盖即一所而名各异也。

省庄行宫就是罗家桥行宫（图 3–93）。

▼ 图 3–93　罗家桥行宫图

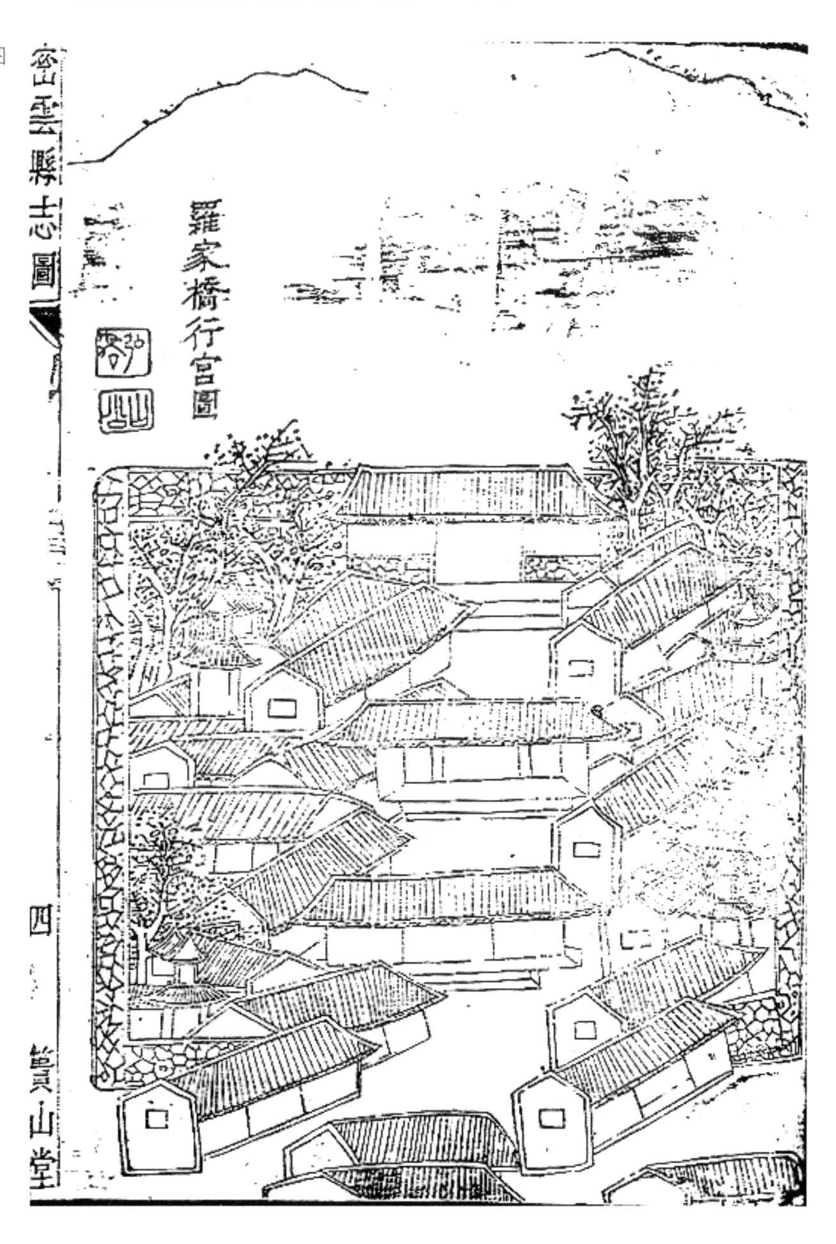

1　清 · 钦定日下旧闻考 [M].
2　清 · 密云县志 [M].

要亭行宫 属京师密云县，在县治东北七十华里。康熙三十二年（1693年）建。“要亭”一作遥亭，又作“瑶亭”。《县志》则称“姚汀”。北魏《水经注》上说：“要水出塞外，东南流迳要阳县城东”。“考要阳即今密云境，则要亭之称自为近古也”[1]。由省庄至华家店尖营，道经石匣城，迎跸官接驾，由安口驻跸姚汀行宫[2]。

燕郊行宫 属河北三河县，在县城以西五十华里叫“燕郊”的地方，与通州交界，建于康熙年间。此行宫为康熙东巡驻跸之用。后来乾隆二十年（1755年）将行宫向南移建。

鞍子岭行宫 鞍子岭行宫在两间房行宫东北四十华里，距常山峪行宫东北八华里，位于今长山峪镇安子岭村。鞍子岭行宫于康熙四十一年（1702年）开始营建。行宫有东、西、中三个宫院，有苑景区，充满山野情趣。“鞍子岭行宫工程由监察御史雅思泰承建，至康熙四十三年（1704年）五月二十五日呈报建房竣工。”[3]康熙木兰秋狝途中驻跸此行宫。康熙五十九年（1720年）此行宫被撤销，所拆建材用于建距此八华里的常山峪行宫。[4]

蓝旗营行宫 在喀喇河屯行宫北五十五华里，距热河行宫六十华里，原名“蓝村行宫”，后改名“蓝旗营行宫”，在今滦平县小营乡，行宫遗址尚存。行宫建于康熙四十二年（1703年），有宫殿与花园两部分，其中有康熙题额的“星龛岩庙”。

其承建者是监察御史赫硕色。赫硕色在康熙四十三年（1704年）正月呈报蓝村行宫工程完竣时讲[5]：“康熙四十二年（1703年）九月十三日，接御前侍卫海清、郎中佛保转降上谕：原不知尔，今方知尔尚可。尔所建房屋，好且率先全部竣工者善。尔如同内府官员虔诚奋勉，朕皆闻之。赏尔朕用帽、白树皮褂袍、朕书字对、单条。此房朕已住过，如有修缮之处，与尔无关，另有修缮之人。嗣后凡有养赡新满洲等差，不再派尔。俟尔赴京，将尔建房所用银两数目造册交付内务府大臣，以便议叙，钦此。钦遵。将奴才赫硕色建房所用银两数目造册，一并具呈。共建房四百二十三间，用银五万三千六百八十七两余。”[6]

在康熙朝口外行宫的承建过程中，蓝村行宫最早竣工，康熙因满意该建筑的造型及其施工工期和质量，褒奖了建房者。

热河行宫建成后，蓝旗营行宫不再处于去围场的道路之中，因此于乾隆十一年（1746年）被撤销。

1 清·钦定日下旧闻考[M].
2 清·顺义县志[M].
3 郭美兰．康熙年间口外行宫的兴建．由中国第一历史档案馆藏内务府行文档24（满文）翻译与议论[R].承德：纪念避暑山庄300周年清史国际学术研讨会，2003,9.
4 郭美兰．康熙年间口外行宫的兴建．由中国第一历史档案馆藏内务府奏销档124（满文）翻译与议论[R].承德：纪念避暑山庄300周年清史国际学术研讨会，2003,9.
5、6 田淑华．清代塞外行宫调查考述（上）[J].文物春秋，2001(5):31—34.

黄土坎行宫　　热河行宫北四十华里，是“黄土坎行宫”，位于河北承德县双峰寺镇境内。行宫毁于近代日伪时期。黄土坎行宫建于康熙五十六年(1717 年)，占地一公顷多，为一座规整简制的长方形“茶宫”。康熙帝十分欣赏这座简约的行宫，仅六年时间里就在此驻跸八次之多。行宫有前后四进院落。宫正门朝南，背靠山岗，左有土坡，右有水流。宫门三楹，内为垂花门。其主要建筑都在中轴线上。前殿五楹，后殿九楹，前出廊，后抱厦，院宇明净，规制纯朴。宫之北，则有赛音河汇入固都尔呼河，北魏郦道元《水经注》所谓“武列水三川派合者也”。宫门前左、右各有膳侍房三间。宫墙外以一亩见方宽的松柏林带围绕四周，计十二亩。[1]（图 3–94 至图 3–96）

▼ 图 3–94　黄土坎行宫图

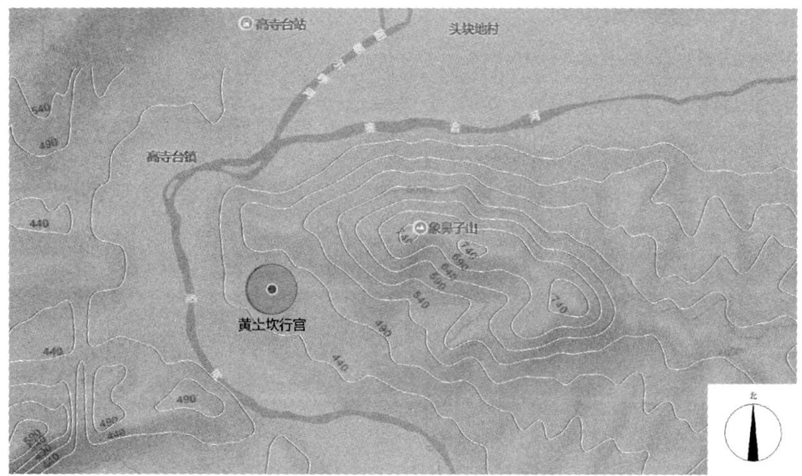

▼ 图 3–95　黄土坎行宫地理环境平面图

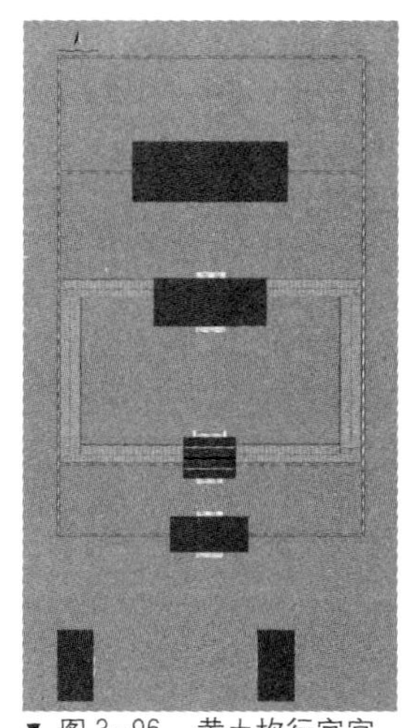
▼ 图 3–96　黄土坎行宫宫殿区平面布局示意图

1　田淑华．清代塞外行宫调查考述（下）[J]．文物春秋，2001(6)：42–45．

中关行宫　热河行宫北六十华里，在固都尔呼、茅沟、赛音三条河流的交汇之处，地控五川之要，乃热河郊外风景区之一，位于今隆化县中关镇。行宫毁于民国初年。中关行宫建于康熙五十一年（1712年），为“驻宫”，依山面水。行宫有东、西、中三个宫院，宫内分宫殿区和苑景区，占地六公顷。宫南向，殿五楹，以廊隔成东、西、中三个院落，原有房共一百多间，中院，门殿三间，门前东西有膳侍房各三间。门内为垂花门，内中大殿六间，左右两侧由抄手廊与门连接，形成闭封式的小院，后殿五间。东西两大门前突广为重台式城门，上有前后连脊的门殿各十二间，内为垂花门，门内大殿和东西照房各五间，后殿五间。苑景区主要在后山部分，宫垣内围以数个山头，山顶平缓，当年有鹿自由群聚漫游，枝头百鸟争鸣，下有野花争艳，别开生面。[1]（图 3–97 至图 3–99）

▼ 图 3–97　中关行宫图

1　王淑云．清代北巡御道和塞外行宫[M]．北京：中国环境科学出版社，1989：115．

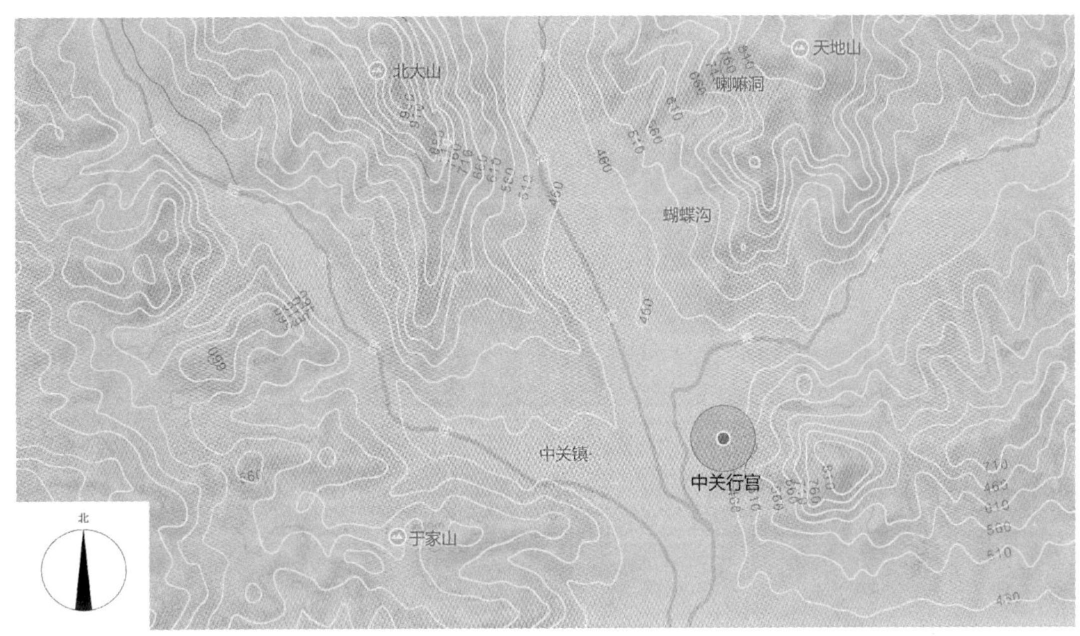

▼ 图 3-98　中关行宫地理环境平面图

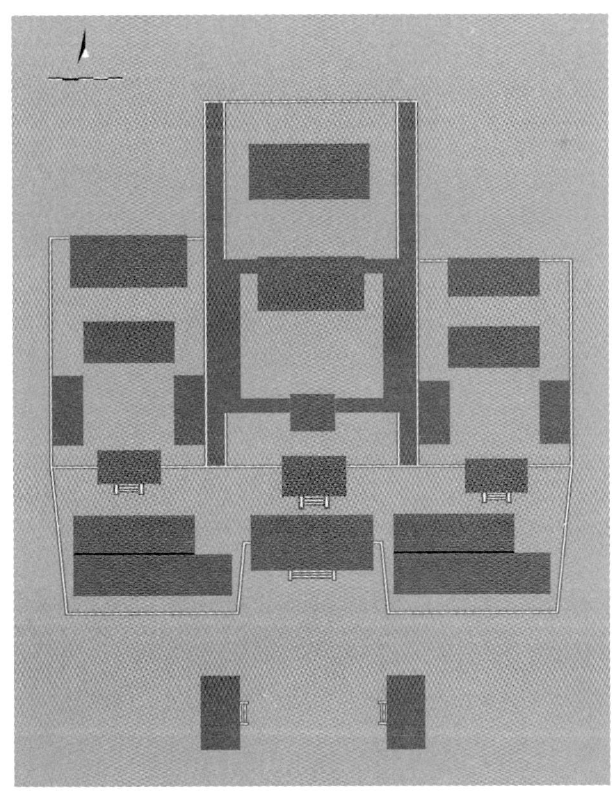

▼ 图 3-99　中关行宫宫殿区平面布局示意图

什巴尔台行宫　中关行宫北三十七华里，在今韩麻营镇十八里汰村，现属隆化县境内。行宫于民国十一年（1922 年）五月二十九日被拆毁，[1]现仅存戏楼，余为村庄。什巴尔台行宫建于康熙五十九年(1720 年)，此亦为茶宫。行宫有东、西、中三个宫院。占地约三公顷，其中东北部山区占五分之四。什巴尔台行宫与常山峪行宫同年建，是康熙时期在塞外最后建的两座行宫。行宫“南向，大殿五楹，后为永怀堂。左傍乔，右倚兰若殿，后陟山及半有亭”。亭为宫内最高点，周览无余。此处行宫与塞外其他处行宫不同点，在于宫殿区位于西南宫墙之外，而且东，西，中三院并排，又各有独立围墙环卫，各不连接。临宫墙的东院大门为“随墙门”，门内前后大殿各五楹，均为卷棚悬山。中院门殿三间，围墙比东院高大雄伟，上部为青砖、白灰饰顶。大门内为连脊垂花门，其主要建筑都在中轴线上，有前后大殿各五楹，前殿与垂花门由游廊连接成闭封式的小院。后殿叫“永怀堂”，内以大方砖铺地。西院为“兰若殿”。庙前十米远处有一戏楼，为一殿一厦式，前为卷棚悬山，后为卷棚歇山，至今尚存。[2] 周围以虎皮石墙环绕，整个宫苑为东北、西南走向的长圆形，面积共约三万平方米。巨松、老榆成林，有凉亭览景，清溪远岫，旷望高深。俯视则塞田万顷，秋稼盈畴，可以见丰享之景象（图 3–100 至图 3–102）。康熙木兰秋狝往返必驻跸于此。

▼ 图 3–100　什巴尔台行宫图

1　田淑华．清代塞外行宫调查考述（下）[J]. 文物春秋，2001(6)：42–45.
2　王淑云．清代北巡御道和塞外行宫 [M]. 北京：中国环境科学出版社，1989：118.

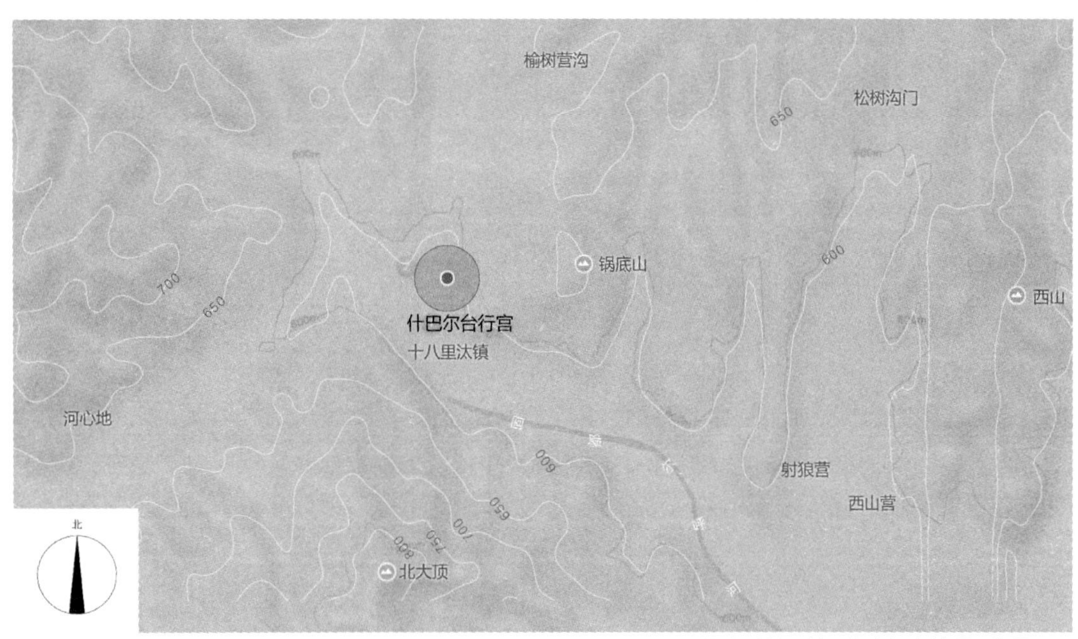

▼ 图 3–101　什巴尔台行宫地理环境平面图

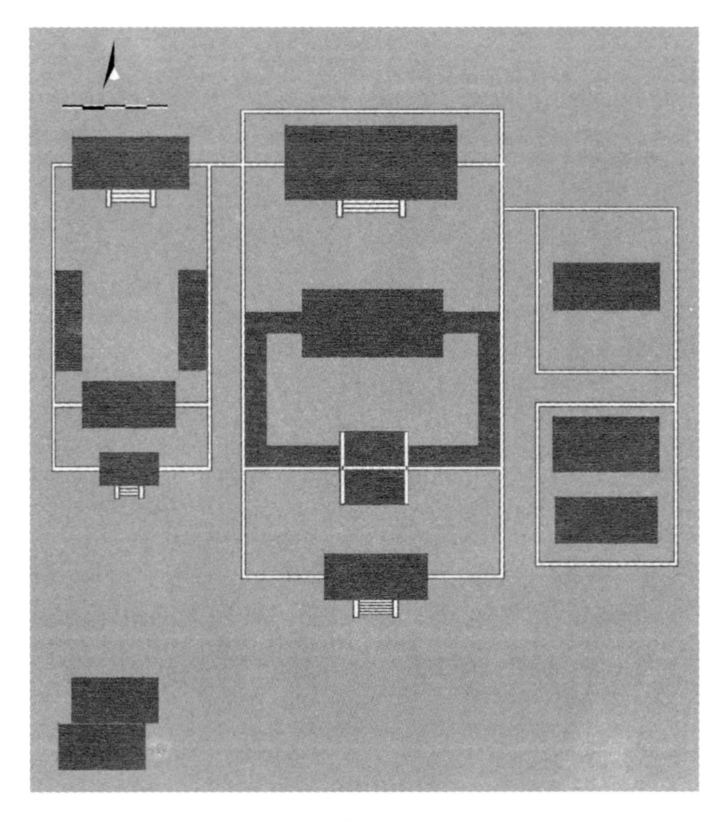

▼ 图 3–102　什巴尔台行宫宫殿区平面布局示意图

波罗河屯行宫 什巴尔台行宫北十八华里，位于隆化县城的东北部，现址为董存瑞烈士陵园。行宫主要毁于近代战争期间。波罗河屯是蒙古语“青城”或“旧城”之意，是北魏的安州城、辽代的北安州城、金元两代的兴州城。“波罗河屯”又称“皇姑屯”。皇姑是玄烨的亲姑姑，名“阿图”，其母即孝庄文皇后。康熙帝曾于康熙二十九年（1690年）八月坐镇波洛河屯，亲自指挥重击蒙古分裂势力噶尔丹的乌兰布通战役，创造了统一内外蒙古的有利条件。

波罗河屯行宫建于康熙四十二年（1703年），行宫有东、西、中王宫苑景区，充满山野情趣。中宫有门殿三间，四进院，二门内有连腰墙，墙后正殿三间，左右各有三间照房，康熙帝题额“山泉赏，秋澄景清，檐标千峰”。东西两院有城台门殿三间，门内各有二道门殿三间，三进院，有大殿三间和东西照房各三间。东院隔墙后又有两座殿，各三间。[1]（图3–103至图3–105）

▼ 图3–103 波罗河屯行宫图

1 田淑华．清代塞外行宫调查考述（下）[J]．文物春秋，2001(6)：42–45

▼ 图 3–104 波罗河屯行宫地理环境平面图

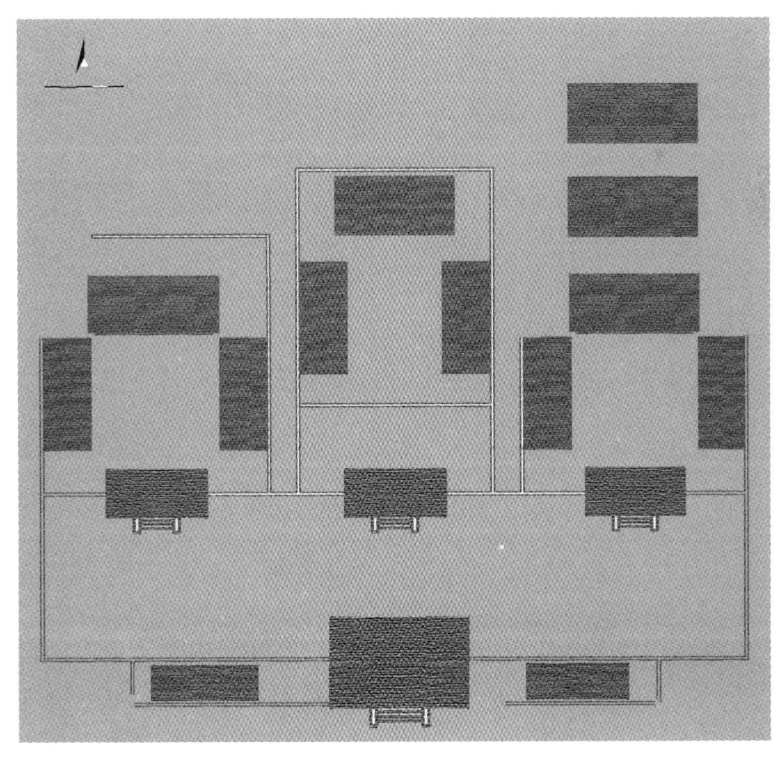

▼ 图 3–105 波罗河屯行宫宫殿区平面布局示意图

波罗河屯行宫是銮仪卫云麾使阿林负责监工，但是由谁承建，共建成多少间房屋，花费多少银两，从目前掌握的史料尚无从考证，也许是由于康熙四十三年（1704 年）七月到十二月这一时间段的内务府奏销档的缺轶，给我们留下了永久的缺憾和难以解开的历史之谜。[1]

张三营行宫　　波罗河屯行宫北五十六华里，是康熙朝口外行宫的最北端第八处行宫，即“一百家子行宫”，后来改叫“张三营行宫”，在今隆化县张三营镇。行宫于 1937 年日伪统治时期被毁。

康熙四十二年（1703 年）九月十一日，康熙帝颁降谕旨给永泰称[2]：“尔所建房屋，属八处之首，朕往来经过，无一人控告，朕已住过。嗣后虽有修缮之处，与尔无关，另有修缮之人。本年雨水丰足，尔所建房屋率先竣工。尔前往应差，所得已告罄尽，朕稔知之。嗣后凡有养育新满洲等差，不再差尔。尔返至京城后，将尔建房所用银两数目造具清册交付内务府大臣，以便议叙。”[3] 永泰于康熙四十三年（1704 年）正月报告“共建房四百一十间，用银五万七千四百一十三两。”[4]

▼ 图 1–106　张三营行宫图

1　郭美兰．康熙年间口外行宫的兴建．由中国第一历史档案馆藏内务府（满文）翻译与议论 [R]. 承德：纪念避暑山庄 300 周年清史国际学术研讨会，2003,9.

2、3、4　郭美兰．康熙年间口外行宫的兴建．由中国第一历史档案馆藏内务府奏销档 124（满文）翻译与议论 [R]. 承德：纪念避暑山庄 300 周年清史国际学术研讨会，2003,9.

康熙帝比较满意一百家子行宫的承建者监察御史永泰的工作业绩。从上述满文内务府奏销档中也可以看到，康熙对行宫的工程造价是严格管控的。

张三营行宫东伴龙潭，三面临水，面积约百亩，周环以虎皮石墙，青砖白灰饰顶。宫南向，门殿三间。清高宗御题额“雪山寥廓”。门内为一殿一厦式垂花门，又内大殿五间，由抄手廊与垂花门连接。后殿五间，东西有跨院，东院片植果树，西院为花。宫殿后植以“罗汉”松，宫外周绕垂柳杨树。每当春花怒放，这里花红柳绿，芳馨里许。[1]（图 1–106 至图 3–108）

▼ 图 3–107　张三营行宫地理环境平面图

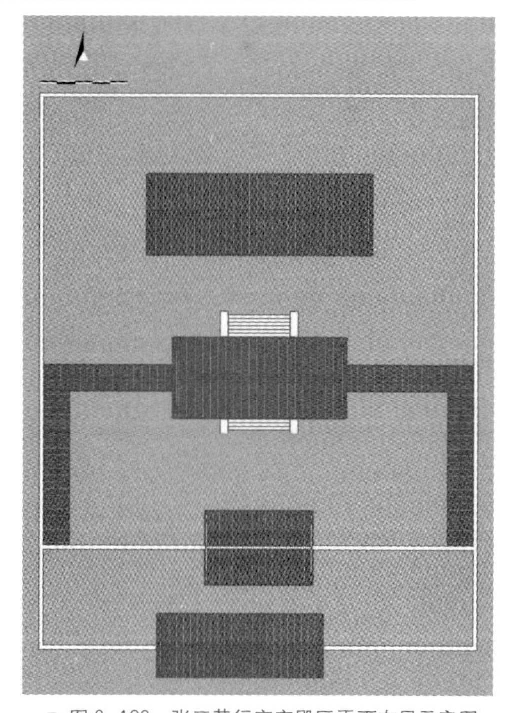

▼ 图 3–108　张三营行宫宫殿区平面布局示意图

1　王淑云．清代北巡御道和塞外行宫 [M]. 北京：中国环境科学出版社，1989：105.

唐三营行宫　张三营行宫北二十华里，是“唐三营行宫”，在今隆化县唐三营镇。行宫建筑大部分毁于文革期间，现仅存一九九零年代重修的“万寿寺”庙宇一座。唐三营行宫建于康熙四十二年（1703年）。这座行宫使用时间不久便改做寺庙——“万寿寺”。“坡赖村即唐三营行宫，最早动议要兴建的行宫应在坡赖村，坡赖村位于八处行宫的最北段，坡赖村行宫兴建较早，在其他行宫兴建之前，即已停工，而同期修建的口外八处行宫，选择的是一百家子地方，即后来惯称的张三营。”[1] 康熙帝曾于康熙四十三年（1704年）以前驻跸过此行宫。

上营行宫[2]　上营即热河上营，避暑山庄之前身。负责修建上营行宫的是原巡抚喀拜，喀拜在康熙四十三年（1704年）呈报上营地方建房竣工时讲：“康熙四十二年（1703年）七月二十日，在蓝村地方接郎中佛保转传谕旨：‘尔等系获罪之人，如若能在朕指定地方从速建成住房，将另行降旨办理。敬勤勿怠。但将朕之住房盖成瓦房，其余为草房。钦此。钦遵。’备办匠夫、用料时，因奴才等力所不及，乞请借支银两。继又特降谕旨，豁免各项贡赋，并屡降慈旨，赏赐御笔扇子，免交银息。皆缘皇上借给银两，得以工竣，奴才即便粉身碎骨，亦难还报于万一。共建大小房屋四百一十间，现均已竣工，共用银五万七千两余。”在喀拜修建的上营行宫之前，即与喀喇河屯行宫修建的同时，上营地方也应在修建房屋。康熙四十一年（1702年）七月二十五日，内务府奉旨派郎中舒赫德，员外郎华色前往口外监督将各庄头储存的粮食出售给正在喀喇河屯等地施工的工匠、人夫，起因是康熙帝认为“古北口外上营、喀喇河屯等地建房，相应将庄头等存储梁谷，低于市价出售，如此则于工匠、人夫有利。”这份档案提到了上营也在建房。

康熙北巡期间还修建了一些规模不大的行宫，如热河头沟汤泉行宫、怀柔行宫、密云行宫、丫髻山行宫，以及西巡驻跸的众春园行宫，谒孝陵驻地隆福寺行宫，临幸卢沟阅永定河堤驻跸之所龙王庙行宫等（图 3–109 至图 3–113）。

康熙对口外行宫的维护和经营，自始至终都考虑得周全，安排得合情合理。康熙主张行宫建成之后的日常维修、房屋庭园的保洁等工作不要承建者担负，而由内务府交付各处行宫驻守人员管理。具体的建议是：

两间房、鞍子岭、桦榆沟、喀喇河屯、上营五处，山口外所有

1　郭美兰．康熙年间口外行宫的兴建．由中国第一历史档案馆藏内务府奏销档 118（满文）翻译与议论 [R]．承德：纪念避暑山庄 300 周年清史国际学术研讨会，2003,9.

2　郭美兰．康熙年间口外行宫的兴建．由中国第一历史档案馆藏内务府行文档 24（满文）翻译与议论 [R]．承德：纪念避暑山庄 300 周年清史国际学术研讨会，2003,9.

五十八屯，每屯各抽人夫一名资助。蓝村、博洛河屯、颇赖村，毗近千总黄明等员之驻地，相应由其下属人内抽调五十名，依次承办修葺事宜。[1]

康熙厉行节俭，禁止在皇家工程中浪费，“建房人等建窑烧制用剩砖瓦，相应每处备办毛头儿、滴水、折腰、罗锅瓦、方砖、砖各二千块，筒瓦、平瓦、斧刃砖各一万块，以供每年维修之用。俟其用尽，再另行议奏。”[2]康熙注重按劳付酬，计庸畀值，“所用石灰，不便由口内运往，相应将建房时所修石灰窑交付庄头等，用于烧制石灰，并按其远近折价，以抵应交贡赋。”[3]康熙对口外行宫维护管理所需耗材用料等都有详尽的指示，更明确了管理者的分工及其职责：

所用纸张，由广储司支取使用。每年春季糊窗及修缮砖瓦掉落之处，派巴彦一名，备办所需各种工匠、杂用木料等物。纸张等物，亦交付巴彦送往。派内务府官员一名，会同守卫千总黄明等，由头处行宫起依次修葺，丰宸院系专管花圃、宫殿等事务衙门、此八处所建房屋，应归丰宸院管理。其领取纸张、工匠等事务，一旦由黄明等员禀报，即由丰宸院转行该处支取。[4]

桦榆沟有邓光钱、张万鹏、张鼎臣、张鼎鼐、张常柱等人，庄屯相距近，且人亦众，相应交付彼等看守。两间房、鞍子岭、毗邻鞍子村，原本有千总驻守，亦有人力，著将此核查。蓝村有鹰手，喀喇河屯等地，著查明附近居住人等，饬令看守。此事若由丰宸院兼理，则丰宸院事务过多，调派闲散司员二、三人专管为好。[5]

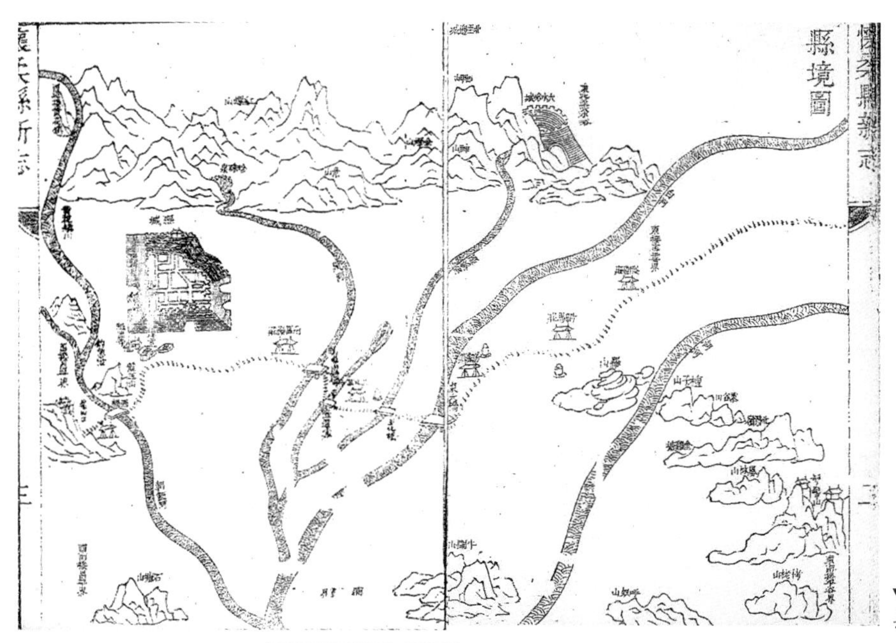

▼ 图 3–109　怀柔县县境图

1、2、3、4、5　郭美兰．康熙年间口外行宫的兴建．由中国第一历史档案馆藏内务府奏销档 123（满文）翻译与议论 [R]．承德：纪念避暑山庄 300 周年清史国际学术研讨会，2003,9.

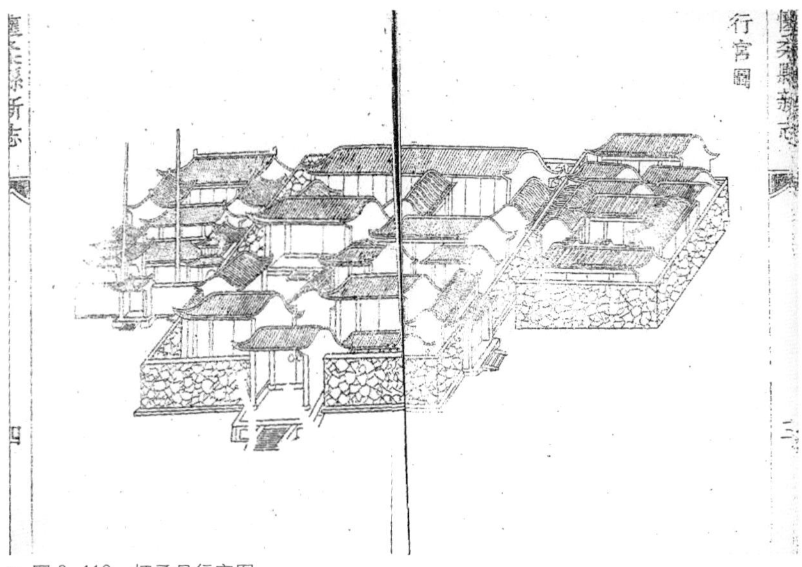

▼ 图 3–110　怀柔县行宫图

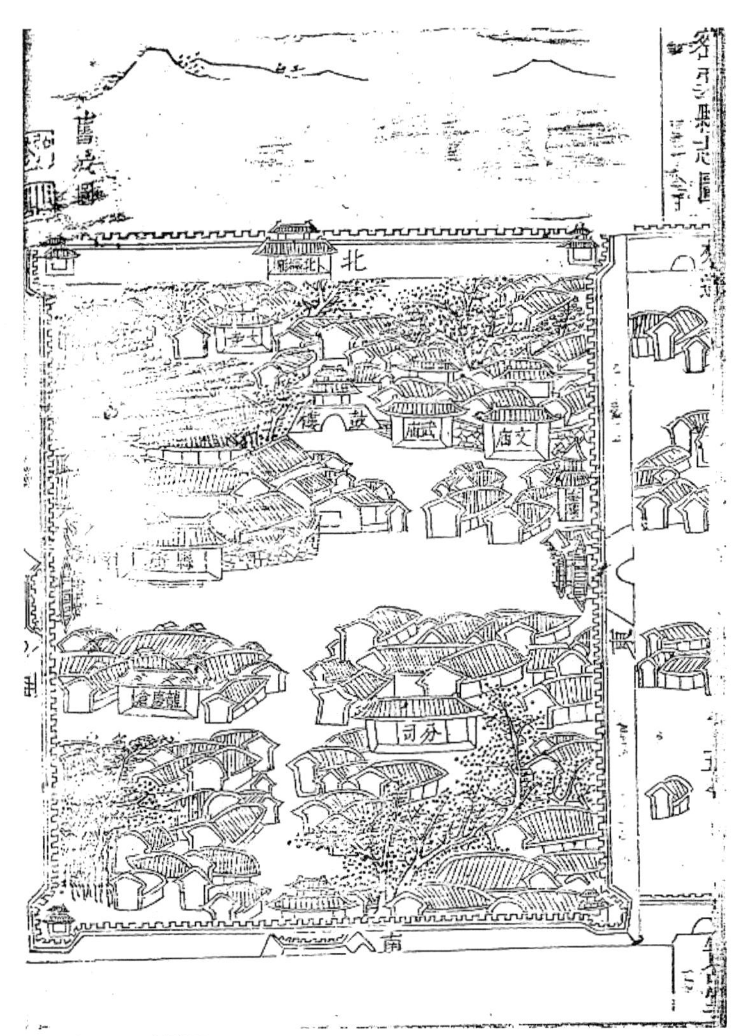

▼ 图 3–111　新城图

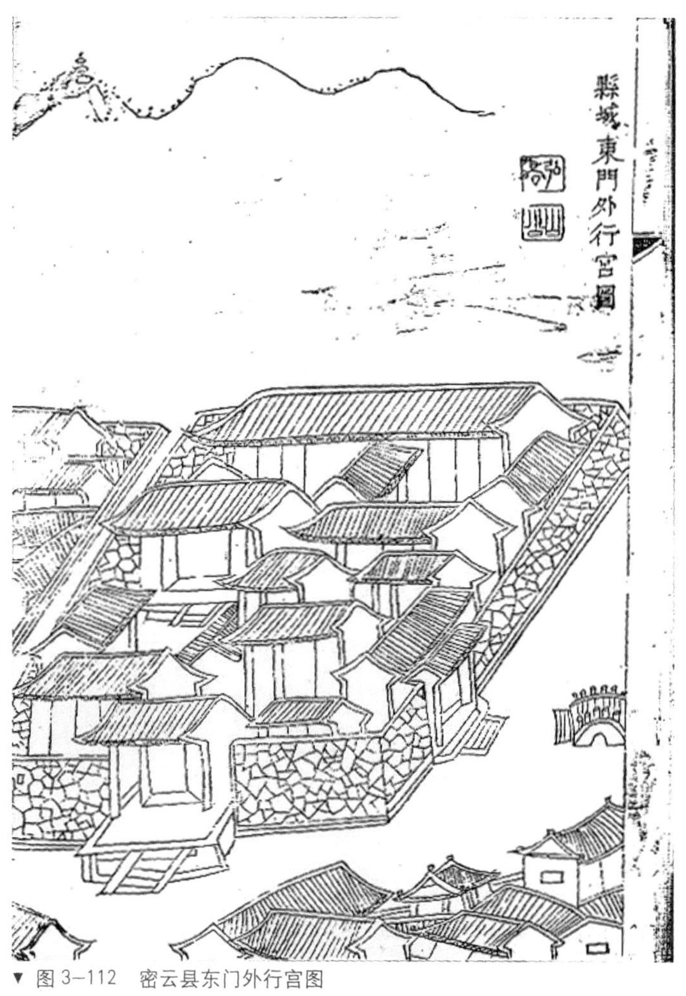

▼ 图 3–112　密云县东门外行宫图

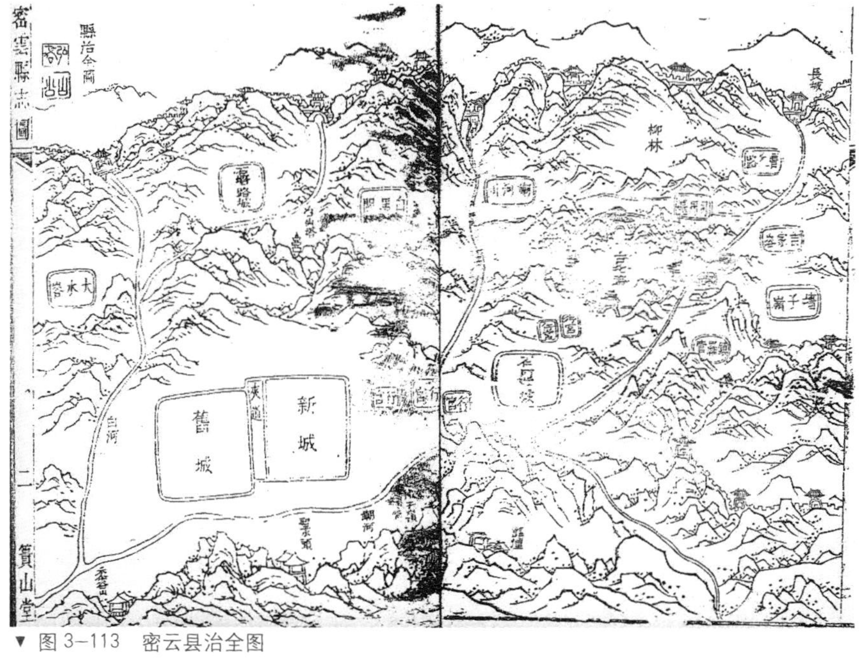

▼ 图 3–113　密云县治全图

第四章

畅春园

第一节　畅春园概览

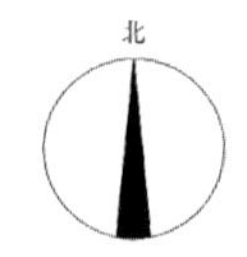

畅春园在北京海淀大河庄之北，周长一千零六十丈，是康熙时期在京城西北郊开发的最大和最有影响的皇家园林。康熙二十三年（1684 年），康熙帝首次南巡，对江南秀美的风光和园林感触颇深，回京以后，很快在北京西郊的东区、明代皇亲李伟的别墅“清华园”的废址上，修建大型的人工山水园——畅春园。康熙确立造园思想以后，命供奉内廷的江南籍山水画家叶洮主持规划及监造，延聘已故造园家张南垣之子造园家张然负责叠山工程，[1]“样式雷”鼻祖雷金玉负责木作工程[2]。清《会典事例》卷一千一百九十六记载：“康熙廿三年……又奏准，畅春园内余地及西厂二处种稻田一顷六亩”。康熙二十六年（1687 年）竣工之后的五年时间，由李煦[3]负责园林的日常使用管理[4]。

根据清乾隆钦定《日下旧闻考 · 国朝苑囿 · 畅春园》的文字记载，以及清道光十六年（1836 年）“样式雷”畅春园平面图，可以推断康熙时期畅春园的景观布局也应该分为三个部分：中路景观、东路景观和西路景观（图 4–1、图 4–2）。

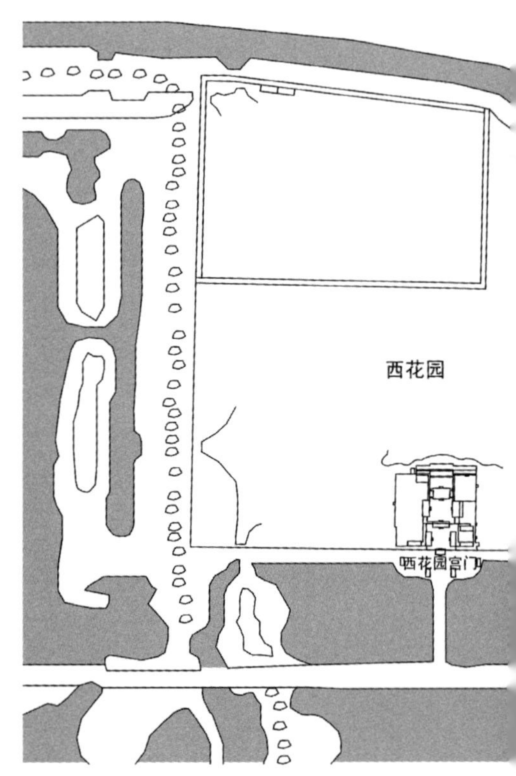

▼ 图 4–1 清康熙时期畅春园平面图

1　周维权．中国古典园林史 [M]．北京：清华大学出版社，1999：278．
2　王其亨，项惠泉．“样式雷”世家新证 [J]．北京：故宫博物院院刊，1987，2：52 ～ 57．
3　李煦的妹夫曹寅之孙曹雪芹作《红楼梦》，其中的“大观园”可能与康熙的“畅春园”存在渊源。
4　祁美琴．清代内务府 [M]．北京：中国人民大学出版社，1998：226．

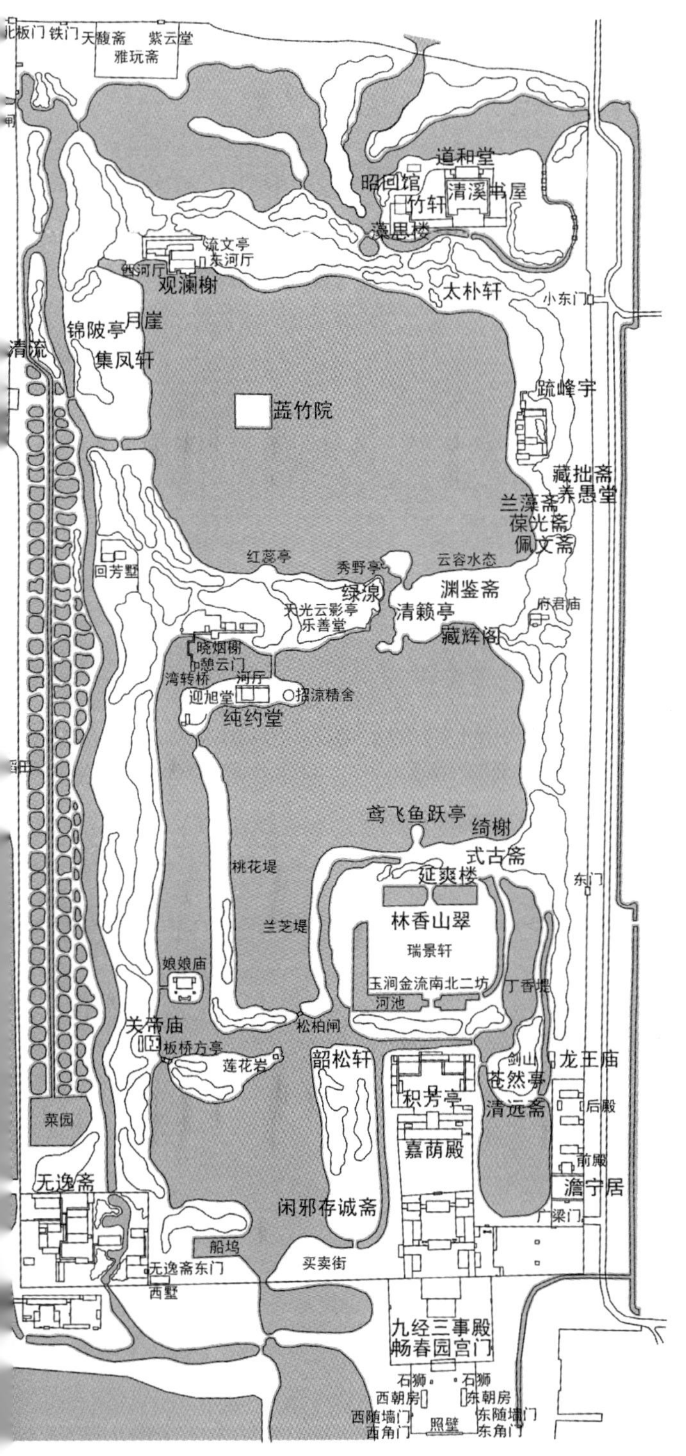

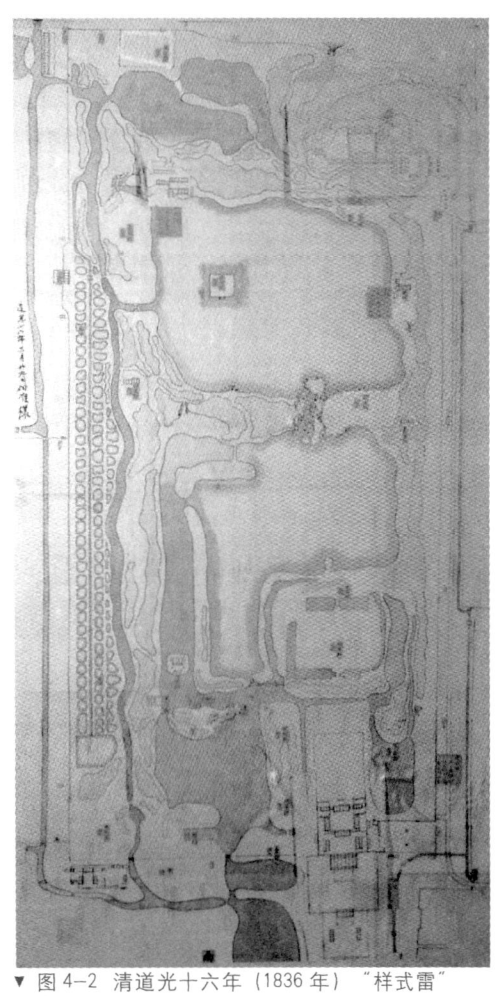
▼ 图 4-2 清道光十六年（1836 年）“样式雷”畅春园平面图

康熙时期畅春园中路景观：畅春园正南有宫门五楹，门外东西朝房各五楹，小河环绕着宫门，东西两旁是角门，东西设随墙门，中间名为“九经三事”殿，殿的后院布置内朝房各五楹。照殿后面有倒座殿三楹取名“嘉荫”，两个角门的中间是“积芳亭”。从积芳亭北面渡桥，沿着山向前见河池及南北一对牌坊“玉涧金流”。门内叫“瑞景轩”，轩北为“林香山翠”景。再往后面是三层九楹的“延爽楼”。楼北侧的河上建亭“鸢飞鱼跃”，楼东侧是“式古斋”，斋的后面为“绮榭”。园内东西的湖面上各筑有数百步长堤，东堤叫“丁香堤”，西堤叫“兰芝堤”，都通到瑞景轩。西堤外侧另筑一堤叫“桃花堤”。东西两长堤的外围流淌着几条大小河道，环流于苑内，出西北门“五空闸”墙垣以外，东侧经过水磨村至清河，西侧经由马厂往北注入圆明园。

康熙帝在畅春园中路景观中御书有宫门额“畅春园”，殿内对联“皇建有极，敛时敷锡，而康而色；乾元下济，亏盈益谦，勉始勉终。”殿、亭、楼、斋、榭诸额“九经三事”“嘉荫”“积芳”“林香山翠”“延爽楼”“鸢飞鱼跃”“式古斋”“绮榭”。

康熙时期畅春园东路景观：嘉荫殿东侧经过板桥即“剑山”，山上有“苍然亭”，亭下是“清远斋”，由山向东转弯到“龙王庙”，经过清远斋沿着湖堤向南，河上砌筑一道南北向墙垣，墙上开有西向门叫“广梁门”，门内是“澹宁居”，康熙帝在此前殿御门听政，选官引见。畅春园东门土山的北面，沿着河岸向西是“渊鑑斋”七楹，南向。斋后临河是“云容水态”，东廊的后面是“佩文斋”五楹，斋后是“葆光斋”，东侧是“兰藻斋”。在渊鑑斋之前的水中有敞宇三楹，名“藏辉阁”，阁后临河是“清籁亭”。佩文斋的东北方是“养愚堂”，其对面正房是“藏拙斋”七楹。渊鑑斋以东经过小山口往北是“府君庙”，庙内立七星君神像，旁殿供奉吕祖像。由兰藻斋沿着东水岸向北转过山后是“疏峰”三楹，西向。沿着水岸向西行，临湖是“太朴轩”五楹，正南向。太朴轩的东面铺砌石径至畅春园东墙垣“小东门”，太朴轩的北面是“清溪书屋”，屋后是“道和堂”，向西穿堂门之外是“昭回馆”。清溪书屋的西边是“藻思楼”，楼后是“竹轩”。

康熙帝在畅春园东路景观中御书有“苍然亭”“清远斋”额，龙王庙额“甘霖应祷”，“澹宁居”额，“渊鑑斋”“佩文斋”“葆光斋”“兰藻斋”“藏辉阁”“清籁亭”“养愚堂”“藏拙斋”诸额，“疏峰”轩、“太朴”轩二额，“清溪书屋”“道和堂”“昭回馆”“藻思楼”“竹轩”诸额。

康熙时期畅春园东路景观：九经三事殿的西面，出如意门，经过小桥是“闲邪存诚”斋，山后是“韶松轩”。畅春园二宫门外出向西，河渠之南岸是仿效市井的“买卖街”。苑南墙垣内附近是“船坞”门宇五楹，北向，船坞内停泊御舟。由船坞西行不多远是“无逸斋”，东垂花门内布置正宇三楹，自西廊入是无逸斋门正殿五楹。无逸斋在康熙年间由康熙帝赐理密亲王居住。接无逸斋东门与畅春园南墙垣有北向房“西墅”。无逸斋北角门外临近西墙垣一带，南有数十亩“菜园”，菜园以北有数顷南北长条形“稻田”。康熙三十九年（1700年）七月十一日，康熙帝在畅春园稻田用“一穗传”育种法培育出六月下旬早熟的“御稻种”之后赋诗《畅春园观稻，时七月十一日也》：

七月紫芒五里香，近园遗种祝祯祥。

炎方塞北皆称瑞，稼穑天工乐岁穰。

沿着无逸斋山后的小径稍东一侧是“关帝庙”，往东经过板桥方亭是“莲花岩”，河对岸是“松柏闸”，关帝庙后面是建在湖水中的殿台“娘娘殿”。兰芝堤在松柏闸河的东岸，桃花堤在西边的堤岸。渊鑑斋西面的岛上，有室三楹叫“纯约堂”，其西侧河厅三楹叫“迎旭堂”。纯约堂的东边是“招凉精舍”。河厅的西边是“湾转桥”，桥的北边圆门是“憩云”。迎旭堂后有迴廊曲折向北是“晓烟榭”，河岸以西是“松柏室”，其左东侧是“乐善堂”。别院有亭“天光云影”。从松柏室后面出山口临河是“红蕊亭”。自天光云影后廊出北小门登山，东宇是“绿淙”窗，山北是“回芳墅”、红蕊亭，东边是“秀野亭”，自回芳墅向北转过山口过河，水中岛上建高阁“蕊竹院”。蕊竹院北面对岸靠近水的地方有层台“观澜榭”，其西河厅三楹，东河厅四楹，正宇后是“流文亭”。蕊竹院的西边经过红桥向北是“集凤轩”，轩前有连房九楹，中间是穿堂门，门北面是正殿七楹。集凤轩正殿之后稍东是“月崖”，稍西是“锦陂”亭，过河桥西是“俯镜清流”。集凤轩后河桥西是闸口门，闸口北布置随墙，小西门北一带构筑双层游廊式建筑（延楼），自西至东北角上下共八十四楹。中楼是“雅玩斋”，东边是“紫云堂”，西楼是“天馥斋”，内建崇基，中间立坊，自东转角楼，再至东面，楼共九十六楹。天馥斋牌坊前额“日穷寥廓”，后额“露澄霞焕”。紫云堂的西面经过穿堂，北侧是畅春园西北门。

康熙帝在畅春园西路景观中御书有“闲邪存诚”额，“韶松轩”额，“无逸斋”额，关帝庙额“忠义”，“纯约堂”额，蕊竹院额“绿淙”，“观澜榭”额，“集凤轩”“月崖”“锦陂”“俯镜清流”诸额（表4–1）。

自康熙二十六年（1687年）二月二十二日，康熙帝首次驻跸畅春园，至康熙六十一年（1722年）十一月十三日崩于畅春园寝宫，共计三十六年，康熙年年都前往畅春园居住并处理朝政。每年至少要在畅春园居住累计一个月，有些年份居住累计半年以上。由此可见畅春园在康熙朝的重要性。

畅春园之前身清华园最晚建于明万历十年（1582年），早于北京另一著名明代园林“勺园”。康熙营造畅春园，开清代皇家造园之先河，直接影响了之后的避暑山庄、圆明园、颐和园等清代皇家造园。后世清朝皇帝皆效法圣祖康熙，于京城西北郊筑园听政，成为清朝之政治传统。畅春园是京城西北郊第一座皇家园林，而此区域其它几座皇家园林都是康熙给予皇亲的“赐园”，等级规制不及畅春园；康熙之儿孙雍正、乾隆便以此为榜样营建圆明园和清漪园（颐和园）。至乾隆十五年（1750 年）清漪园建成，形成了香山、玉泉山、万寿山和畅春园、静明园、静宜园、圆明园、清漪园的所谓“三山五园”皇家园林区，并与紫禁城遥相呼应，构成了清王朝的“宫苑体制”。 在这中国历史上空前的、举世无双的庞大宫廷园林当中，畅春园稳坐“三山五园”之首的宝座。

表 4–1 康熙畅春园四十景点题额汇总表

区域	序号	康熙题额景点	景点建筑面阔（楹）	主轴向	康熙御题匾额内容
中路景观	1	宫门	5	南北	畅春园
	2	九经三事殿	7	南北	九经三事；皇建有极，敛时敷锡，而康而色；乾元下济，亏盈益谦，勉始勉终
	3	嘉荫殿	3	南北	嘉荫
	4	积芳亭			积芳
	5	林香山翠		南北	林香山翠
	6	延爽楼	9	南北	延爽楼
	7	鸢飞鱼跃亭			鸢飞鱼跃
	8	式古斋			式古斋
	9	绮榭			绮榭
东路景观	1	苍然亭			苍然亭
	2	清远斋			清远斋
	3	龙王庙			甘霖应祷
	4	澹宁居			澹宁居
	5	渊鑑斋	7	南北	渊鑑斋
	6	佩文斋	5		佩文斋
	7	葆光斋			葆光斋
	8	兰藻斋			兰藻斋
	9	藏辉阁	3		藏辉阁
	10	清籁亭			清籁亭
	11	养愚堂		南北	养愚堂

区域	序号	康熙题额景点	景点建筑面阔（楹）	主轴向	康熙御题匾额内容
东路景观	12	藏拙斋	7		藏拙斋
	13	疏峰轩	3	东西	疏峰
	14	太朴轩	5	南北	太朴
	15	清溪书屋		南北	清溪书屋
	16	道和堂		南北	道和堂
	17	昭回馆			昭回馆
	18	藻思楼			藻思楼
	19	竹轩			竹轩
西路景观	1	闲邪存诚斋			闲邪存诚
	2	韶松轩			韶松轩
	3	无逸斋	3		无逸斋
	4	关帝庙			忠义
	5	纯约堂		南北	纯约堂
	6	绿淙窗			绿淙
	7	蓝竹院			蓝竹院
	8	观澜榭			观澜榭
	9	集凤轩	7		集凤轩
	10	月崖			月崖
	11	锦陂亭			锦陂
	12	俯镜清流			俯镜清流

（注：上表空格处为未考证内容）

第二节　康熙《畅春园记》

从上述的文献记载来看，畅春园的确是康熙的成功之作，也可以看出康熙建畅春园时抱有明确的造园思想。康熙为了向世人宣扬他的造园思想，认真地写下了《畅春园记》：

都城西直门外十二里曰“海淀”，淀有南有北。自万泉庄平地涌泉，奔流㶁㶁，汇于丹陵沜。沜之大以百顷。沃野平畴，澄波远岫，绮合秀错，盖神皋之胜区也。

康熙对造园相地非常重视，畅春园在京城附近风景秀丽的万泉庄一带，这里肥沃的原野连着平坦的田地，清澈的水波衬着远处的山峦，五彩斑斓，美如锦绣。

朕临御以来，日夕万几，罔自暇逸，久积辛劬，渐以滋疾。偶缘暇时，于兹游憩，酌泉水而甘，顾而赏焉；清风徐引，烦疴乍除。

康熙当政以来，日理万机，时间久了，已渐渐积劳成疾。偶有空闲，便来到畅春园游憩，他喝着甜美的泉水，观赏周围的景色，清爽的凉风徐徐吹来，病痛一下子就解除了。这段话里已暗藏了“心物中和”的思想。

爰稽前朝戚畹武清侯李伟，因兹形胜，构为别墅。当时韦曲之壮丽，历历可考；圮废之余，遗址周环十里，虽岁远零落，故迹堪寻；瞰飞楼之郁律，循水槛之逶迤，古树苍藤，往往而在。爰诏内司，少加规度。依高为阜，即卑成池。相体势之自然，取石甓夫固有。计庸畀值，不役一夫。宫馆苑籞，足为宁神怡性之所。永惟俭德，捐泰去雕。视昔亭台、丘壑、林木、泉石之胜，絜其广袤，十仅存夫六七。惟弥望涟漪，水势加胜耳。

畅春园原址是明朝明神宗的外祖父李伟修建的“清华园”。康熙于是考察了明人根据这里的优越地势建成别墅的情况，当年的壮丽景色，还一个一个清清楚楚地可以证实。废墟残骸的遗址，方圆有十华里，虽然已经年久衰败，但是陈迹还能找到。康熙计算雇工给钱的数量，不征用一个民夫。康熙因地制宜，去掉雕饰，弃除奢华，在此处明确表达了他的造园思想。

当夫重峦极浦，朝烟夕霏，芳萼发于四序，珍禽喧于百族，禾稼丰稔，满野铺菜。寓景无方，会心斯远。其或穲稏未实，旸雨非时，临陌以悯胼胝，开轩而察沟浍；占“离毕”则殷然望，咏《云汉》则悄然忧。宛若禹甸周原，在我户牖也。每以春秋佳日、天宇澄鲜之时，或盛夏郁蒸、炎景烁金之候，几务少暇，则祗奉颐养，游息于兹，足以迓清和而涤烦暑，寄远嘱而康慈颜。扶舆后先，承欢爱日，有天伦之乐焉。其轩墀爽垲以听政事，曲房邃宇以贮简编。茅屋涂茨，略无藻饰。于焉架以桥梁，济以舟楫，间以篱落，周以缭垣。如是焉，而已矣。

面对层层的山峦，遥远的水边，一早一晚总是烟气缭绕。香花在四季开放，珍禽在到处鸣叫，庄稼丰收，一片繁茂景象。寄托在景物中的意思没有极限，领悟到道理就会很深远。或许稻麦没有收成，晴天雨天也不适时，这时来到地里就要体恤农夫的辛苦，开窗远望就要细看田间的水道。每逢春秋晴朗温和、天空清新的时候，或者盛夏天气闷热、烈日炎炎的时候，康熙的政务稍有空闲，就敬奉祖母颐养天年，在这里游玩休息，足以享受温和，清除闷热，使祖母安乐，车前车后扶持，尽心尽力侍奉，真有天伦之乐啊！那殿前台阶明亮干爽，用来处理政务；那深邃幽隐的密室，用来储藏图书。这段文字道出了康熙的儒家思想境界，由悯农重农到“与天地相参”，孝敬祖母，因陋就简。

既成，而以“畅春”为名。非必其特宜于春日也。夫三统之迭建，以子为天之春，丑为地之春，寅为人之春，而《易·文言》称乾元统天，则四德皆元、四时皆春也。先王体之以对时育物，使圆顶方趾之众各得其所，跂行喙息之属咸若其生，光天之下，熙熙焉，皡皡焉。八风罔或弗宣，六气罔或弗达。此其所以为“畅春”者也。

这园建成以后，就用“畅春”命名，但不是它一定只适合于春天。古代三统的更替，以子为天的春天，丑为地的春天，寅为人的春天。体察适时栽培作物，使天下所有的人都各得其所，使所有的生物都能正常生存。光辉达于天下，人们和乐，心情舒畅，八方之风没有不通畅的，天地四时之气也没有不通畅的。通过命名畅春园，表达了康熙的“天人”思想和“仁君”品格（图 4–3）。

▼ 图 4–3 清《万寿盛典图》中的畅春园大宫门

若乃秦有阿房，汉有上林，唐有秀岭，宋有艮岳，金釭壁带之饰，包山跨谷之广，朕固不能为，亦意所弗取。朕非敢希踪古人，媲美曩轨，安土阶之陋，惜露台之费，亦惟是顺时宣滞，承颜致养，期万类之乂和，思大化之周浃。一民一物，念兹在兹，朕之心岂有已哉！于是为之记，而系以诗。

康熙不追随古代帝王造园，也不与古时的皇家造园规模比美。而安于土阶的简陋，吝惜建造高台的昂贵费用，是以此顺应时运，疏导民气，期望万物的安泰，期盼教化的普及。康熙因此写了这篇“记”，并且连缀了一首诗：

昔在夏姒，克俭卑宫。
宜越姬文，勿亟庶攻。
若稽古训，是钦是崇。
箴铭户牖，夙夜朕躬，
栋宇之兴，因基前代。
岩宿丹霞，檐栖翠霭。
营之度之，以治芜废。
有沸泉源，汪濊斯在。
驾言西郊，聊驻彩斿。
甘彼挹酌，工筑斯谋。
莹澈明镜，萦带芳流。
川上徘徊，以泳以游。
因山成峻，就谷思卑。
咨彼将作，毋曰改为。
松轩茅殿，实为予宜。
亦有朴斫，予尚念兹。
撰辰经始，不日落成。
岂曰游豫，燕喜是营。
展事慈闱，那居高明。
遐瞩俯瞰，聊用娱情。
粤有图史，藏之延阁。
惟此大庑，会彼朱禄。
郁郁沟塍，依然耕凿。
无假人工，渺弥云壑，
有鹢其舟，有虹其梁。
可帆可涉，于焉徜徉。
文武之道，一弛一张。

退省庶政，其罔弗臧。

尝闻君德，莫大于仁。

体元出治，于时为春。

愿言物阜，还使俗醇。

畅春之义，以告臣邻。[1]

第三节　畅春园之掌案、名匠和总管

畅春园的修建工作，由康熙确立造园思想后，既分工又协作地展开。他聘请叶洮、张然、雷金玉、李煦分别掌管园林设计及监造、叠石工程、木作工程和建成后的园林日常使用管理。从中可以看出，康熙在他早年时的皇家园林建设中，就抓住了各个工种的分工与协作的关系。还可以推论，之后的更大规模的避暑山庄的营造，应该大体不离这个经营模式。而且上述的设计监造、石作和木作的负责人，都通过修建畅春园的过程而赢得了康熙的赏识并重用，使他们能够长期受聘于康熙朝的皇家园林建设，携手完成“避暑山庄”那样宏大的园林作品，使康熙的造园思想得以物化为现实。

掌案叶洮

清代以前，宫中领班的内官被称作“掌案”。按着各自的职能来分析，畅春园的掌案就是清初江南籍画家叶洮。

康熙间，营构畅春园，园中一树一石，经画布置，多出其手。[2]

叶洮“作畅春园图”，并“奉（康熙）命监造”，相当于现代园林设计师兼监理的角色。据《青浦县志》卷二十六及清吴振棫《养吉斋丛录》卷十记载叶洮：

有年子，世其画学，康熙中供奉内廷，诏作畅春园图。称旨，奉命监造。

清陈康淇《郎潜纪闻》称叶洮“胸具邱壑，畅春园一树一石，皆其布置”。

可以看出，畅春园的地形改造、花木植栽和石形选配，都是叶洮精心设计，并通过园林图纸的形式表达出来。后来的张然叠石工程，理应有叶洮设计思想的影响。而且还能够推论出叶洮充分理解并消化了康熙的造园思想，所以才赢得康熙的如此信任，成为宫中领班畅春园设计与营造的掌案。

名匠张然

在北京供奉内廷二十八年的江南造园家张然，是明末清初造园家张南垣之子，畅春园的叠石就是出自其手。在畅春园修建之前，康熙

1　清・钦定日下旧闻考・国朝苑囿・卷七十六 [M].

2　清华大学建筑工程系．建筑史论文集・第二辑．北京：清华大学出版社，1985：143–148.

帝曾命张然为西苑瀛台、玉泉山静明园堆叠假山。

曹汛先生《张南垣生卒年考》中所引用清王士祯《居易录》《茶余客说》、清高士奇《金鳌退食笔记》、清吴长元《宸垣识略》、清戴名世《张翁家传》等文献都有关于张然布置畅春园的记述。戴名世撰《张翁家传》：

畅春苑之役，复召（张）翁至，以年老赐肩舆出入，人皆荣之。（畅春园）事竣，（张然）复告归，卒于家。

曹汛先生认为，上文"张翁"指的就是张然，且为清冯溥经画万柳堂及参予瀛台、畅春苑之役者，均为张然。[1]康熙长时间依靠张然在京掇山叠石，而畅春园是张然一生当中最后一个园林之作。

畅春园修建时，张然可能已是七十多岁的老人，在社会上很有名望和地位，康熙皇帝也十分敬佩他，特"赐肩舆出入"畅春园工地。叶洮虽为畅春园修建工程的掌案，但他应该尊重张然的意见。张然素以掇山叠石著称，可是按他的造园修养、才干和地位，不可能只是对叠石感兴趣，畅春园的一草一木、一亭一榭都应该有他的经营理念。也许由于他的年岁过大，体力有限，每次来畅春园都乘车出入，康熙没有聘他为畅春园修建工程的掌案。所以简单以其叠石之事就断定张然只是个石匠，显然没有看到张然是一名杰出的造园家的事实。其实，张然每每"以年老赐肩舆出入"畅春园工地时，"人皆荣之"。叶洮尽管身为畅春园工程之掌案，绘制了畅春园的设计图纸，但他更多的应该是一名职业山水画家。在造园领域，当时的叶洮恐怕尚不能与张然相提并论。

可以相信，康熙在畅春园的造园思想得以充分实现，有赖于张然的参与，他在领会康熙造园原则方面应该高于掌案叶洮。张然绝不是明代记成《园冶》里所定义的叠石"匠人"，康熙当然明了此人，所以"畅春苑之役，复召翁至"，把张然当作仅次于自己的畅春园的"能主之人"。

名匠雷金玉

清同治四年（1865 年）初，雷金玉玄孙雷景修重修北京海淀雷氏祖茔时，为纪念雷氏家迁京之支祖雷金玉而立碑为记，即《雷金玉碑记》，其上刻有雷金玉的业绩：

恭遇康熙年间修建海淀园庭工程，我曾祖考领楠木作工程，因正殿上梁，得蒙皇恩召见奏对，蒙钦赐内务府总理钦工处掌案（"案"字为推测），赏七品官，食七品俸。

按畅春园修建的年代和雷金玉在京的时间段分析，碑记中的"康

1 曹汛．张南垣生卒年考 [C]．清华大学建筑工程系．建筑史论文集·第二辑．北京：清华大学出版社，1985：143～148．

熙年间修建海淀园庭工程”所指应该是“畅春园”。有关畅春园的立意构思及营造，王其亨先生根据康熙帝之作《御制畅春园记》中提到的“爰诏内司，少加规度……计庸畀值，不役一夫”等语段，进行了关于雷金玉担当畅春园木作工匠的推断：

这“内司”，系指康熙十六年（1677 年）由顺治朝之内务府设“内工部”而改置的“营造司”。而所谓“不役一夫”，当指该工程系由内务府营造司鸠工上三旗包衣匠夫营建，而未在此以外征诸匠役。按雷金玉于康熙中投充包衣旗，则其供役此项工程自是情理中事。其时，雷金玉正值而立之年，论技艺与精力，“领楠木作工程，因正殿上梁”而一显身手，立功建树，也是势所必然。[1]

至于《雷金玉碑记》中所谓“正殿上梁”，当指“畅春园”之正殿“九经三事殿”。“九经三事”为殿名，正表示这正殿的重要，是循经守礼、治理国政的地方。正由于此殿意义重大，康熙帝才亲临上梁典礼。而雷金玉身手不凡，技艺超群，使上梁得以成功，因此受到康熙帝青睐，亲自召见询问。雷金玉在“奏、对”之间，更赢得皇帝的器重，遂被钦赐内务府总理钦工处要职，赏授七品官及俸禄。[2]

值得一提的是，在康熙帝《御制畅春园记》诗文中，曾提到：“亦有朴斫，予尚念兹。”“朴斫”，语出《尚书·梓材》：“若作梓材，既勤朴斫”。原意为勤谨而精良地朴治斫削佳木以成器。康熙诗文中引喻治木之术的“朴斫”，实指一位使他“予尚念兹”的梓匠。这位匠师是谁？康熙帝并未说明。不过，这位匠师必定具有杰出技艺，并在畅春园的营建中建树非凡，非如此，是绝不会使康熙帝留下深刻难忘的记忆，并述诸御制诗中的。[3]

这一记述，同雷金玉海淀园庭工程中因正殿上梁而得蒙康熙帝召见奏对、并被钦赐褒奖——正好为印证。可以相信，康熙帝“予尚念慈”的哲匠，指的就是雷金玉。（图 4-4）[4]

1、2、3、4　王其亨，项惠泉．“样式雷”世家新证[J]. 北京：故宫博物院院刊，1987，2:52～57.

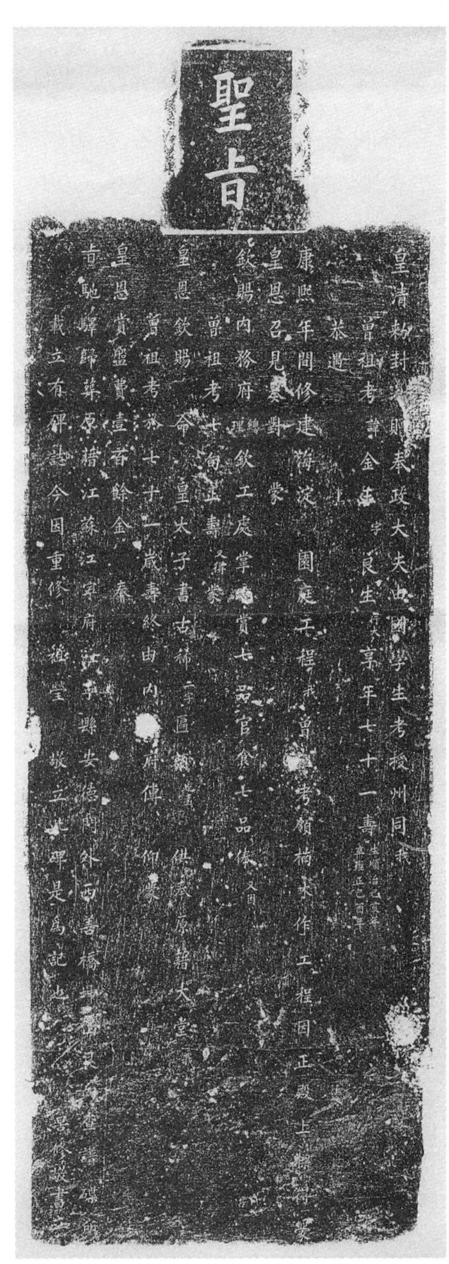

▼ 图 4–4　雷金玉因畅春园工程有功接康熙圣旨碑记拓片

总管李煦 [1]

李煦，生于清顺治十二年（1655 年），卒于清雍正七年(1729 年)，字旭东、莱嵩，号竹村，内务府正白旗满洲包衣 [2]，历仕至户部侍郎兼苏州织造。

李煦生在世家大族，其父亲李士祯官至广东巡抚。曹雪芹祖父曹寅是李煦的妹夫。李煦自幼得到良好的教育。康熙九年（1670 年），十六岁的李煦以父荫入国子监读书。康熙十三年（1674 年）学成步入仕途，任内阁中书。康熙十六年（1677 年）二十四岁即补授广东韶州知府。康熙二十二年（1683 年）其父李士桢由江西巡抚调任广东，李煦以例回避，调任浙江宁波府知府。康熙二十五年（1686 年），捐奉银重修月湖书院，聘请教师，教助无力从师学习的民间子弟，声名鹊起，广获赞誉，受康熙皇帝赏识。李煦之父李士祯在政绩上的卓越表现，为李煦后来出任苏州织造 [3] 创造了非常有利的条件，但他的内务府包衣出身，却是他能出任织造的先决条件。康熙二十六年（1687 年）李士祯“照年老例休致”时，李煦为宁波知府，翌年春，康熙召李煦担任畅春园总管。

畅春园是康熙的“驻跸”之所。李煦在畅春园当差五年，为他经常接近皇帝而受赏识、受宠信提供了难得的机会。与当朝“天子”有亲属关系的人往往是织造或关差的人选，

1　本小节主要根据祁美琴．清代内务府 [M]．北京：中国人民大学出版社，1998．整理编写。

2　包衣：满语“包衣阿哈”的简称，也称作“阿哈”。“包衣”即“家的”，“阿哈”即“奴隶”。指满族贵族的家奴。参见《汉语大词典》311 页解。

3　织造：清代官名，在江、宁、浙等地掌管各项丝织品，供皇室之用，由内务府人员担当。参阅《清史稿·职官志五》。

李煦出第一任畅春园主管，成为康熙皇帝熟悉的忠实能干的内务府近臣，所以能够晋升织造官员，倍受信任和殊荣。

康熙三十一年（1692 年）十一月，曹雪芹的祖父曹寅由苏州织造调任江宁织造，同时，李煦接任苏州织造，孙文成（曹寅母孙氏族人）为杭州织造。此三家连络有亲。李煦于康熙四十四年（1705 年）至康熙五十二年（1713 年）先后五次兼理盐政，他悉心办事，对盐务颇有贡献。康熙帝六次南巡中的后四次均由曹寅、李煦筹办接驾大典。康熙四十五年（1706 年）正月，因预备行宫，勤劳诚敬，苏州织造李煦加授光禄寺卿，江宁织造曹寅加授通政司通政。康熙四十四年（1705 年），又因李煦、曹寅各捐银二万两修筑康熙敕建的宝塔湾塔，预备康熙第五次南巡有功，曹寅加以通政司通政使衔，李煦加衔大理寺卿。康熙五十六年（1717 年）又加衔李煦户部右侍郎。

第五章
避暑山庄

第一节　避暑山庄概览

避暑山庄又称“热河行宫”“承德离宫”，从喀喇河屯行宫东行三十二华里，位于今河北省承德市内，距北京五百华里，就目前世界各地保存的皇家园林而言，规模堪称全球之最，占地五百六十四公顷。在清代，它是京城与至围场一系列行宫的中心行宫，是为木兰秋狝服务的，所谓“先有木兰围场，后有避暑山庄。”

热河行宫于康熙四十二年（1703 年）开始兴建，五年后，于康熙四十七年（1708 年）初具规模。三年后（1711 年），康熙帝亲题“避暑山庄”匾额。康熙出巡塞外，驻跸热河，在此展觐王公贵族，临朝听政。康熙五十年（1711 年）建成避暑山庄三十六景，康熙帝亲自为景取名，景名都是四个字，又亲自作序、赋诗，表述他的细致入微的造园思想和具体的实施技巧，并命画家沈嵛给每一景点作画。至康熙五十二年（1713 年），康熙帝再命开拓湖区，筑洲岛，修堤岸，营建宫殿、亭树和宫墙，完成了康熙时期的避暑山庄造园（彩图 3）。

避暑山庄灵境天开，气象宏敞，俯瞰武烈河，借景磬锤峰。东墙外有蜿蜒的长堤，北端起自狮子沟，南端直抵沙堤嘴。山庄宫墙南北长达十二华里，垒石七层为壁，宽约一丈。在宫门的设置上，康熙时期辟有“流杯亭门”“西北门”“坦坦荡荡门”和“仓门”。流杯亭门是山庄的东宫墙门，俗称“东门”，因为此门正对离宫内“香远益清”一组建筑中的流杯亭，故康熙帝题此名，“流杯”取自王羲之“曲水流觞”之意境，出此门即到“溥仁寺”和“溥善寺”，是喇嘛进山庄诵经所走之门。西北门位于山庄西北，建于康熙五十二年（1713 年），为地势最高的宫门。西北门外有一座简朴型园林，名“狮子园”，是康熙皇帝赐给皇四子雍亲王胤禛的府邸。坦坦荡荡门建于康熙四十九年（1710 年），康熙借《论语·述而》“君子坦荡荡”之语，为面阔三间重楼门殿提额“坦坦荡荡”，书联一副：“万家烟火随民便，千亩山田待岁丰”。门殿一楼明间为门，可出入宫墙，但当时不做门用，只供帝后观景之用。门外是半月形瓮城，俗称“月牙城”。仓门，门内即为官仓，是康熙五十七年（1718 年）建成，在丽正门西，是山庄粮草等物资进出的供给专用门。仓门的规格最低，仅为宫墙上辟门的随墙门。山庄内东边湖，西边山，依据地表自然情况，划分为宫殿区、湖泊区、平原区和山峦区四个部分。山庄湖水自东北蜿蜒而南，至“如意洲”。瀑源来自“西峪”，垂于“涌翠岩”之巅，汇注湖中。湖岸曲榭长桥，平台飞楼，不崇华饰，妙极自然。平原区主要是一片片草地和树林，当年这里有“万树园”。山势由西而东，依次为“鹿栅子沟”“西峪”“大榛子沟”“榛子沟”“梨树峪”“松林峪”“松云峡”。山峦之中，古松参天，林木茂盛，康熙时建筑多已成遗址（图 5–1 至图 5–9）。

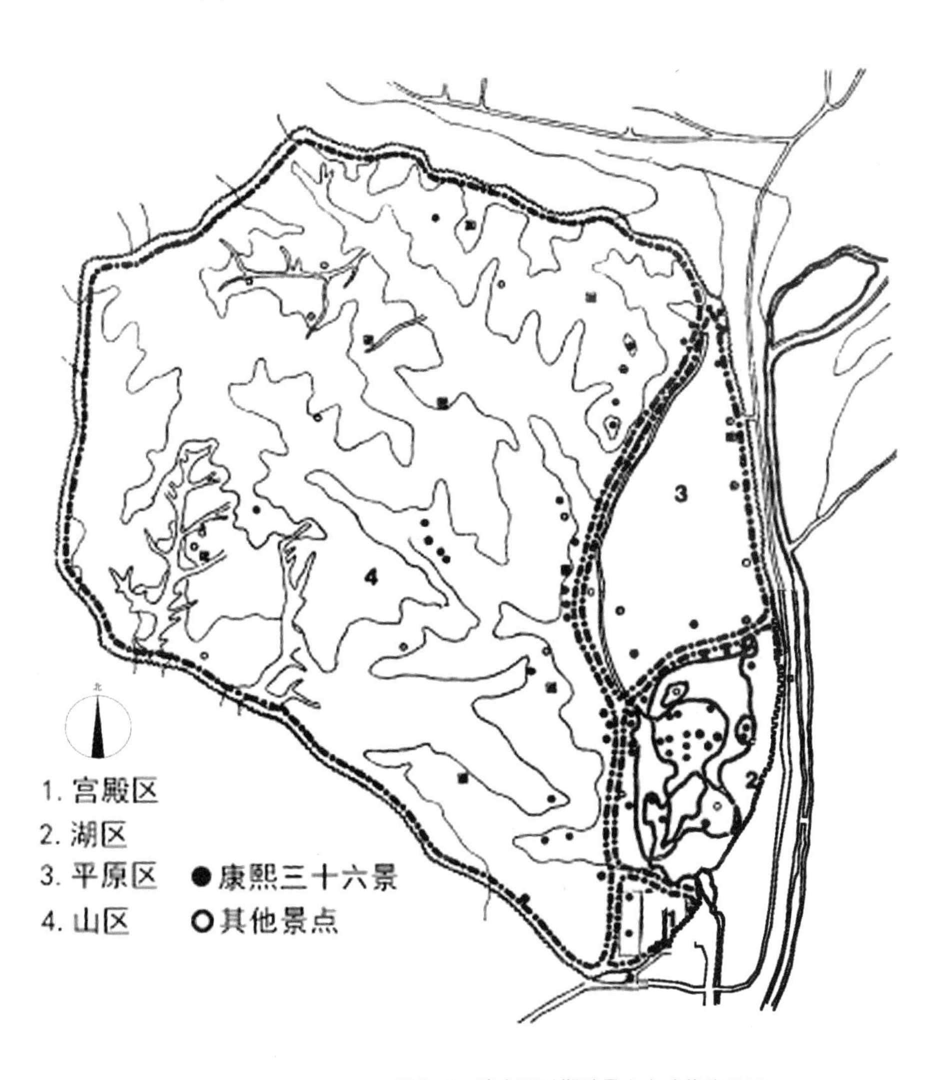

▼ 图 5–1　清康熙时期避暑山庄功能分区图

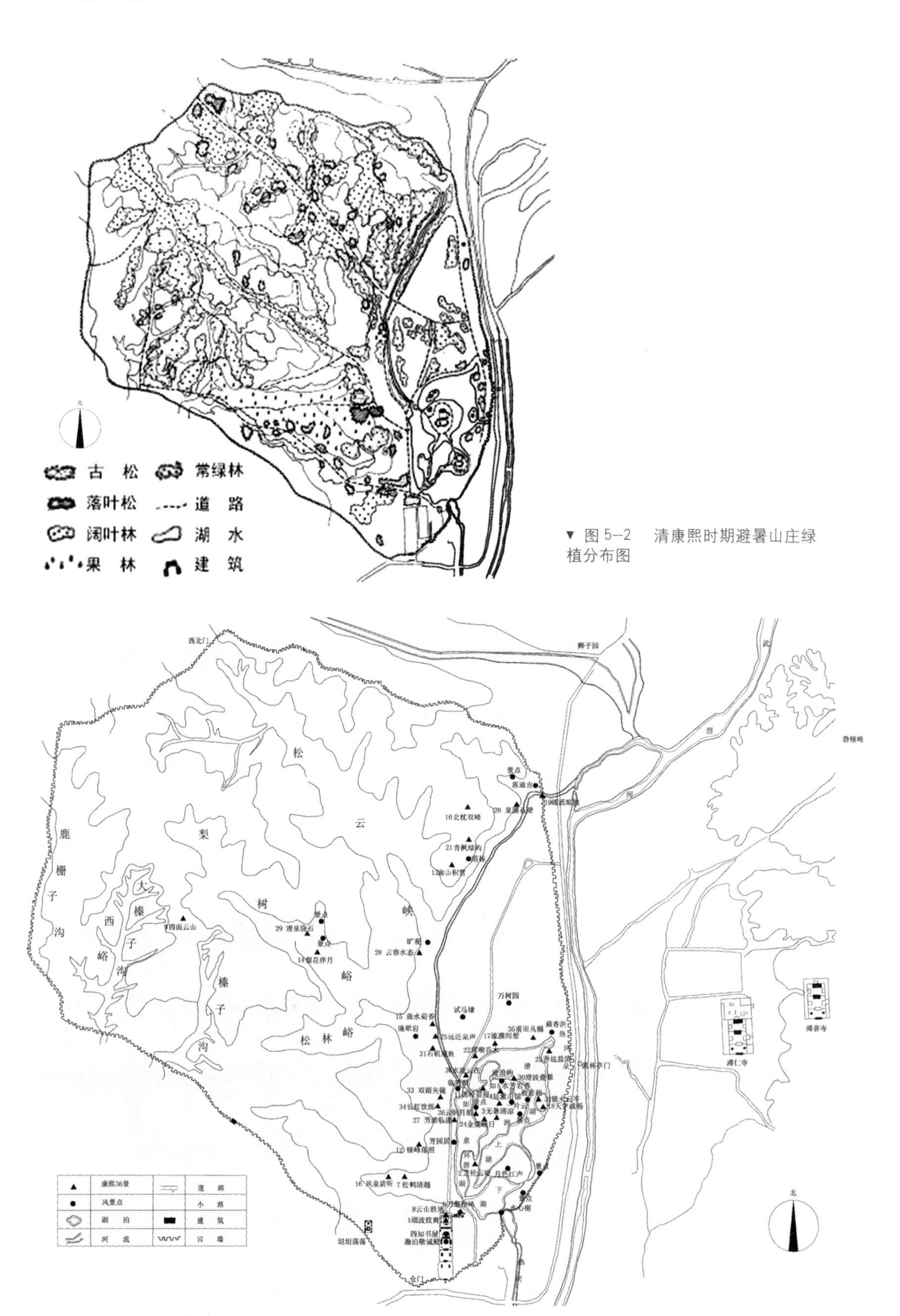

▼ 图 5-2　清康熙时期避暑山庄绿植分布图

▼ 图 5-3　清康熙时期避暑山庄总平面图

▼ 图 5-4　避暑山庄下湖水心榭水景

▼ 图 5-5　避暑山庄四面云山山景

▼ 图 5-6　从南山积雪鸟瞰避暑山庄湖泊区和平原区

▼ 图 5-7　澄泉绕石遗址

▼ 图 5-8　梨花伴月遗址

▼ 图 5-9　避暑山庄松云峡。

正宫是宫殿区的主体建筑，建于康熙五十年至五十二年（1711 ~ 1713 年），乾隆十九年（1754 年）重新修缮，改建，占地一公顷，包括九进院落，由“丽正门”“午门”“阅射门”“澹泊敬诚”殿、“四知书屋”、十九间照房、“烟波致爽”殿、“云山胜地”楼、“岫云门”以及一些朝房、配殿和回廊等组成，分为“前朝”“后寝”两部分。前朝是皇帝处理军机政务的办公区；后寝是皇帝和后妃们日常起居的生活区。主殿叫“澹泊敬诚”，是用珍贵的楠木建成，因此也叫“楠木殿”。是皇帝治理朝政的地方，各种隆重的大典也都在这里举行（图 5–10）。“烟波致爽”殿建于康熙四十九年（1710 年），位居康熙三十六景之冠，内设明厅、暖阁、佛堂，是皇帝礼见亲伦、燕居休憩的寝宫，此殿堂富丽，庭院幽静。“云山胜地”楼建于康熙五十年（1711 年），为康熙三十六景之第八景，楼下戏台“文明福地”供帝后听戏，二楼佛堂“莲花室”为帝后祭月祈福之所，凭栏远眺，夕霭朝岚，尽收眼底（图 5–11）。“万壑松风”建于康熙四十七年（1708 年），是宫殿区最早兴建的一组建筑，为康熙三十六景之第六景，康熙帝在此接见官吏，批阅奏章，读书写字。康熙六十一年（1722 年），康熙发现皇四子和硕雍亲王胤禛之第四子弘历（乾隆帝）聪明伶俐，十分喜爱，于是传旨，命将弘历送入宫中。入夏之季，弘历由父母带领，随祖父前往承德避暑山庄。康熙将避暑山庄的侧堂“万壑松风”赐给弘历居住和读书，平时进宴、工作以及每次接见王公大臣时，都要孙儿弘历侍奉在旁，朝夕教诲，以示培养（图 5–12）。

▼ 图 5–10　澹泊敬诚殿内景

▼ 图 5–11　云山胜地楼

▼ 图 5-12　万壑松风殿

“如意洲”建于康熙四十二年（1703 年），是避暑山庄里最早的宫殿区，岛形似“如意”，是山庄景致集中之地，殿阁朴雅，布局自由，沿着南北轴线布置景点“无暑清凉”“延薰山馆”“水芳岩秀”，东侧“般若相”，西侧“金莲映日”“沧浪屿”“云帆月舫”“西岭晨霞”，北为“澄波叠翠”（图 5–13 至图 5–15）。“无暑清凉”建于康熙四十二年（1703 年）至康熙四十七年 (1708 年），康熙三十六景之第三景，面南门殿五楹，康熙帝御题“无暑清凉”，盛夏时分，四围澄波如碧，浓荫如盖，清风吹入，顿觉爽舒。“金莲映日”建于康熙四十二年（1703 年）至康熙四十七年（1708 年），是康熙三十六景之第二十四景，康熙时期庭院内外遍植金莲，高挺的枝叶，密布的花朵，使康熙常以诗赋赞美（图 5–16）。“云帆月舫”是康熙三十六景之第二十六景，为山庄独一无二的上下两层仿船形的楼阁，“停泊”于如意湖东岸。“西岭晨霞”是康熙三十六景之第十一景，位置靠如意洲西端，临如意湖而立之楼阁。“般若相”乃山庄内最早修建的寺庙，康熙御题“法林寺”，正殿三间，康熙题额“般若相”，指佛之智慧法相。“沧浪屿”建于康熙四十二年（1703 年）至康熙四十七年 (1708 年），康熙帝御题“沧浪屿”，取意孟子“沧浪”之趣，仿照苏州“沧浪亭”，临水建榭，叠石峭壁，院落山泉汇湖，澄泓见底。

▼ 图 5–13　如意洲

▼ 图 5–14　延薰山馆

▼ 图 5-15　水芳岩秀

▼ 图 5-16　金莲映日

“环碧”建于康熙四十二年（1703 年）至康熙四十七年（1708 年），为圆形小岛上一组庭院，东院名“澄光室”，西院名“拥翠”“袭芳”，主体建筑后殿三楹，康熙御笔“环碧”题额，对联“夹岸好花萦晓雾，隔波芳草带晴烟”。碧水环抱小岛，如茵绿草，好似如意湖口含瑾玉。“芝径云堤”是康熙三十六景之第二景，仿杭州西湖“苏堤白堤”，夹水为堤，形如“芝”字，连接“如意洲”“环碧”“月色江声”三岛，空中俯瞰，既似灵芝，又像云朵（图 5–17）。“月色江声”建于康熙四十三年（1704 年），门殿五楹，康熙帝题额“月色江声”，取自苏轼《赤壁赋》“月出于东山之上，徘徊于斗牛之间，白露横江，水光接天”（图 5–18）。与“月色江声”隔水相对为“水心榭”，康熙四十八年（1709 年），扩建热河水宫，在水闸上方架石桥，桥上筑三座亭榭，南北亭榭为重檐攒尖顶，中间亭榭为长方形重檐歇山卷棚顶，两端分别建有四柱牌楼，康熙帝御笔题名“水心榭”（图 5–19）。

▼ 图 5–17　芝径云堤

▼ 图 5–18　月色江声

▼ 图 5–19　水心榭

“松鹤清越”建于康熙五十年（1711 年），康熙三十六景之第七景，在山庄西峪，为一座规整式庭院。院北部有殿五间，题名“静余轩”。周遭异草奇花，犹如彩缎，白鹤清亮的啼鸣不时地划破松涛声之外。康熙时，皇太后来避暑山庄，居住于此（图 5–20）。“四面云山”建于康熙四十八年（1709 年），是康熙三十六景之第九景，在山庄西北峰顶上，是一座十六柱单檐攒尖顶方亭，突兀于众山之间。登临环顾，山峦壑谷，云烟波动，风摇林木。康熙登亭望远，在这里传餐、饮酒、赋诗。“青枫绿屿”建于康熙四十八年（1709 年），是康熙三十六景之第二十一景，此地遍植枫树，郁郁葱葱，因此得名。门殿三间，对面墙正中开一月亮门把庭院一分为二，正殿“风泉满清听”，为当年康熙帝登山游览休息处，每年八月十五康熙帝登临山顶平台赏中秋月（图 5–21）。

▼ 图 5–20　松鹤清越

▼ 图 5–21　青枫绿屿正殿风泉满清听

“石矶观鱼”是康熙三十六景之第三十一景，亭依山临溪，溪边巨石平如砥，康熙帝在此小憩观鱼，体会庄子“知鱼”之趣（图 5–22）。“双湖夹镜”是康熙三十六景之第三十三景，乃山庄内最大一座堤桥，取意李白“两水夹明镜，双桥落影虹”，湖内原种敖汉莲，为山庄观荷佳境（图 5–23）。“长虹饮练”是康熙三十六景之第三十四景，与“双湖夹镜”对峙，每当雨过天晴，七彩长虹倒影湖中，蔚为壮观（图 5–24）。“芳渚临流”建于康熙四十二年（1703 年），是康熙三十六景之第二十七景，亭三面环水，单面居山，湖水潺潺，山林苍翠，波光粼粼，百鸟飞鸣，景致奇妙无比（图 5–25）。“涌翠岩”建于康熙四十二年（1703 年）至康熙四十七年（1708 年），岩壁之间筑殿三楹，其后设佛庐，名“自在天”，殿宇之下叠石成苍翠岩崖，峡峪溪水喷薄悬泄。“曲水荷香”是康熙三十六景之第十五景，参差错落的怪石上建一方亭，其意类似兰亭“曲水流觞”，康熙帝曾在这里宴请大臣、王公（图 5–26）。“芳园居”建于康熙四十二年（1703 年），为山庄内规模最大的皇家仓库。

▼ 图 5–22　石矶观鱼

▼ 图 5–23　双湖夹镜

▼ 图 5–24　长虹饮练

▼ 图 5–25　芳渚临流

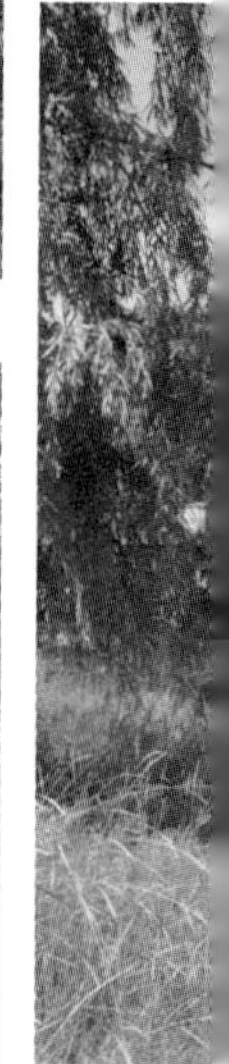

“云容水态”建于康熙四十二年（1703 年），是康熙三十六景之第二十八景，此处漂浮的青云与溶溶的水态和谐呼应，融合一体，难分何为云何为水（图 5–27）。“旷观”建于康熙四十二年（1703 年）至康熙四十七年（1708 年），坐落在“松云峡”入口处，南达“梨树峪”，崇台上筑殿三楹，下通门洞，康熙御笔“旷观”额，周边近观古木嘉树，远观碧草蓝天，歌鸟流溪，夏卉秋英，观景赏景，润目养心（图 5–28）。

▼ 图 5–27　云容水态

▼ 图 5–26　曲水荷香

▼　图 5–28　旷观

避暑山庄的湖面被长堤和洲岛分割成五个湖，除了镜湖以外的其他四个湖都是康熙时期建的。各湖之间又有桥相通，两岸绿树成荫，显得曲折有致，秀丽多姿。此区总体结构以山环水、以水绕岛，布局运用中国传统造园手法，组成中国神话传说中神仙世界的构图。多组建筑巧妙地营构在洲岛、堤岸和水面之中，展示出一片水乡景色。

“香远益清”建于康熙四十五年（1706 年），是康熙三十六景之第二十三景，前殿五楹，康熙题名“香远益清”，取意周敦颐《爱莲说》，后殿三间，名“紫浮”，两座殿宇前后临池，其间遍植重台、千叶等名贵荷花，凌波翠盖，盈袖芳香（图 5–29）。“蘋香沜”建于康熙四十二年（1703 年）至康熙四十七年（1708 年），门殿三楹，傍水而建，四角方亭，粉饰院墙，炎炎盛夏，片片青萍，凉风蔓草，拂袖生香。

▼ 图 5–29　香远益清遗址

金山岛建于康熙四十二年（1703 年），布局与意境仿自镇江“金山寺”，假山上建殿宇五楹，康熙帝御题“镜水云岑”，沿着石头台阶向上，至“天宇咸畅”，两殿分别列康熙三十六景之第三十二景和第十八景。岛北部有三层木塔，名“上帝阁”，是皇帝祭祀真武大帝和玉皇大帝的地方。亭台殿阁连以长廊，碧水环绕石岛，状如紫金浮玉（彩图 1、图 5–30 至图 5–32）。

▼ 图 5–30　远眺金山岛

▼ 图 5–31　镜水云岑

▼ 图 5–32　天宇咸畅

“濠濮间想”是康熙三十六景之第十七景，居此亭南赏“澄湖”，北观“万树园”（图 5–33）。“甫田丛樾”是康熙三十六景之第三十五景，此地乃皇家的农田和瓜圃，康熙帝在此亭观农歇息，领略泉甘翠瓜。“莺啭乔木”是康熙三十六景之第二十二景，朝霞映衬，康熙帝当此聆听百鸟争鸣，诗意盎然。“澄波叠翠”是康熙三十六景之第三十景，坐落于“如意洲”北对岸，临“澄湖”，康熙御笔题名。“水流云在”是康熙三十六景之最后一景，取意杜甫“水流心不竞，云在意俱迟”，流水映着白云，动静交替，变化奥妙，康熙帝于此赏景（图 5–34）。

▼ 图 5–33　万树园

▼ 图 5–34　水流云在观水景

几年后，康熙又在东面修建“溥仁寺”“溥善寺”。直到乾隆五十七年（1792 年），避暑山庄才最后竣工，历时九十年（彩图 8）。

第二节　康熙《避暑山庄记》

康熙五十年（1711 年）六月下旬，康熙帝构建山庄工程完竣，有感而发，撰写《避暑山庄记》之后，按礼制，真迹手卷恭贮于与传统典学有关的神圣殿堂内。[1]

当建设避暑山庄的时候，康熙的造园思想已经成熟，从他所作的《避暑山庄记》中，可见一斑。

金山发脉，暖溜分泉，云壑渟泓，石潭青霭。境广草肥，无伤田庐之害；风清夏爽，宜人调养之功。自天地之生成，归造化之品汇。

炎夏无暑，清风习习，大自然的造化，适宜人们调理保养，可谓“天人合一”。

朕数巡江干，深知南方之秀丽；两幸秦陇，益明西土之殚陈；北过龙沙，东游长白，山川之壮，人物之朴，亦不能尽述。皆吾之所不取。惟兹热河，道近神京，往还无过两日；地辟荒野，存心岂误万几。

康熙选址避暑山庄所考虑的第一因素是不误政务，距离京城较近的热河最适宜。

因而度高平远近之差，开自然峰峦之势。依松为斋，则穷崖润色；引水在亭，则榛烟出谷。皆非人力之所能，借芳甸而为助。无刻桷丹楹之费，喜泉林抱素之怀。静观万物，俯察庶类，文禽戏绿水而不避，麀鹿映夕阳而成群。鸢飞鱼跃，从天性之高下；远色紫氛，开韶景之低昂。一游一豫，罔非稼穑之休戚；或旰或宵，不忘经史之安危。劝耕南亩，望丰稔筐筥之盈；茂止西成，乐时若雨旸之庆。此居避暑山庄之概也。

为感受野趣，体验民风，康熙在文中规定避暑山庄的建筑建造不可以追求太过宏伟。康熙坚持自然天成的造园思想，抓住众生共存“致中和”的真理，在园林中表现重农情怀。

至于玩芝兰则爱德行，睹松竹则思贞操，临清流则贵廉洁，览蔓草则贱贪秽，此亦古人因物而比兴，不可不知。人君之俸，取之于民，不爱者即惑也。故书之于记，朝夕不改敬诚之在兹也。

康熙引用历史典故说明自己主导避暑山庄不是为了享福，而是为了体验民风，表示康熙帝是一个得民心的君主。康熙学儒家以物比德，升华了造园思想境界（图 5–35）。

1　刘玉文．康熙皇帝与避暑山庄——读清圣祖《御制避暑山庄记》札记 [J]. 清史研究，1998(2)：115 ～ 119.

▼ 图 5-35　自“南山积雪”俯瞰避暑山庄

附：避暑山庄图咏

题名	诗	序
(1) 烟波致爽	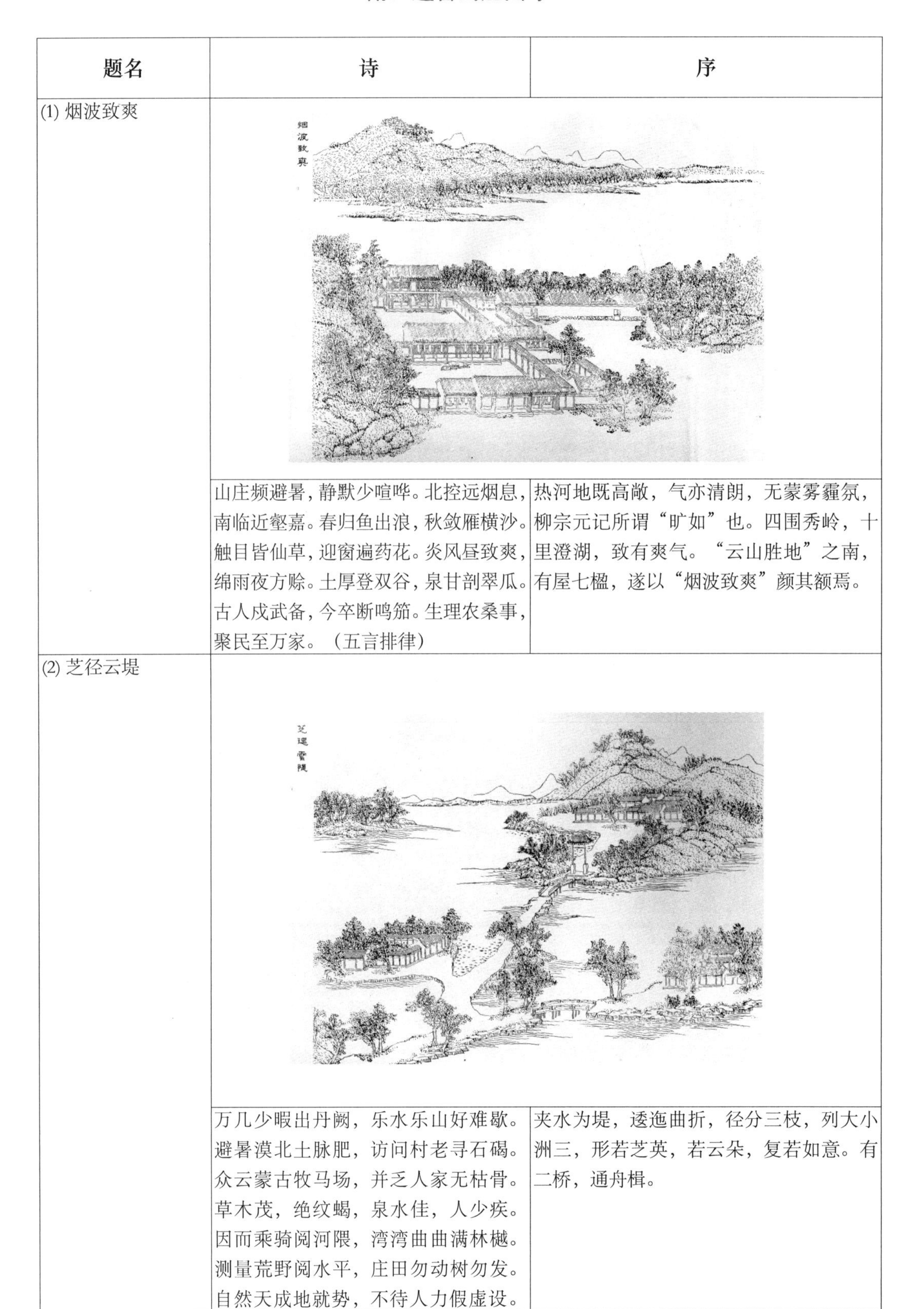	
	山庄频避暑，静默少喧哗。北控远烟息，南临近壑嘉。春归鱼出浪，秋敛雁横沙。触目皆仙草，迎窗遍药花。炎风昼致爽，绵雨夜方赊。土厚登双谷，泉甘剖翠瓜。古人戍武备，今卒断鸣笳。生理农桑事，聚民至万家。（五言排律）	热河地既高敞，气亦清朗，无蒙雾霾氛，柳宗元记所谓“旷如”也。四围秀岭，十里澄湖，致有爽气。“云山胜地”之南，有屋七楹，遂以“烟波致爽”颜其额焉。
(2) 芝径云堤		
	万几少暇出丹阙，乐水乐山好难歇。避暑漠北土脉肥，访问村老寻石碣。众云蒙古牧马场，并乏人家无枯骨。草木茂，绝纹蝎，泉水佳，人少疾。因而乘骑阅河隈，湾湾曲曲满林樾。测量荒野阅水平，庄田勿动树勿发。自然天成地就势，不待人力假虚设。	夹水为堤，逶迤曲折，径分三枝，列大小洲三，形若芝英，若云朵，复若如意。有二桥，通舟楫。

题名	诗	序
	君不见，磬锤峰，独峙山麓立其东。又不见，万壑松，偃盖重林造化同。煦妪光临承露照，青葱色转频岁丰。游豫常思伤民力，又恐偏劳土木工。命匠先开芝径堤，随山依水揉辐齐。司农莫动帑金费，宁拙舍巧恰群黎。边垣利刃岂可恃，荒淫无道有青史。知警知戒勉在兹，方能示众抚遐迩。虽无峻宇有云楼，登临不解几重愁。连岩绝涧四时景，怜我晚面宵旰忧。若使扶养留精力，同心治理再精求。气和重农紫宸志，烽火不烟亿万秋。（七言古诗）	
⑶ 无暑清凉		
	畏景先愁永昼长，晚年好静益彷徨。三庚退暑清风至，九夏迎凉称物芳。意惜始终宵旰志，踟蹰自问济时方。谷神不守还崇政，暂养回心山水庄。（七言律诗）	循“芝径”北行，折而少东，过小山下，红莲满渚，绿树缘堤。面南夏屋轩敞，长廊联络，为“无暑清凉”。山爽朝来，水风微度，冷然善也。
⑷ 延薰山馆		
	夏木阴阴盖溽暑，炎风款款守峰衔。山中无物能解愠，独有清凉免脱衫。（七言绝句）	入“无暑清凉”转西，为“延薰山馆”。楹宇守朴，不雘不雕，得山居雅致。启北户，引清风，几忘六月。

题名	诗	序
（5）水芳岩秀		
	水性杂苦甜，水芳即体厚。名泉亦多览，未若此为首。颐卦明口实，得正自养寿。择地立偃房，根基度长久。节宣在兹求，勤俭勿落后。朝窗千岩里，峭壁似天剖。远托思云汉，怡神至星斗。精研书家奥，临池愈涩手。清淡作饮馔，偏心恶旨酒。读老无逸篇，年年祝大有。（五言古诗）	水清则芳，山静则秀。此地泉甘水清，故择其所宜。邃宇数十间，于焉诵读，机暇静养，可以涤烦，可以悦性。作此自戒，始终之意云。
(6) 万壑松风		
	偃盖龙鳞万壑青，逶迤芳甸杂云汀。白华朱萼勉人事，爱敬南陔乐正经。（七言绝句）	在“无暑清凉”之南，据高阜，临深流。长松环翠，壑虚风度，如笙镛迭奏声，不数西湖万松岭也。

题名	诗	序
(7) 松鹤清越		
	寿比青松愿，千龄叶不凋。铜龙鹤发健，喜动四时调。（五言绝句）	进榛子峪，香草遍地，异花缀崖；夹岭虬松苍蔚，鸣鹤飞翔。登蓬瀛，临昆圃，神怡心旷，洵仙人所都不老之庭也。
(8) 云山胜地		
	万顷园林达远阡，湖光山色入诗笺。披云见水平清理，未识无愆守节宣。（七言绝句）	“万壑松风”之西，高楼北向。凭窗远眺，林峦烟水，一望无极，气象万千。洵登临大观也。

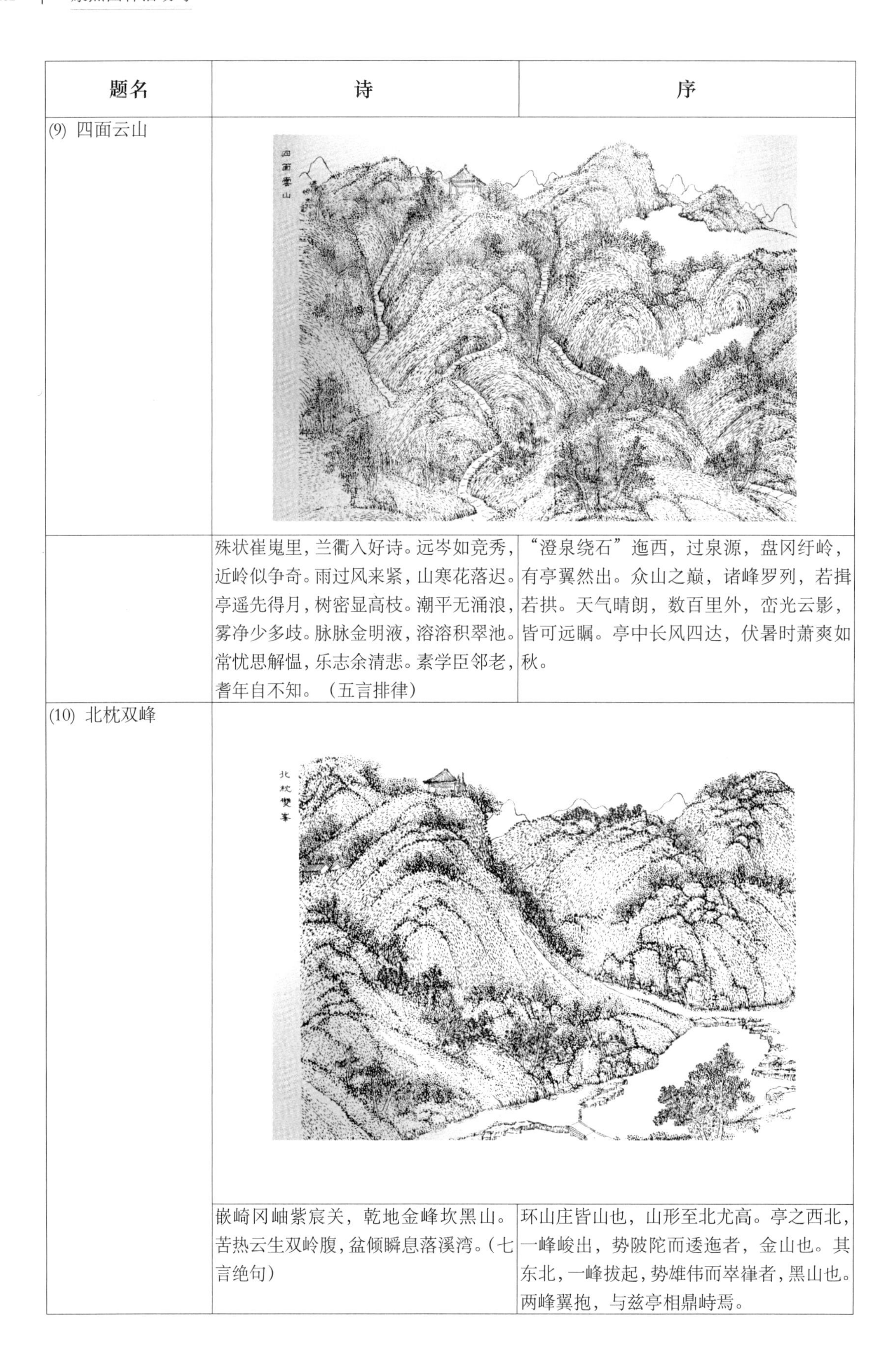

题名	诗	序
(9) 四面云山		
	殊状崔嵬里，兰衢入好诗。远岑如竞秀，近岭似争奇。雨过风来紧，山寒花落迟。亭遥先得月，树密显高枝。潮平无涌浪，雾净少多歧。脉脉金明液，溶溶积翠池。常忧思解愠，乐志余清悲。素学臣邻老，耆年自不知。（五言排律）	“澄泉绕石”迤西，过泉源，盘冈纡岭，有亭翼然出。众山之巅，诸峰罗列，若揖若拱。天气晴朗，数百里外，峦光云影，皆可远瞩。亭中长风四达，伏暑时萧爽如秋。
(10) 北枕双峰		
	嵌崎冈岫紫宸关，乾地金峰坎黑山。苦热云生双岭腹，盆倾瞬息落溪湾。（七言绝句）	环山庄皆山也，山形至北尤高。亭之西北，一峰峻出，势陂陀而逶迤者，金山也。其东北，一峰拔起，势雄伟而崒嵂者，黑山也。两峰翼抱，与兹亭相鼎峙焉。

题名	诗	序
(11) 西岭晨霞	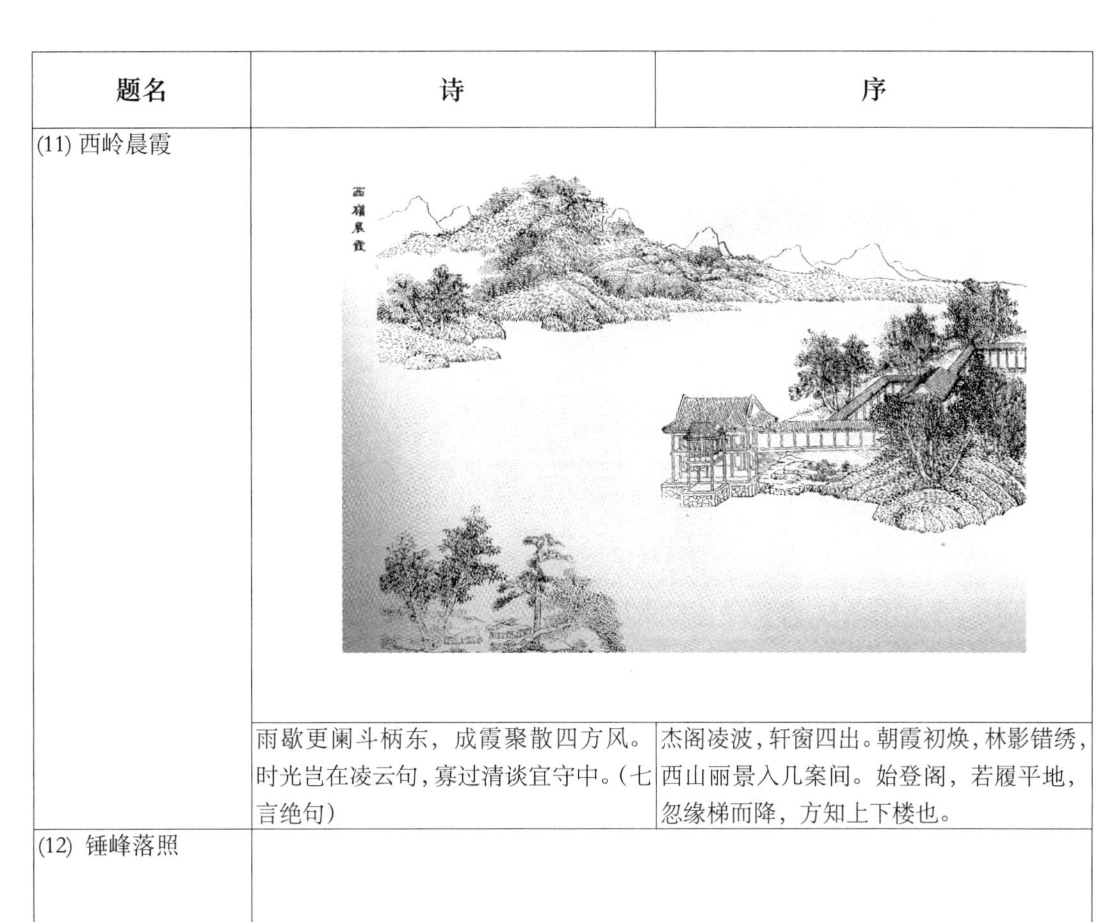	
	雨歇更阑斗柄东，成霞聚散四方风。时光岂在凌云句，寡过清谈宜守中。(七言绝句)	杰阁凌波，轩窗四出。朝霞初焕，林影错绣，西山丽景入几案间。始登阁，若履平地，忽缘梯而降，方知上下楼也。
(12) 锤峰落照		
	纵目湖山千载留，白云枕涧报深秋。巉岩自有争佳处，未若此峰景最幽。(七言绝句)	平冈之上，敞亭东向。诸峰横列于前。夕阳西映，红紫万状，似展黄公望《浮岚暖翠图》。有山矗然倚天，特作金碧色者，磬锤峰也。

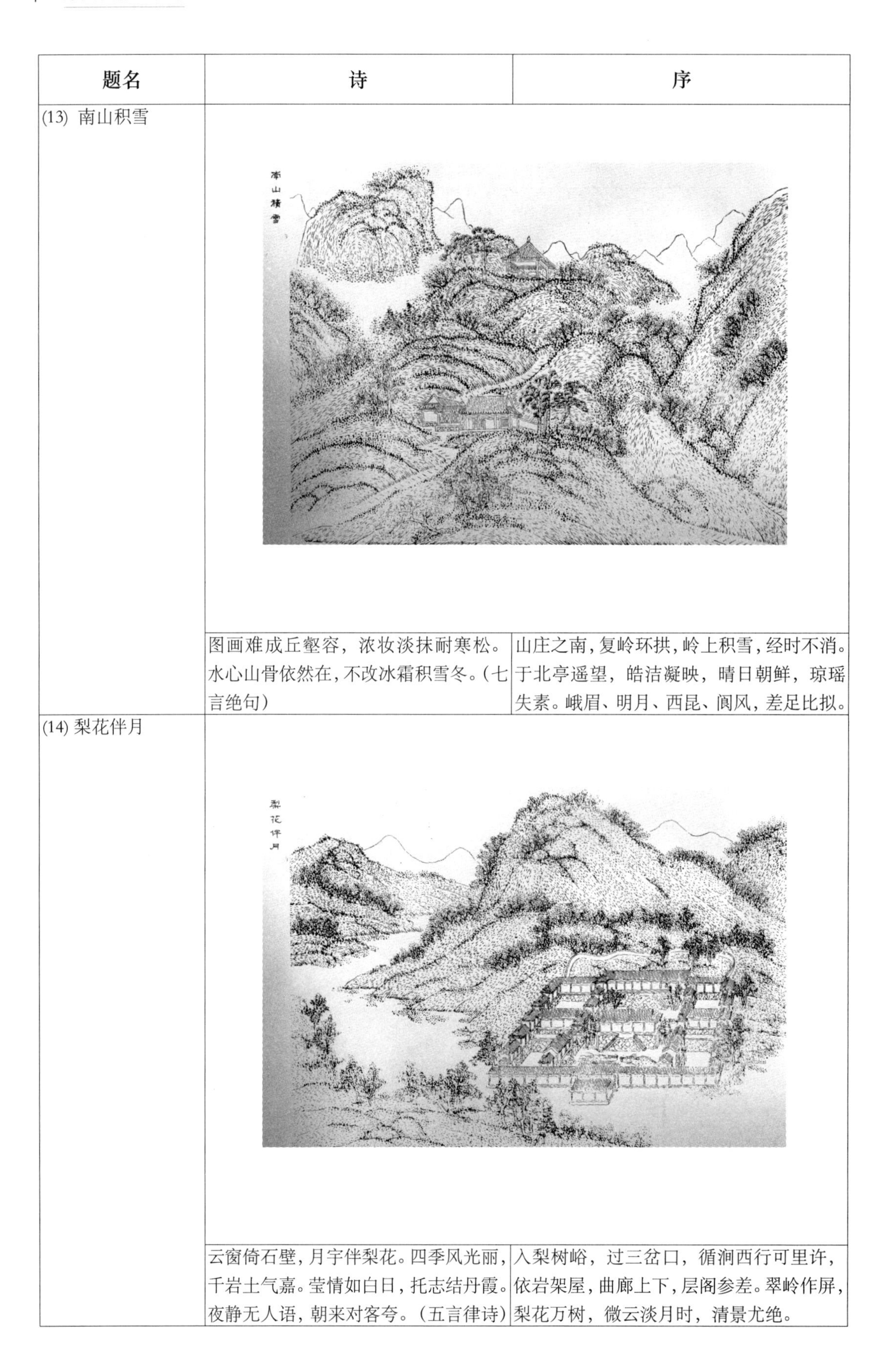

题名	诗	序
(13) 南山积雪		
	图画难成丘壑容，浓妆淡抹耐寒松。水心山骨依然在，不改冰霜积雪冬。（七言绝句）	山庄之南，复岭环拱，岭上积雪，经时不消。于北亭遥望，皓洁凝映，晴日朝鲜，琼瑶失素。峨眉、明月、西昆、阆风，差足比拟。
(14) 梨花伴月		
	云窗倚石壁，月宇伴梨花。四季风光丽，千岩土气嘉。莹情如白日，托志结丹霞。夜静无人语，朝来对客夸。（五言律诗）	入梨树峪，过三岔口，循涧西行可里许，依岩架屋，曲廊上下，层阁参差。翠岭作屏，梨花万树，微云淡月时，清景尤绝。

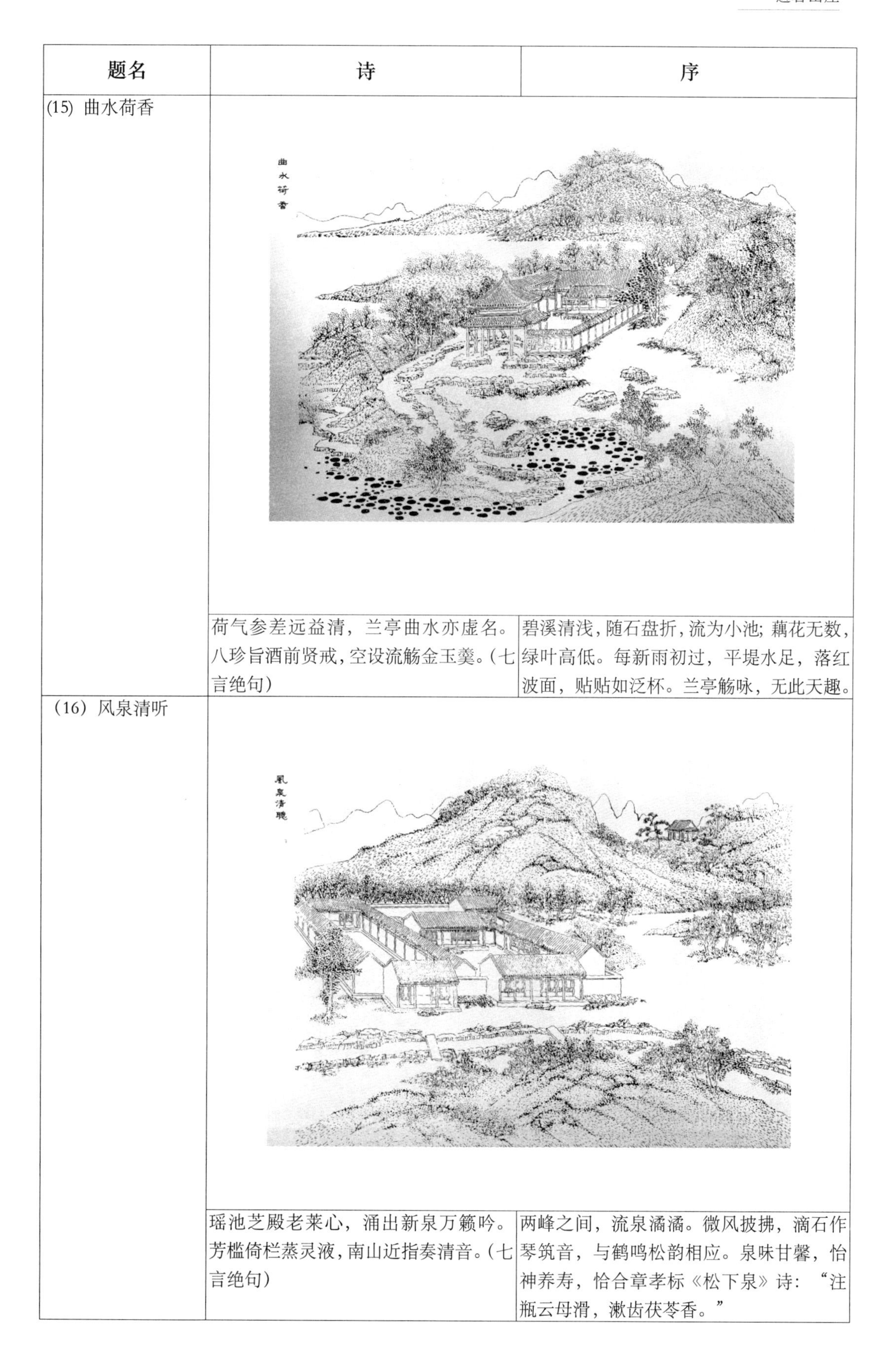

题名	诗	序
(15) 曲水荷香		
	荷气参差远益清，兰亭曲水亦虚名。八珍旨酒前贤戒，空设流觞金玉羹。（七言绝句）	碧溪清浅，随石盘折，流为小池；藕花无数，绿叶高低。每新雨初过，平堤水足，落红波面，贴贴如泛杯。兰亭觞咏，无此天趣。
（16）风泉清听		
	瑶池芝殿老莱心，涌出新泉万籁吟。芳槛倚栏蒸灵液，南山近指奏清音。（七言绝句）	两峰之间，流泉�。微风披拂，滴石作琴筑音，与鹤鸣松韵相应。泉味甘馨，怡神养寿，恰合章孝标《松下泉》诗：“注瓶云母滑，漱齿茯苓香。”

题名	诗	序
（17）濠濮间想	茂林临止水，间想托身安。飞跃禽鱼静，神情欲状难。（五言绝句）	清流素练，绿岫长林，好鸟枝头，游鱼波际，无非天适，会心处在南华秋水矣。
（18）天宇咸畅	通阁断霞应卜居，人烟不到丽晴虚。云叶淡巧万峰明，雁过初，宾鸿侣，鸥雨秋花遍洲屿。（万斯年）	湖中一山突兀，顶有平台，架屋三楹，北即上帝阁也。仰接层霄，俯临碧水，如登妙高峰上。北固烟云，海门风月，皆归一览。

题名	诗	序
（19）暖溜暄波		
	水源暖溜辄蠲疴，涌出阴阳涤荡多。怀保分流无近远，穷檐尽颂自然歌。（七言绝句）	“曲水”之南，过小阜，有水自宫墙外流入，盖汤泉余波也。喷薄直下，层石齿齿，如漱玉液，飞珠溅沫，犹带云蒸霞蔚之势。
（20）泉源石壁		
	水源依石壁，杂踏至河隈。清镜分宵汉，层波溅碧苔。日长定九数，发白考三才。天贶名犹鄙，居心思道该。（五言律诗）	狮径之北，冈岭蜿蜒数里，翠崖如壁，下映流泉。泉水静深，寻源徙倚，咏朱子“问渠那得清如许，为有源头活水来”之句，悠然有会。

题名	诗	序
（21）青枫绿屿		
	石磴高盘处，青枫引物华。闻声知树密，见景绝纷哗。绿屿临窗牖，晴云趁绮霞。忘言清静意，频望群生嘉。（五言律诗）	北岭多枫，叶茂而美荫，其色油然，不减梧桐芭蕉也。疏窗掩映，虚凉自生。萝茑交枝，垂挂崖畔。水似青罗带，“山如碧玉簪”。奇境在户牖间矣。
（22）莺啭乔木		
	昨日闻莺鸣柳树，今朝阅马至崇杠。朱英紫脱平原绿，月驷云骕错落駹 。（七言绝句）	“甫田丛樾”之西，夏木千章，浓阴数里，晨曦始旭，宿露未晞。黄鸟好音，与薰风相和，流声逸韵，山中一部笙簧也。

<table>
<tr><th>题名</th><th>诗</th><th>序</th></tr>
<tr><td rowspan="2">（23）香远益清</td><td colspan="2">
</td></tr>
<tr><td>出水涟漪，香清益远，不染偏奇。沙漠龙堆，青湖芳草，疑是谁知？移根各地参差，归何处？那分公私。楼起千层，荷占数倾，炎景相宜。（柳梢青）</td><td>“曲水”之东，开凉轩。前后临池，中植重台、千叶诸名种；翠盖凌波，朱房含露，流风冉冉，芳气竟谷。</td></tr>
<tr><td rowspan="2">（24）金莲映日</td><td colspan="2">
</td></tr>
<tr><td>正色山川秀，金莲出五台。塞北无梅竹，炎天映日开。（五言绝句）</td><td>广庭数亩，植金莲花万本，枝叶高挺，花面圆径二寸余。日光照射，精彩焕目。登楼下视，直作黄金布地观。</td></tr>
</table>

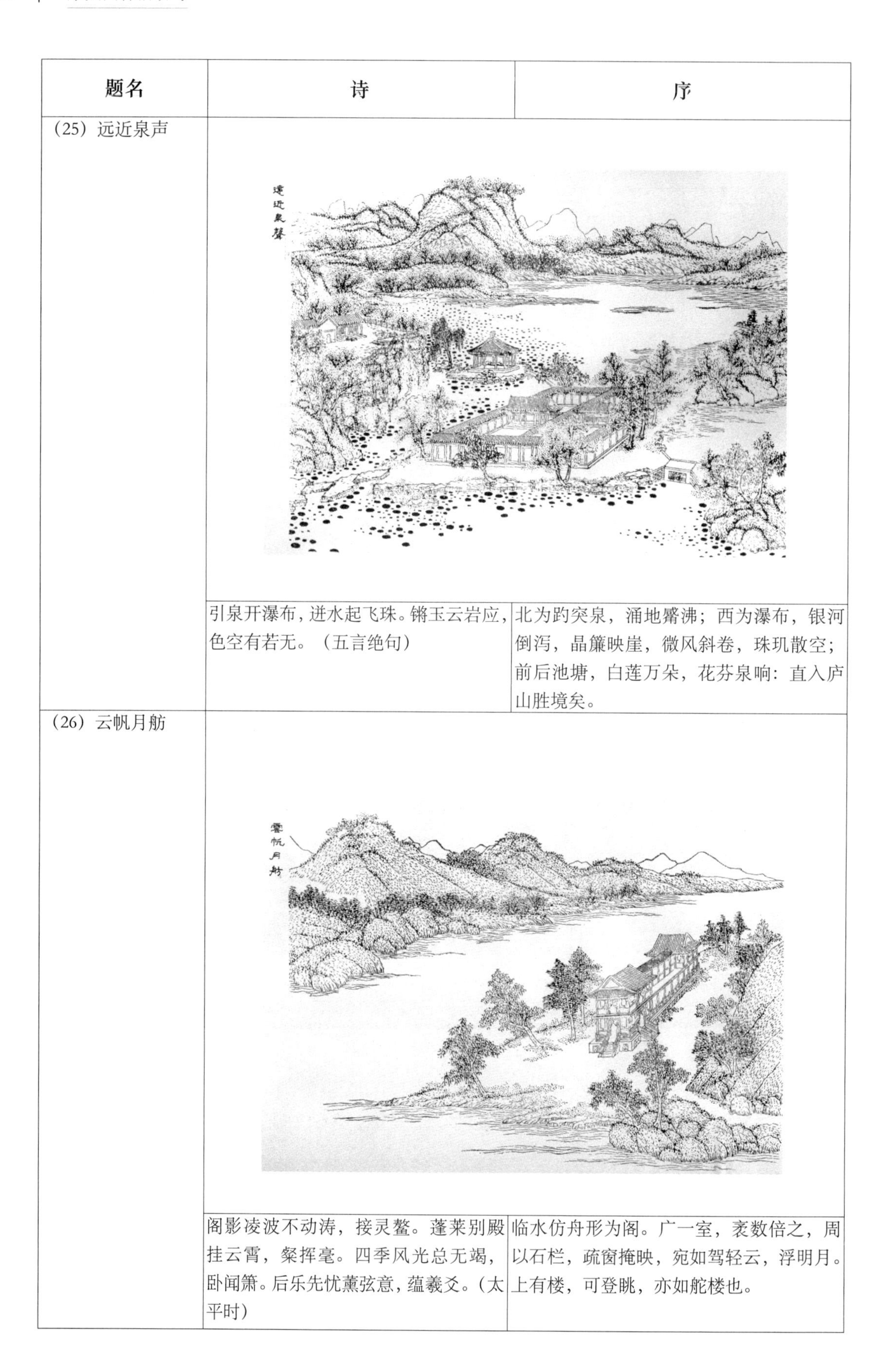

题名	诗	序
（25）远近泉声		
	引泉开瀑布，迸水起飞珠。锵玉云岩应，色空有若无。（五言绝句）	北为趵突泉，涌地觱沸；西为瀑布，银河倒泻，晶簾映崖，微风斜卷，珠玑散空；前后池塘，白莲万朵，花芬泉响：直入庐山胜境矣。
（26）云帆月舫		
	阁影凌波不动涛，接灵鳌。蓬莱别殿挂云霄，粲挥毫。四季风光总无竭，卧闻箫。后乐先忧薰弦意，蕴羲爻。（太平时）	临水仿舟形为阁。广一室，袤数倍之，周以石栏，疏窗掩映，宛如驾轻云，浮明月。上有楼，可登眺，亦如舵楼也。

题名	诗	序
（27）芳渚临流	堤柳汀沙翡翠茵，清流芳渚跃凡鳞。数丛夹岸山花放，独坐临流惜谷神。（七言绝句）	亭临曲渚，巨石枕流，湖水自长桥泻出，至此折而南行。亭左右，岸石天成，亘二里许。苍苔紫藓，丰草灌木，极似范宽图画。
（28）云容水态	雨过云容易散，波流水态长存。悠然世俗惟念，必得经书考原。（六言绝句）	关口之南，有室东向。缘坡下望，绿树为田，青峰如堵。川流溶溶，白云油油，不知孰为云孰为水也。由长桥而渡，疑入四明山中，一径分“过云”南北。

题名	诗	序
（29）澄泉绕石		
	每存高静意，至此结衡茅。树密开行路，山长疑近郊。水泉绕旧石，雉雀乐新巢。晴夜荷珠滴，露凝众木梢。（五言律诗）	亭南临石池，西二里许为泉源。源自石罅出，截架鸣筜，依山引流，曲折而至。雨后溪壑奔注，各作石堰，以遏泥沙，故池水常澄澈可鉴。
（30）澄波叠翠		
	叠翠耸千仞，澄波属紫文。鑑开倒影列，反照共氤氲。（五言绝句）	如意洲之后，小亭临湖，湖水清涟徹底。北面层峦重掩，云簇涛涌，特开屏障。扁舟过此，辄为流连，正如韦应物诗云：“碧泉交幽绝，赏爱未能去。”

题名	诗	序
（31）石矶观鱼	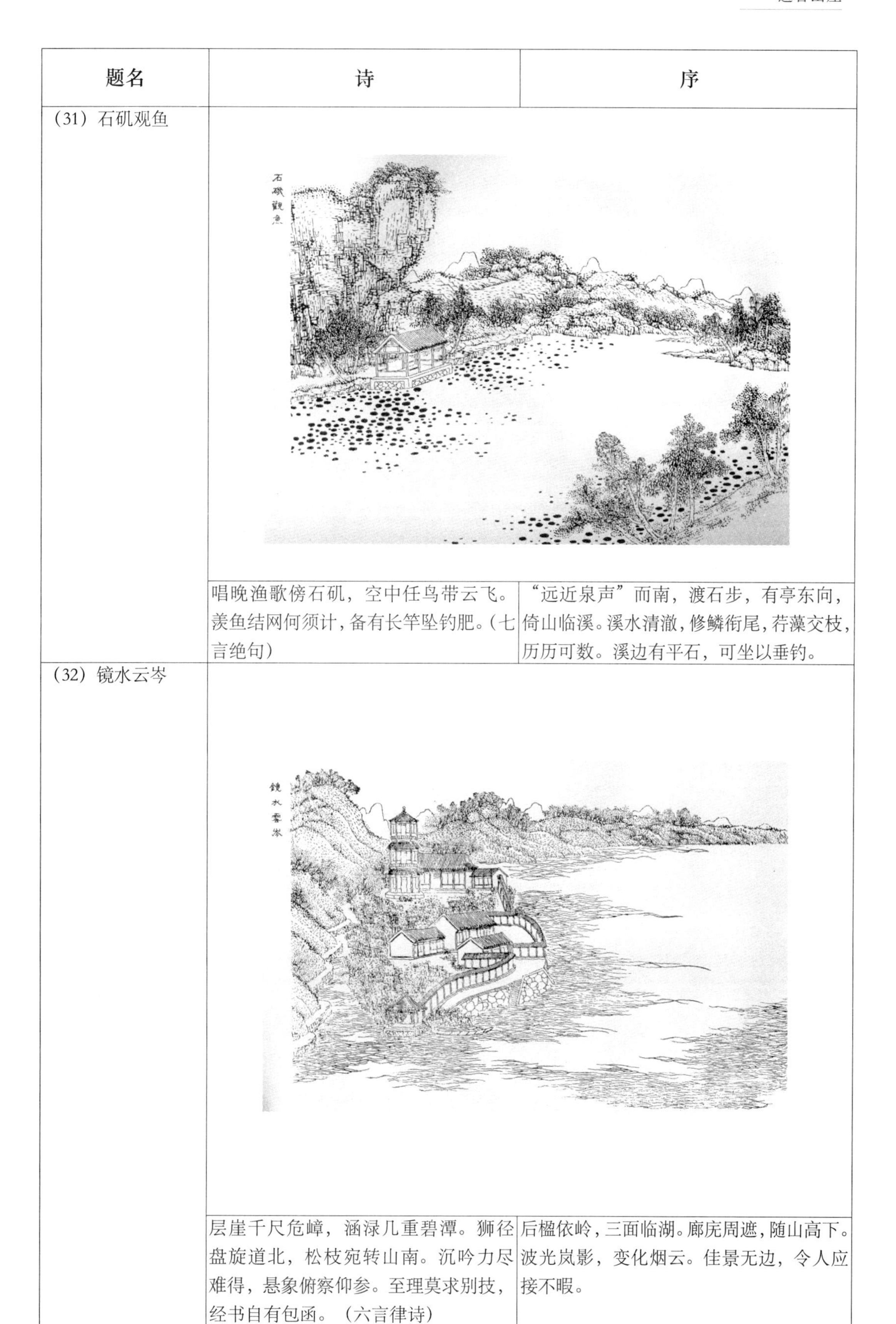	
	唱晚渔歌傍石矶，空中任鸟带云飞。羡鱼结网何须计，备有长竿坠钓肥。（七言绝句）	“远近泉声”而南，渡石步，有亭东向，倚山临溪。溪水清澈，修鳞衔尾，荇藻交枝，历历可数。溪边有平石，可坐以垂钓。
（32）镜水云岑		
	层崖千尺危嶂，涵渌几重碧潭。狮径盘旋道北，松枝宛转山南。沉吟力尽难得，悬象俯察仰参。至理莫求别技，经书自有包函。（六言律诗）	后楹依岭，三面临湖。廊庑周遮，随山高下。波光岚影，变化烟云。佳景无边，令人应接不暇。

<table>
<tr><th>题名</th><th>诗</th><th>序</th></tr>
<tr><td rowspan="2">（33）双湖夹镜</td><td colspan="2">
</td></tr>
<tr><td>连山隔水百泉齐，夹镜平流花雨堤。非是天然石岸起，何能人力作雕题。（七言绝句）</td><td>山中诸泉，从板桥流出，汇为一湖；在石桥之右，复从石桥下，注放为大湖。两湖相连，阻以长堤，犹西湖之里外湖也。</td></tr>
<tr><td rowspan="2">（34）长虹饮练</td><td colspan="2">
</td></tr>
<tr><td>长虹清径罗层崖，岸柳溪声月照阶。淑景千林晴日出，禽鸣处处入音谐。（七言绝句）</td><td>湖光澄碧，一桥卧波。桥南种敖汉荷花万枝，间以内地白莲，锦错霞变，清芬袭人。苏舜钦《垂虹桥》诗谓“如玉宫银界”，徒虚语耳。</td></tr>
</table>

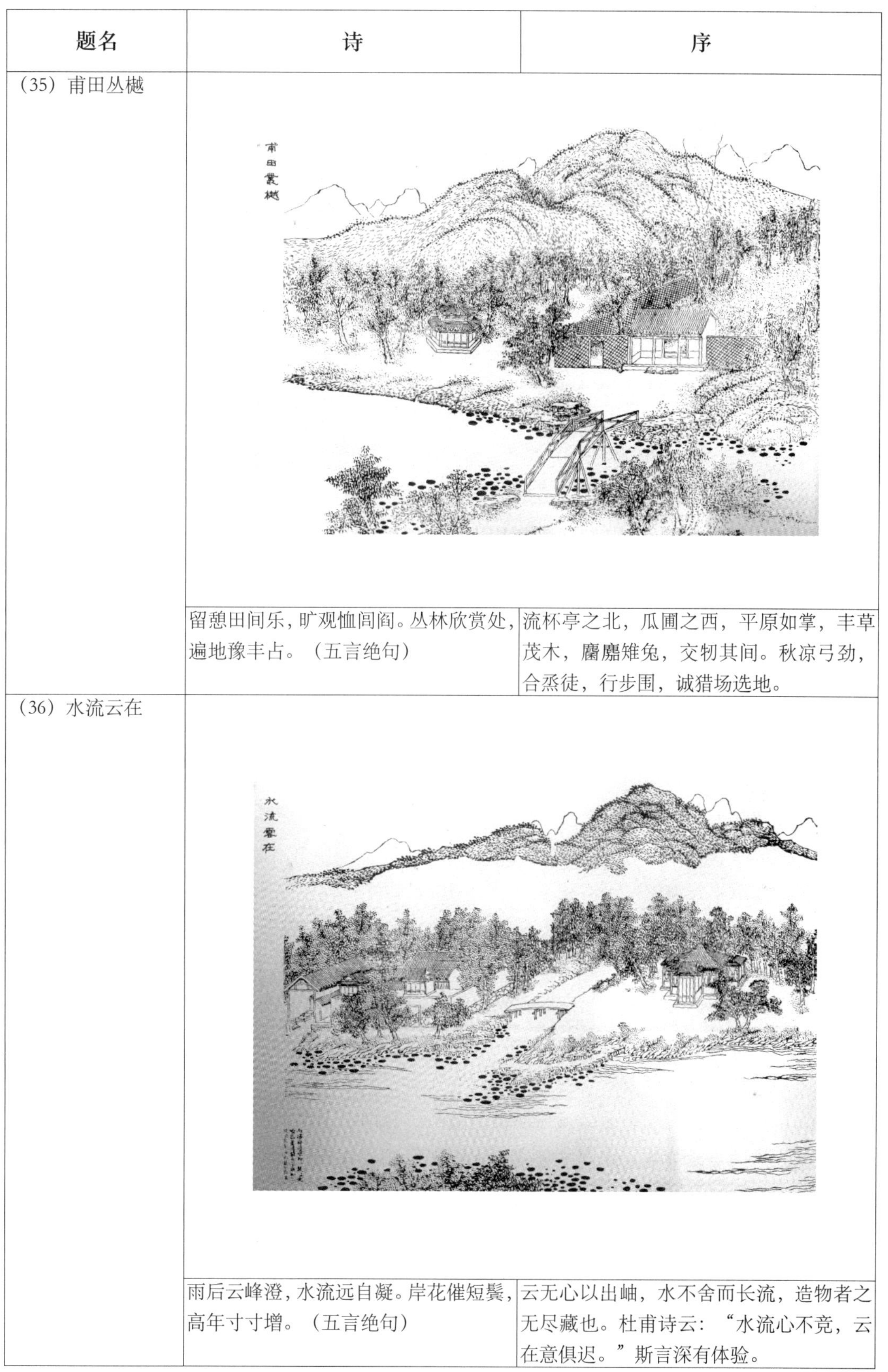

题名	诗	序
（35）甫田丛樾	留憩田间乐，旷观恤闾阎。丛林欣赏处，遍地豫丰占。（五言绝句）	流杯亭之北，瓜圃之西，平原如掌，丰草茂木，麢麃雉兔，交物其间。秋凉弓劲，合烝徒，行步围，诚猎场选地。
（36）水流云在	雨后云峰澄，水流远自凝。岸花催短鬓，高年寸寸增。（五言绝句）	云无心以出岫，水不舍而长流，造物者之无尽藏也。杜甫诗云："水流心不竞，云在意俱迟。"斯言深有体验。

（注：清沈嵛绘画，清康熙题名赋诗并序，崔山添加标点。）

第六章
康熙园林活动溯源

第一节　康熙朝造园家

康熙朝处于明、清交替之际，江南文人画家兼造园师张南垣、张然、石涛、叶洮、曹寅等，积极地投身于园林的设计。他们深通画理，善于把文人画表现意境的情趣作为园林的追求目标。这些造园家生活在康熙年间，是清初中国造园界的显赫人物，他们大多直接侍奉过康熙朝，与康熙皇帝直接接触，成为清初皇家造园的重要参与者。康熙园林活动正是在与这些造园大师们互相切磋学习的过程中进行的。

一、张南垣

张南垣，生于明万历十五年（1587 年），卒年约清康熙十年（1671 年），名涟，华亭（今上海市松江）人，后迁居嘉兴，又谓嘉兴人。他是明末清初最有名望的造园家。他少年学习绘画，爱好描写人像，兼工山水画，尤其工于堆叠山石，利用山水画意造园叠山。他的造园足迹遍及大江南北长达五十余载，建造的园林数目可观。

张南垣造园思想清晰，手法脱俗。他反对传统的缩移模拟大山整体的叠山方法，从追求意境深远和形象真实的可入可游出发，主张堆筑“曲岸回沙”“平岗小坂”“陵阜陂陀”，“然后错之以石，缭以短垣，翳以密筲”，使整个园林与自然山水浑然一体，从而创造出一种幻觉，仿佛园墙之外还有“奇峰绝嶂”，人们所看到的园内叠山好像是“处于大山之麓”而“截溪断谷，私此数石者，为吾有也”[1]。这种主张以截取大山一角而让人联想大山整体形象的做法，开创了中国古典园林叠石艺术的一个新流派，改变了宋明以来矫揉造作的叠山风格，对后世造园艺术产生了深远的影响，康熙追求素朴豪放的造园风格无疑也与张氏有关。

张南垣的传记材料很多，《清史稿》为他立有专传。康熙《嘉兴县志》记载张涟善叠假山，“旧以高架叠缀为工，不喜见土，涟一变旧模，

1　清 · 吴梅村 . 张南垣传 [M].

穿深复冈，因形布置，土石相间，颇得真趣。”康熙初张英作《吴门竹枝词》，有“一自南垣工累石，假山雪洞更谁看？”之句。

张南垣更多的是通过他的儿子张然成功地为皇家园林垒石叠山，而影响康熙造园思想和风格的。

二、张然

张然，字陶庵，明末清初人，是造园家张南垣的儿子。他子承父业，在造园领域达到了他父亲的境界和高度，造园成就于清康熙年间，尤其在叠山方面已超越了前辈。张然少时学画，他的绘画作品“四方争以金币来购”。他的造型艺术才能在成年之后主要发挥于造园。他不只是会经营石作，园林中的花木配置、池沼梳理和厅堂建筑都经他指画，即成奇趣。

清戴名世所撰《张翁家传》摘录如下：

张翁讳某，字某，江南华亭人，迁嘉兴。君性好佳山水，每遇名胜，辄徘徊不忍去。少时学画，为倪云林、黄子久笔法，四方争以金币来购。君治园林有巧思，一石一树，一亭一沼，经君指画，即成奇趣，虽在尘嚣中，如入岩谷。诸公贵人皆延翁为上客，东南各园大抵多翁所构也。常熟钱尚书，太仓吴司业，与翁为布衣交。翁好诙谐，常嘲笑两人，两人弗为怪。益都冯相国构万柳堂于京师，遣使迎翁至为经画，遂擅燕山之胜。自是诸王公园林，皆成翁手，会有修葺瀛台之役，召翁治之，屡加宠赉。请告归，欲终老南湖。南湖者君所居地也。

张然在北京供奉康熙内廷计二十八年，受康熙之命，为南海瀛台、玉泉山静明园和畅春园堆叠假山，同时还设计建造了王熙怡园、冯溥万柳堂等。张然的子孙继续供奉清朝内廷，在京师一带被称作“山子张”，叠山造园产业红火了一百多年。

清王士祯《居易录》卷四：

大学士宛平王公，招同大学士真定梁公学士涓来兄（泽宏）游怡园。水石之妙，有若天然，华亭张然所造也。然字陶庵，其父号南垣，以意创为假山，以营邱、北苑、大痴、黄鹤画法为之。峰壑湍濑，曲折平远，经营惨澹，巧夺化工。南垣死，然继之。今瀛台、玉泉、畅春苑，皆其所布置也。

以下摘录的是曹汛先生《张南垣生卒年考》中关于张然的叙述：[1]

康熙十六年（1677年），张然为冯溥经画亦园，标峰置岭，引水开池，并画山水景物设计图。

张然为王熙经营怡园，叠山理水，实完工于康熙十七年(1678年)

1 清华大学建筑工程系．建筑史论文集．第二集，北京：清华大学出版社，1985：143–148．

九月中旬或稍后。

张然来游京师，为冯、王改园，事在康熙十六、七年（1677、1678 年）。其时南垣已故去。张然康熙年间的活动，直接材料只能推到康熙十六、七年（1677、1678 年）。

根据曹汛先生的研究，为冯溥经画万柳堂及参予瀛台、畅春园之役者，均为张然。他“供奉内廷三十余载，恩宠甚渥”。康熙二十七年（1688 年）畅春园竣工即告归卒于家，时年约七十岁以上。明末清初吴伟业《张南垣传》：南垣“晚岁辞涿鹿相国之聘，遣其仲子行”。《清史稿》也说：“晚岁大学士冯铨聘赴京师，以老辞，遣其仲子往。”从康熙三十八年（1699 年）逆数三十余年为顺治十几年，正是冯铨聘南垣，而南垣遣然赴京的时候。顺治十二年（1655 年）瀛台另建宫苑为避暑之地，张然或曾参予其事。

三、石涛

石涛，生于明崇祯十三年（1640 年），卒于清康熙四十九年（1710 年），明第十世靖江王朱亨嘉的嫡子，本姓朱，名若极，小字阿长，明宗室靖江王朱赞仪的十世孙，出家后法名元济（或作原济），号石涛，别号极多，常见的有苦瓜和尚、瞎尊者、大涤子、清湘老人、清湘陈人等等，因靖江王邸在广西桂林，故为广西人，为清初著名画家。

石涛才华横溢，山水、花卉、人物无所不精，细笔粗笔、渴笔泼墨无所不能，其风格既沉郁豪放，亦秀逸闲静，并多写自己对自然观察体验之所得，极富于创造性。他的画论《苦瓜和尚画语录》更是一部罕有其匹的理论巨著。在清初崇古、仿古盛行的画坛风气中，能提出“搜尽奇峰打草稿”“我自用我法”“笔墨当随时代”等等革命性的主张。

因为明代宗室的内讧，石涛的父亲被杀，家破人亡，他落发为僧。明亡时他尚在幼年，对于清初的民族矛盾没有很深的感受。而康熙对明代宗室后裔又取怀柔政策，使清朝一统天下，四海升平，经济开始复苏。石涛在康熙南巡时曾两次“接驾”并画了《海宴河清图》，上面署款 “臣僧无济九顿首”，又写了“接驾” 诗二首，有“去此罕逢仁圣主，近前一步是天颜”的诗句，说明石涛对于康熙皇帝的态度是尊崇的，他到北京结交名公巨卿，亦是有荣进的心理的。[1]

据清《扬州画舫录》载，石涛“兼工叠石，扬州以名园胜，名园以累石胜，余氏万石园出道济手，至今称胜迹”。又据传他曾在扬州叠片石山房假山，高五六丈，甚为奇峭。万石园早已荒废，片石山房

1 郎绍中，等．中国书画鉴赏辞典 [M]. 北京：中国青年出版社，1997：766，774．

尚有遗迹可寻。[1]石涛晚年在扬州大东门外临水筑宅园，题名“大涤堂”，自号“大涤子”，后终老于此。石涛喜用画理指导叠山。清《嘉庆扬州府志》载：“万石园汪氏旧宅，以石涛和尚画稿布置为图。”清《履园丛话》载：“扬州新城花园巷又有片石山房者，三厅之后，湫以方池。池上有太湖石子山一座，高五六丈，甚奇峭，相传为石涛和尚手笔。”[2]

四、叶洮

叶洮，字金城，号秦川，江南青浦（今属上海市）人，本籍新安。他工诗词，亦“工画山水，胸有邱壑。”[3]喜作大劈斧，供奉康熙内廷为画师，奏对时尝自称“山农”。叶洮受康熙之命，成为著名的皇家园林畅春园的首席设计师。

叶洮还曾经给清朝相国明珠家造自怡园，为贵戚佟国维家造佟氏园。[4]或许是明珠将叶桃推荐给曹寅，或许是曹寅将叶洮推荐给明珠。很有可能，曹寅在京城家中的花园（如芷园）为叶洮所建。[5]

五、曹寅[6]

曹寅，生于清顺治十五年（1658年），卒于清康熙五十一年（1712年），字子清，号荔轩，又号楝亭，康熙朝名臣、文学家、藏书家，满洲正白旗内务府包衣，官至通政使、管理江宁织造、巡视两淮盐漕监察御史。

曹寅督理江南织造二十二年，显贵三十余年。他利用了自己身世的优越，深得康熙的信任，奉命组织监造了康熙朝著名的皇家园林畅春园之西花园。这些足以证明曹寅绝不是普通的包衣仆人，而是具备艺术才华从事园林创作的大人物。

曹寅比康熙小四岁，由于康熙幼年时“令保母护视于紫禁城外”，想必曹寅母当时即为康熙 “保母”，所以曹寅曾称 “臣自黄口充任犬马”，说明他幼年时做过康熙的“伴当”，即康熙的幼学伴读。数年的伴读生涯使康熙建立了对曹寅的充分信任，两人过从甚密。曹寅在少年时代即入侍康熙，十六岁时为康熙御前侍卫，二十五岁为治仪正，三十一岁充銮仪卫职，后来官江宁织造，都借了其母之光。正是由于曹家与皇帝的这一层特殊的亲近关系和幼年的经历，为曹寅的仕途打下了良好的基础。这种入仕是由于康熙的亲自挑选即格外施恩，因而曹寅也对康熙爱戴终生。

曹寅的父亲曹玺，在织造任工十三年，也深得康熙器重，被康熙称为 “是朕荩臣，能为朕惠此一方人者也”。曹玺去世后，康熙南

1 王逊．中国美术史[M]．上海：上海人民美术出版社，1989：489．
2 张承安．中国园林艺术辞典[M]．武汉：湖北人民出版社，1985：322．
3 中国营造学社·第四卷·第三·四期[J].1935．
4 祁美琴．清代内务府[M]．北京：中国人民大学出版社，1998：224–229．
5 张一民．纳兰家园与“大观园”[J]．满族研究，1996：173．
6 本小节主要根据张一民．纳兰家园与“大观园”[J]．满族研究，1996：173．整理编写。

巡经过当地 “亲至玺署，抚慰诸孤，遣内大臣尊奠，并以‘御书’赐之”。其父曹玺死后的第三年即康熙二十四年（1685 年），曹寅被擢为慎刑司郎中，五年后康熙二十九年（1690 年）四月，又以广储司郎中兼佐领出任苏州织造，两年后康熙三十一年（1692 年）十一月，调任江宁织造，继承父业。曹寅在江宁织造任上一任就是二十年，并四次兼巡盐政，与李煦一样成为康熙最宠信的“家奴”和“耳目”，而且将这种恩宠延及到其子孙身上。康熙四十二年（1703 年）起与李煦隔年轮管两淮盐务，凡四次。康熙四次南巡江宁，曹府便为行宫。曹寅病危时康熙特赐奎宁，并派人星夜兼程由北京送到南京，可惜药未到，曹寅已卒。

曹寅为人风雅，娴习骑射，喜交名士，工诗词，通经史，晓音律。他擅长文学创作，五七言诗尤工，嗜书如命，经史子集，藏书十万卷。他认为，“藏书不如刻书，一生刊刻古书十二种。曹寅又奉旨刊刻《全唐诗》凡九百卷，收集了两千二百余家诗人的作品，共得诗四万八千九百余首，康熙为之制序。《全唐诗》写刻十分精好，是雕刻版史上的一部杰作。传世《楝亭诗钞》八卷、《诗钞别集》四卷、《词钞》一卷、《词钞别集》一卷和《文钞》一卷。一说戏曲《虎口余生》与《续琵琶》为曹寅所著。青年时代的曹寅文武双全、博学多能而又风姿英绝，二十多岁时被提拔为御前二等侍卫兼正白旗旗鼓佐领。清代初期，御前侍卫和佐领都是十分荣耀的职务，镶黄、正黄、正白三旗乃皇帝自将之军，曹寅能任此要职，显然是康熙对这位文武全才的伴读特加关照的结果。

曹寅是《红楼梦》作者曹雪芹的祖父。另据周汝昌先生考订，畅春园之西花园，乃曹寅在京任内务府郎中时负责监造。曹寅在内务府任职正是在康熙二十五年至二十九年（1686 ~ 1690 年），明珠自怡园的兴建与西花园的监造约在同时。所以说《红楼梦》中关于山子野起造大观园的描述可能来源于此。明珠家藉没后，自怡园又成为圆明园的一部分——长春园。有学者认为，曹雪芹塑造大观园是以圆明园为蓝本的。曹寅本人由于与康熙关系密切，参与了康熙朝的皇家园林修建的建造工作，这无疑会对他的孙儿曹雪芹产生潜移默化的影响，使得在几十年之后有以描写清代园林为特色的伟大著作《红楼梦》的问世，这不能不说是曹寅间接地对世人所做的贡献。

六、雷金玉[1]

雷金玉，生于清顺治十六年（1659 年），卒于清雍正七年（1729 年），字良生，祖籍江西南康府建昌县（今永修县），是清代建筑世家“样式雷”的第二代传人。

清代自康熙时期起，有雷姓一家累世供职清廷样式房，从事皇家建筑的设计与营造，被清人誉为 “样式雷”。“样式雷”较早服务于朝廷的人是小康熙五岁的雷金玉。清代二百余年间，雷姓一家累世供职清廷样式房，从事皇家建筑的设计与营造， 以及服器制作设计，在建筑艺术与工艺美术多方面取得了杰出成就，被清人美誉为 “样式雷”，至今青史留芳，为建筑史及科技史家所瞩目。

雷金玉继承父业在营造所供职，并投充内务府包衣旗（相当于皇室的家奴）。康熙帝在“沃野平畴、澄波远岫”的海淀修建皇家园囿——畅春园，内务府营造司从包衣上三旗抽调众多工匠营建皇苑，雷金玉被召进建园工匠队伍，承领楠木作工程。在为畅春园正殿上梁的施工中，因技术超群而立大功，被皇帝亲自召见，受到表彰和奖励，赏七品官衔，食七品俸禄。从此雷金玉艺名誉满京城，在宫廷和皇家园林建设中日益受到垂青及重用。雍正时期大规模扩建圆明园，这时年逾六旬的雷金玉，应召担任圆明园样式房掌案，带领工匠设计制作殿台楼阁和园庭的画样、烫样，指导施工，对圆明园的设计和建造工程贡献很大。雷金玉在七十多岁去世后，雍正皇帝特地降旨由国家拨银通过驿站送其回江宁归葬，在当时对建筑师而言，是一种极高的待遇。

朱启钤在《样式雷考》指明：样式房一业，终清之世最有声于匠家，系自发达于雷金玉为始；雷氏家谱也以雷金玉为该世家迁北京之支祖。雷金玉在样式雷家中地位若此，而有关其生平业绩，却在《样式雷考》及嗣后有涉样式雷的论著中，殊少载述。按已有材料最详尽者，也只能知道：

雷金玉，字良生，发达长子，生于顺治十六年（1659 年），卒于雍正七年（1729 年）。先以监生考授州同，继父业营造所长班。后投充内务府包衣旗，供役圆明园楠木作样式房掌案。以内廷营造功，钦赐内务府七品官，并食七品俸。年七十时，蒙太子赐“古稀”二字匾额。……（及丧）蒙恩赏盘费银一百两，奉旨弛驿归葬江苏江宁府江宁县安德门外西善桥。

关于对康熙朝园林建筑专家雷金玉的研究，以天津大学王其亨先生为首的工作组在整理“样式雷”图档的过程中，有新的发现和正论（见

1　本小节主要根据王其亨，项惠泉．“样式雷”世家新证[J]．北京：故宫博物院院刊，1987，2：52～57．整理编写。

第四章第三节“名匠雷金玉”）。

雷氏家族共有七代人接续持掌清朝“样式房”，其中雷金玉的孙辈雷家玺更为出色，万寿山、玉泉山、香山、避暑山庄等工程均出自他手。

第二节 康熙居住与驻跸园林次数考

康熙从出生、学习、生活、工作，特别是居住和巡幸驻跸，直至驾崩，一生当中的绝大部分时光，都与园林有着直接接触或千丝万缕的联系。清《清圣祖实录》和清《康熙起居注》记录了这位清初皇帝在南苑、玉泉山（静明园）、畅春园、避暑山庄、喀喇河屯行宫、金山、西湖行宫等著名园林居住与驻跸的情况。

下表对康熙一生在著名园林居住与驻跸次数进行了一番统计，表中每一园林名字代表康熙驻跸园林一次，即在一个农历月份之内，康熙自进入园林到离开这个园林，无论驻跸几日，都记为驻跸园林一次。

事实上，康熙于南巡北巡期间曾反复多次驻跸数十座府第园林和行宫园林。由于下表考证所据文献仅提及府县或地方名称，所以除“喀喇河屯”代表“喀喇河屯行宫”之外，其余均未收录。

序号	时间		居住与驻跸园林
	年份	月份（农历）	
1	康熙四年（1665年）	十月	南苑（首次驻跸）。
2	康熙六年（1667年）	正月	南苑。
		八月	南苑。
		九月	南苑。
3	康熙七年（1668年）	二月	南苑。
		十月	南苑。
4	康熙八年（1669年）	十月	南苑。
5	康熙九年（1670年）	正月	南苑。
		二月	南苑。
		四月	南苑。
		十月	南苑。
6	康熙十年（1671年）	五月	南苑。
		六月	南苑。
7	康熙十一年（1672年）	正月	汤泉行宫，赤城温泉。
		二月	赤城行宫。
		六月	南苑。
		八月至十月	南苑，通州河行宫，温泉行宫，温泉行宫。
		十一月	南苑。
		十二月	南苑，南苑。
8	康熙十二年（1673年）	正月	南苑。
		三月	瀛台。
		四月	南苑。
		六月	瀛台，瀛台。
		七月	南苑。
		十月	南苑。

序号	时间		居住与驻跸园林
	年份	月份（农历）	
9	康熙十三年（1674年）	八月	南苑。
		九月	南苑。
		十月	南苑。
10	康熙十四年（1675年）	闰五月	南苑。
		六月	南苑。
		八月	南苑，汤山温泉。
		九月	汤山温泉。
		十月	温泉。
		十一月	南苑。
		十二月	南苑。
11	康熙十五年（1676年）	正月	南苑。
		三月	南苑。
		五月	南苑。
		七月	南苑。
		八月	南苑，汤山温泉。
		九月	汤山温泉，汤山温泉，汤山温泉，汤山温泉。
		十月	汤山温泉，瀛台，汤山温泉，汤山温泉。
		十一月	南苑。
12	康熙十六年（1677年）	正月	温泉，温泉。
		二月	南苑，南苑。
		四月至六月	南苑。
		七月	南苑，南苑。
		八月	南苑。
		九月至十月	南苑，温泉，温泉。
		十一月至十二月	南苑。
13	康熙十七年（1678年）	闰三月	南苑，南苑。
		五月	碧云寺，南苑。
		八月	南苑。
		九月	遵化温泉鲇鱼池城内行宫。
		十月	温泉。
		十一月	温泉。
		十二月	南苑。
14	康熙十八年（1679年）	二月	南苑。
		五月至七月	西山，瀛台，瀛台，瀛台。
		十二月	南苑。
15	康熙十九年（1680年）	正月	南苑。
		二月	南苑。
		六月至闰八月	南苑。
		十月	南苑。
		十二月	南苑。
16	康熙二十年（1681年）	二月至五月	龙门口南行宫，孝陵缭垣内东南行宫，迁安县白布店村北滦河岸行宫，温泉，孝陵行宫，鲇鱼池城行宫。
		六月至九月	瀛台，南苑，南苑，南苑。
		十月	南苑。
		十一月	遵化州汤泉，遵化州汤泉。

序号	时间		居住与驻跸园林
	年份	月份（农历）	
17	康熙二十一年（1682年）	正月	南苑。
		二月至五月	南苑。
		六月至八月	瀛台，南苑，瀛台，玉泉山，瀛台。
		九月	南苑，玉泉山。
		十月至十一月	汤泉。
		十二月	南苑。
18	康熙二十二年（1683年）	正月	南苑。
		二月至三月	五台山菩萨顶，南苑，南苑。
		四月	玉泉山，玉泉山，潭柘寺，玉泉山。
		五月	瀛台。
		六月至七月	芳池，古北口行宫，古北口第一泉，第一泉。
		八月:	瀛台，瀛台，瀛台，南苑。
		九月至十月	万安寺，五台山龙泉关，菩萨顶，龙泉关，菩萨顶，龙泉关，南苑。
		十一月至十二月	汤泉，汤泉。
19	康熙二十三年（1684年）	正月	南苑。
		二月至三月	南苑，南苑，南苑。
		四月	玉泉山，南苑。
		五月至八月	瀛台，温泉，碾谷温泉，南苑。
		九月至十一月	南苑，泰山顶上，蜀冈棲灵寺，平山堂，天宁寺，金山龙禅寺、焦山，虎丘，南苑。
		十二月	温泉。
20	康熙二十四年(1685年)	正月至二月	南苑，玉泉山，南苑，南苑。
		三月	瀛台。
		四月	瀛台，南苑，瀛台，玉泉山，瀛台。
		七月	温泉。
		十月	南苑。
		十二月	汤泉。
21	康熙二十五年(1686年)	二月	南苑。
		三月	南苑，玉泉山，玉泉山，南苑。
		四月	瀛台，瀛台，玉泉山。
		闰四月	南苑。
		五月至六月	瀛台，玉泉山，瀛台，瀛台，瀛台，瀛台。
		七月至八月:	瀛台。
		九月	玉泉山。
		十月	南苑，玉泉山。
		十一月至十二月	汤泉，汤泉。
22	康熙二十六年(1687年)	二月	南苑，玉泉山，畅春园（22日首次移驻）。
		三月	瀛台，瀛台。
		四月	玉泉山。
		五月至七月	瀛台，畅春园，畅春园，瀛台，南苑，瀛台。
		十月	南苑，南苑，畅春园。

序号	时间		居住与驻跸园林
	年份	月份（农历）	
23	康熙二十七年 (1688 年)	四月	孝陵行宫，畅春园。
		五月至九月	瀛台，南苑，瀛台，瀛台，畅春园，瀛台，瀛台，平原行宫，福延山行宫，温泉行宫，横泉行宫，红门口之北潺流河之西行宫，山羊谷行宫，阿拜诺颜塔之前疏林和行宫，红崖西行宫，石幕地方行宫，近红川行宫，黑湾口行宫，骅骝谷行宫，黄陂谷行宫，荆溪行宫，畅春园。
		十月	新城内行宫。
		十一月	南苑，畅春园。
		十二月	汤泉，汤泉。
24	康熙二十八年 (1689 年)	正月至闰三月	镇江府金山寺，无锡县放生池，石峰山，灵岩山，吴江县龙王庙，绍兴府会稽山之麓，禹陵，无锡县放生池，金山寺，瀛台，畅春园，汤泉。
		五月至七月	瀛台，瀛台，畅春园，畅春园。
		八月至九月	温泉。
		十月至十一月	孝陵行宫，温泉，温泉，南苑，畅春园。
25	康熙二十九年 (1690 年)	正月至二月	畅春园，南苑，瀛台，畅春园。
		三月至四月	畅春园，南苑。
		五月至六月	瀛台，畅春园，南苑，畅春园。
		八月至九月	畅春园。
		十月至十二月	南苑,玉泉山,畅春园,汤泉,汤泉。
26	康熙三十年 (1691 年)	正月至三月	畅春园，南苑，畅春园。
		四月至五月	畅春园，漠虎尔和洛昂阿之汤泉,多罗诺尔地方行宫,畅春园。
		六月至八月	畅春园,汤泉,巴尔喀地方之汤泉。
		九月至十二月	汤泉，瀛台，畅春园，南苑，畅春园。
27	康熙三十一年 (1692 年)	正月至三月	畅春园，玉泉山，南苑，南苑，畅春园，玉泉山，畅春园。
		四月至七月	畅春园，瀛台，畅春园。
		八月至九月	汤泉，畅春园，玉泉山。
		十月至十二月	汤泉，南苑。
28	康熙三十二年 (1693 年)	正月至三月	畅春园，南苑，南苑，畅春园。
		四月至七月	瀛台，畅春园。
		八月至十月	畅春园，玉泉山，畅春园。
		十一月至十二月	畅春园，南苑。
29	康熙三十三年 (1694 年)	正月至三月	畅春园，畅春园，南苑，南苑，畅春园，畅春园。
		四月至闰五月	畅春园，瀛台，畅春园。
		六月至八月	畅春园，畅春园，汤泉，瀛台，南苑，畅春园，玉泉山，汤泉，南苑。

序号	时间		居住与驻跸园林
	年份	月份（农历）	
30	康熙三十四年 (1695 年)	正月至四月	畅春园，汤泉，畅春园，南苑，畅春园，畅春园，南苑。
		五月至七月	畅春园，畅春园。
		十一月至十二月	南苑，畅春园。
31	康熙三十五年 (1696 年)	正月	畅春园，畅春园。
		六月至七月	畅春园。
		八月	畅春园，畅春园。
		九月	畅春园。
32	康熙三十六年 (1697 年)	正月	南苑，畅春园。
		四月至五月	畅春园。
		六月至七月	畅春园。
		八月至十月	瀛台，汤泉。
		十一月至十二月	南苑，畅春园。
33	康熙三十七年 (1698 年)	正月至三月	畅春园，龙泉关，菩萨顶，畅春园，畅春园，畅春园。
		四月至六月	畅春园。
		十一月至十二月	南苑。
34	康熙三十八年 (1699 年)	正月至三月	畅春园，桑园，江天寺，三塔寺。
		四月至六月	金山，畅春园。
		七月至八月	畅春园。
		九月至十月	畅春园，南苑。
		十一月至十二月	汤泉，南苑。
35	康熙三十九年 (1700 年)	正月	畅春园。
		二月	南苑，畅春园。
		三月	畅春园，畅春园。
		四月	畅春园。
		五月	畅春园。
		六月	畅春园（整月）。
		七月	畅春园。
		九月	汤泉，畅春园。
		十月	南苑。
		十一月	南苑，汤泉。
		十二月	汤泉，南苑。
36	康熙四十年 (1701 年)	正月	畅春园，畅春园。
		二月	南苑，畅春园。
		三月	畅春园。
		四月	畅春园，畅春园。
		五月	畅春园，畅春园，畅春园。
		八月	汤泉。
		十月	畅春园。
		十一月	畅春园，南苑，汤泉。
		十二月	南苑。

序号	时间		居住与驻跸园林
	年份	月份（农历）	
37	康熙四十一年 (1702 年)	正月	畅春园，畅春园，畅春园。
		二月	菩萨顶，中台、西台等寺，清凉石南台等寺，妙德庵及碧山寺，涌泉寺，阜平县圣水寺，南苑，畅春园。
		三月	畅春园，畅春园。
		四月	畅春园。
		五月	畅春园，畅春园，畅春园。
		六月	畅春园，喀喇河屯。
		闰六月	热河下营。
		十一月	南苑，畅春园。
		十二月	南苑，畅春园。
38	康熙四十二年 (1703 年)	正月	畅春园。
		二月	天妃庙，金山江天寺。
		三月	关圣庙，南苑，畅春园。
		四月	畅春园，畅春园，畅春园。
		五月	畅春园，畅春园，畅春园，汤泉。
		六月	喀喇河屯。
		七月	喀喇河屯，热河上营，汤泉，热河上营。
		九月	喀喇河屯，汤泉。
		十月	瀛台。
39	康熙四十三年 (1704 年)	正月	畅春园，畅春园，南苑，畅春园。
		二月	遵化州汤泉，汤泉，南苑，畅春园。
		三月	畅春园，畅春园，畅春园，南苑，畅春园。
		四月	畅春园，丫髻山，畅春园，畅春园。
		五月	畅春园，畅春园。
		六月	畅春园，汤山，喀喇河屯。
		七月	喀喇河屯，热河上营。
		九月	喀喇河屯。
		十月	畅春园，畅春园，南苑。
		十一月	畅春园。
		十二月	畅春园，畅春园，南苑，南苑。
40	康熙四十四年 (1705 年)	正月	畅春园，汤泉，畅春园。
		二月	畅春园，南苑，桑园。
		三月	宝塔湾，江天寺。
		四月	西湖行宫，江天寺行宫，宝塔湾，西分桑园，南苑，畅春园。
		五月	畅春园，畅春园。
		六月	热河上营。
		七月	喀喇河屯。
		九月	下花园，畅春园，畅春园。
		十月	畅春园。
		十一月	畅春园，南苑，汤泉。
		十二月	遵化州汤泉，桃花寺，南苑。

序号	时间		居住与驻跸园林
	年份	月份（农历）	
41	康熙四十五年 (1706 年)	正月至二月	畅春园，畅春园，南苑，畅春园。
		三月至九月	畅春园，畅春园，畅春园，三家店行宫，密云县行宫，腰亭子行宫，化鱼沟行宫，喀喇城行宫，蓝旗营庄行宫，青城行宫，张三营行宫，八公主府行宫，哈必尔岭口行宫，柳林口行宫，富沟口行宫，昂邦久和洛行宫，额鲁斯特岭行宫，细黄坡行宫，喀喇城行宫，密云县行宫，畅春园。
		十月至十二月	畅春园，畅春园，南苑，桃花寺，遵化汤泉，汤泉，喀喇城行宫。
42	康熙四十六年 (1707 年)	正月	畅春园，南苑。
		二月	扬州府高塔湾行宫。
		三月	江天寺。
		四月	西湖行宫，虎邱，江天寺，扬州府宝塔湾行宫。
		五月	南苑，畅春园。
		六月	畅春园，畅春园，喀喇河屯。
		七月	热河上营，喀喇河屯。
		十月	热河上营，喀喇河屯，畅春园。
		十一月	畅春园。
		十二月	南苑。
43	康熙四十七年 (1708 年)	正月	畅春园。
		二月	畅春园，畅春园，南苑。
		三月	南苑，畅春园。
		闰三月	畅春园，畅春园。
		四月	畅春园（整月）。
		五月	畅春园，喀喇河屯。
		六月	热河行宫（即避暑山庄，首次驻跸，亦整月驻跸）。
		七月	喀喇河屯。
		九月	喀喇河屯。
		十月	畅春园，畅春园，南苑，畅春园。
		十一月	畅春园（整月）。
		十二月	畅春园。
44	康熙四十八年 (1709 年)	正月	畅春园，南苑。
		二月	南苑，畅春园。
		三月	畅春园，畅春园。
		四月	畅春园，畅春园。
		五月	热河行宫，热河行宫。
		六月	喀喇河屯，热河行宫。
		九月	热河行宫，喀喇河屯，畅春园。
		十月	畅春园，畅春园。
		十一月	畅春园，南苑。
		十二月	桃花寺，南苑。

序号	时间		居住与驻跸园林
	年份	月份（农历）	
45	康熙四十九年 (1710 年)	正月	畅春园。
		二月	畅春园，罗喉寺，白云寺。
		三月	南苑，畅春园，畅春园。
		四月	畅春园，畅春园。
		五月	畅春园，喀喇河屯，热河行宫。
		六月	喀喇河屯，热河行宫。
		七月	热河行宫（整月）。
		闰七月	喀喇河屯。
		八月	热河行宫。
		九月	喀喇河屯，畅春园。
		十月	畅春园。
		十一月	畅春园，南苑，桃花寺。
		十二月	热河行宫，喀喇河屯，畅春园。
46	康熙五十年 (1711 年)	正月	畅春园，畅春园。
		二月	南苑，畅春园，畅春园。
		三月	畅春园，畅春园。
		四月	畅春园，喀喇河屯。
		五月	热河行宫（整月）。
		六月	热河行宫（整月）。
		七月	热河行宫，喀喇河屯。
		九月	热河行宫，喀喇河屯，畅春园。
		十月	畅春园。
		十一月	畅春园，南苑，琼寺，汤泉。
		十二月	热河行宫，喀喇河屯。
47	康熙五十一年 (1712 年)	正月	畅春园，畅春园，南苑。
		二月	南苑，畅春园。
		三月	畅春园，畅春园，畅春园，畅春园，畅春园。
		四月	畅春园，畅春园，喀喇河屯，热河行宫。
		五月至七月	汤泉，热河行宫。
		八月	热河行宫，汤泉。
		九月	热河行宫，喀喇河屯，畅春园。
		十月	畅春园，畅春园。
		十一月	畅春园，畅春园，南苑。
		十二月	热河行宫 ，喀喇河屯。
48	康熙五十二年 (1713 年)	正月	畅春园，畅春园。
		二月	畅春园，南苑，畅春园。
		三月	畅春园，畅春园。
		四月	畅春园，畅春园。
		五月	畅春园，喀喇河屯，热河行宫，汤泉，热河行宫。
		六月	热河行宫（整月）。
		七月	热河行宫。
		九月	热河行宫，喀喇河屯，畅春园。
		十月	畅春园，畅春园。
		十一月	畅春园，畅春园，南苑，琼寺。
		十二月	热河行宫，喀喇河屯，畅春园。

序号	时间		居住与驻跸园林
	年份	月份（农历）	
49	康熙五十三年 (1714 年)	正月	畅春园，畅春园。
		二月	畅春园。
		三月	畅春园。
		五月	热河行宫（整月）。
		六月	热河行宫（整月）。
		七月	热河行宫（整月）。
		八月	热河行宫，热河行宫。
		九月	畅春园。
		十月	畅春园。
		十一月	畅春园，畅春园，南苑。
		十二月	热河行宫，畅春园。
50	康熙五十四年 (1715 年)	正月	畅春园，畅春园。
		二月	畅春园，南苑，畅春园。
		三月	畅春园，汤泉，畅春园。
		四月	畅春园，畅春园，汤泉。
		五月	热河行宫。
		六月	热河行宫（整月）。
		七月	热河行宫（整月）。
		八月	热河行宫，汤泉。
		九月	热河行宫。
		十月	热河行宫，汤泉，畅春园，畅春园。
		十一月	畅春园，畅春园。
		十二月	畅春园，汤泉，畅春园。
51	康熙五十五年 (1716 年)	正月	畅春园。
		二月	汤泉行宫，畅春园。
		三月	畅春园。
		闰三月	畅春园，汤泉，畅春园。
		四月	畅春园，汤泉，热河行宫。
		五月	热河行宫（整月）。
		六月	热河行宫，汤泉。
		七月	汤泉，热河行宫。
		九月	热河行宫，汤泉，畅春园。
		十月	畅春园，汤泉，畅春园。
		十一月	畅春园，畅春园，南苑，琼寺，汤泉。
		十二月	喀拉河屯，汤泉，畅春园。
52	康熙五十六年 (1717 年)	正月	畅春园，汤泉，畅春园。
		二月	南苑，畅春园。
		三月	畅春园。
		四月	畅春园，汤泉，热河行宫。
		五月	热河行宫，汤泉，热河行宫。
		六月	热河行宫（整月）。
		七月	热河行宫（整月）。
		八月	汤泉。
		九月	热河行宫。
		十月	热河行宫，汤泉，畅春园。
		十一月	畅春园，汤泉，畅春园。

序号	时间		居住与驻跸园林
	年份	月份（农历）	
53	康熙五十七年(1718年)	正月	畅春园，汤泉行宫。
		二月	畅春园。
		三月	畅春园，畅春园，喀喇河屯，热河行宫。
		四月	热河行宫（整月）。
		五月	热河行宫（整月）。
		六月	热河行宫（整月）。
		七月	热河行宫，汤泉。
		九月	热河行宫，汤泉，畅春园。
		十月	汤泉。
		十一月	畅春园，南苑。
54	康熙五十八年(1719年)	正月	畅春园，汤泉，畅春园。
		三月	畅春园，汤泉，畅春园。
		四月	畅春园，汤泉，喀喇河屯，热河行宫。
		五月	热河行宫（整月）。
		六月	热河行宫（整月）。
		九月	热河行宫。
		十月	汤泉，畅春园。
		十一月	畅春园。
55	康熙五十九年(1720年)	正月	畅春园。
		二月	南苑，南苑，畅春园。
		三月	畅春园（整月）。
		四月	畅春园，汤泉，喀喇河屯，热河行宫。
		五月	热河行宫（整月）。
		六月	热河行宫（整月）。
		七月	热河行宫（整月）。
		八月	热河行宫，汤泉。
		九月	热河行宫，喀喇河屯。
		十月	汤泉，畅春园。
		十一月	畅春园，畅春园。
		十二月	畅春园。
56	康熙六十年(1721年)	二月	畅春园，南苑，南苑，畅春园。
		三月	畅春园（整月）。
		四月	畅春园，畅春园，汤泉，喀喇河屯，热河行宫。
		五月	热河行宫（整月）。
		六月	热河行宫（整月）。
		七月	热河行宫，汤泉。
		九月	热河行宫，喀喇河屯，汤泉，畅春园。
		十月	畅春园，畅春园。
		十一月	畅春园，南苑。
		十二月	南苑，畅春园，畅春园。

序号	时间		居住与驻跸园林
	年份	月份（农历）	
57	康熙六十一年 (1722 年)	正月	畅春园，南苑。
		二月	南苑，畅春园。
		三月	畅春园（整月）。
		四月	畅春园，汤泉，喀喇河屯，热河行宫。
		五月	热河行宫（整月）。
		六月	热河行宫（整月）。
		七月	热河行宫（整月）。
		八月	热河行宫。
		九月	热河行宫，喀喇河屯，汤泉，畅春园。
		十月	畅春园，畅春园，南苑。
		十一月	南苑，畅春园。

注：序号 1 ～ 6 资料来源根据：清 • 清圣祖实录 [M]. 整理。
序号 7 ～ 24 资料来源根据：清 • 康熙起居注 [M]. 整理。
序号 25 ～ 40 资料来源根据：清 • 清圣祖实录 [M]. 整理。
序号 41 ～ 57 资料来源根据：清 • 康熙起居注 [M]. 整理。

第三节　康熙巡幸地方考

康熙帝为治理国家，统一疆土，怀柔蒙汉部族，一生巡幸四方。清《清圣祖实录》和清《康熙起居注》记录了康熙帝每次巡幸的具体缘由与目的，包括四十次谒孝陵、三次东巡（盛京）、五次西巡（幸五台山）、六次南巡（视河工）、避暑塞外、巡察边外蒙古生计、巡幸畿甸、三次北巡（亲征噶尔丹）、巡视永定河、巡视口北、巡幸霸州等处。

下表统计的是康熙帝一生的巡幸时间和地方，可以从中一览康熙帝驻跸的风景园林、寺观园林和行宫园林，其中不包括巡幸目的地为瀛台、南苑、畅春园、天坛、芳池、石景山、卢沟桥、玉泉山、西山、碧云寺、潭柘寺、沙河、昌平、九里山、牛栏山、汤山温泉、陈家庄、怀柔、密云等京师郊野地方。

序号	巡幸目的	巡幸时间		巡幸地方（时间为农历）
		年份	月份（农历）	
1	谒孝陵	康熙九年(1670年)	八月	谒孝陵出宫启行驻跸通州——→烟郊——→夏店——→邦均——→蓟州——→淋河——→新城——→至昌瑞山诣宝城驻跸淋河——→蓟州——→邦均——→夏店——→通州——→回宫。
2	东巡盛京（首次东巡）	康熙十年(1671年)	九月至十一月	9月初3日由午门出朝阳门驻跸三河县——→别山——→沙里河——→榛子镇——→范家店——→榆关——→山海关——→姜女寺——→狗儿（沟尔）河——→烟台河——→连山——→小凌河——→榆林堡——→盘山堡——→小河山——→双台——→渡辽河驻跸盛京——→福陵——→昭陵——→懿路——→铁岭县——→开元县——→夜黑正北堡——→牙克萨——→宁古塔——→古城——→穆当阿烟台——→拿尔浑——→达溪达尔巴——→尼牙满渚——→拿尔浑——→勒甫布屯——→开元县——→三台堡——→范河——→姚堡——→盛京城北教场——→五道河——→白旗堡——→头道井——→广宁县——→榆林堡——→小凌河——→宁远州温泉——→东关站——→狗儿河——→老君屯——→经山海关驻跸石河——→扶宁县——→永平府——→榛子镇——→梁家店——→蓟州——→11月初1日入朝阳门回宫。
3	太皇太后幸赤城温泉康熙随行	康熙十一年(1672年)	正月至二月	正月初8日驻汤泉行宫木城，24日太皇太后幸赤城温泉康熙随行——→南口——→经居庸关、八达岭驻跸岔道——→怀来卫——→新井堡——→东山庙——→兴仁堡——→头堡——→盘石台——→赤城——→新井堡——→岔道——→2月17日经神武门回宫。
4		康熙十一年（1672年）	二月至三月	2月22日由德胜门出驻跸狼山堡——→赤城行宫——→起驾驻跸兴仁堡——→东山庙——→新井堡——→怀来卫——→岔道——→巩华城——→3月29日过八达岭进德胜门回宫。
5	太皇太后幸遵化温泉康熙随行	康熙十一年（1672年）	八月至十月	8月20日太皇太后幸遵化温泉康熙随行出宫驻跸通洲河行宫——→三河县南——→蓟州西——→稻地里村南——→明月山前——→温泉行宫——→三屯营——→景中山——→滦河——→稻沟峪——→温泉行宫——→颜家公——→平家潭——→10月初8日进东直门回宫。
6	诣凤台	康熙十四年（1675年）	十月	诣凤台由东华门出朝阳门驻跸三河县东——→蓟州东——→孝陵红门东——→温泉——→行在——→黄花山前孙家庄后——→蓟州东——→三河县东——→通州河东——→10月21日回宫。
7	往祭孝陵	康熙十六年（1677年）	正月	正月初4日往祭孝陵出宫启行驻跸蓟州东——→温泉——→遵化州城——→温泉——→孙家庄西——→蓟州城内——→正月初10日回宫。

序号	巡幸目的	巡幸时间		巡幸地方（时间为农历）
		年份	月份（农历）	
8		康熙十六年（1677年）	四月	4月15日经南苑至霸州驻跸城南——→赵北口——→南哥奕——→4月23日驻跸南苑。
9	往阅仁孝皇后山陵	康熙十六年（1677年）	九月至十月	9月初10日往阅仁孝皇后山陵出宫启行驻跸三河县南——→蓟州东——→温泉——→诣孝陵驻跸温泉——→三屯营四十堡——→商坚台——→宽城东——→达希喀布齐尔口——→察汉城地方——→席尔哈河——→喜扎忒河——→和尔和克河——→喀喇城南——→胡西汉图口——→俄伦嵩齐特地方——→雅屯河——→达希喀布齐尔口——→冰窖地方——→滦阳城南——→闫家屯东——→10月初1日驻跸温泉5天——→林河西——→邦军城南——→夏店南——→通州河东——→10月初10日回宫。
10		康熙十七年（1678年）	闰三月	闰3月初3日驻跸南苑——→黄村——→固安县城西——→霸州城南——→雄县南赵北口——→赵北口——→采蒲台村东——→东里长村北——→康仙庄南——→南奇奕村——→南苑。
11	随太皇太后幸遵化温泉	康熙十七年（1678年）	九月	9月初10日随太皇太后幸遵化温泉启行驻跸三河县南——→蓟州城西——→石门南——→温泉鲇鱼池城内行宫——→蓟州城内——→燕郊南——→9月26日回宫。
12	复往温泉	康熙十七年（1678年）	十月至十一月	10月初3日复往温泉启行驻跸邦郡北——→蓟州城内——→温泉鲇鱼池城内——→鲇鱼池——→熊山——→汉庄营城内——→三屯营城南——→兰河岸——→米峪口——→兰河岸——→四十里堡——→鲇鱼池城内——→11月初2日诣孝陵驻跸蓟州城内——→三河县枣林庄——→11月初4日回宫。
13	复幸温泉	康熙十七年（1678年）	十一月	11月初9日复幸温泉驻跸邦郡南——→鲇鱼池城内——→牛门口——→郑家庄——→三河县南牛家甫村——→11月24日回宫。
14		康熙十八年（1679年）	三月	3月初2日出南苑幸保定——→哥奕村——→保定县东——→十里铺村——→蒲台村东——→3月14日回宫。
15		康熙十九年（1680年）	十二月	12月15日幸南苑——→神头山——→巩华城——→12月23日回宫。
16		康熙二十年（1681年）	二月至三月	2月14日出宫驻跸巩华城——→平家滩——→孙家庄——→黄家庄——→2月26日至3月初5日驻跸龙门口南行宫——→孝陵缭垣内东南行宫——→孙家庄北——→三河县东——→通州河东——→3月12日回宫。

序号	巡幸目的	巡幸时间		巡幸地方（时间为农历）
		年份	月份（农历）	
17		康熙二十年（1681年）	三月至五月	3月21日出宫驻跸三河县兔东马房——→蓟州郑家庄北——→遵化州稻地里——→遵化蔡家庄南——→迁安县白布店村北滦河岸行宫——→遵化州城东南——→温泉鲇鱼池城内——→孝陵行宫——→三屯营西南——→喜峰口外北台地方——→宽城北五里——→达希喀布齐尔口北——→察汉地方——→乌兰布哈苏地方——→席尔哈河地方——→拜查地方——→和尔和地方——→巴尔汉地方——→乌郎罔罔——→穆雷布尔扯儿地方——→塔布思海落思泰地方——→俄伦嵩齐地方——→察汉城南——→达希喀布齐尔口北——→冰窖地方——→滦阳城南——→鲇鱼池城行宫——→蓟州七里峰村东——→三河县东——→通州崇阁庄南——→5月初3日回宫。
18		康熙二十年（1681年）	八月至九月	8月29日出南苑驻跸张家湾东里二泗地方——→香河县地方王家摆村南——→武清县杨村北——→东安县葛鱼城南——→永清县地方信安镇北——→信安镇——→城东南——→雄县南——→仁丘县大务里北——→霸州城东南——→9月16日南苑。
19		康熙二十年（1681年）	十一月至十二月	11月14日出宫驻跸蓟州邦均西——→孝陵孙家庄——→遵化州汤泉——→罗文峪口内——→龙湾——→汉儿庄西南——→三屯营东——→米峪口内——→三营屯南——→遵化州金山寺东——→遵化州汤泉——→跸琳河西——→蓟州孙郭庄西——→三河县夏店南——→12月初3日回宫。
20	东巡盛京（第二次东巡）	康熙二十一年（1682年）	二月至五月	2月15日出宫启行驻跸三河县采果营东——→蓟州贤渠庄东——→诣孝陵驻跸玉田县城东——→丰润县城西北——→滦州王家店东北——→庐龙县范家庄北——→抚宁县城西——→山海关西二十里堡地方——→王白河地方——→中后所东——→宁远州西——→锦县七里河——→大凌河东——→广宁县羊肠河东——→滚脑儿地方——→白旗堡地方——→辽河西——→永安桥西——→盛京城东北——→盛京城内——→琉璃河地方——→扎凯地方——→鄂尔铎峰曾家寨——→哈岱河地方——→鹞鹰鼻地方——→庚格地方——→库鲁地方——→三丸地方——→夸兰河地方——→阿尔滩讷河地方——→赛穆垦河地方——→黄河地方——→萨龙河地方——→苏通地方——→乌喇吉临军屯地方——→虞村——→大乌喇虞村——→萨龙河地方——→义儿门河地方——→伊巴旦村——→小雅哈河地方——→乌鸦岭地方——→夜黑城西塔克图昂阿地方——→威远堡——→三塔堡地方——→盛京城内——→辽阳州城内——→几荒屯——→牛庄城内——→沙岭城内——→壮镇堡地方——→大凌河西——→七里河地方——→宁远州城西南——→中后所东北——→王保河地方——→抚宁县监务里地方——→永平府西——→丰润县北——→蓟州南——→5月初4日回宫。

序号	巡幸目的	巡幸时间		巡幸地方（时间为农历）
		年份	月份（农历）	
21		康熙二十一年（1682年）	十月至十一月	10月19日出宫驻跸三河县东⟶蓟州⟶黄涯营东刘家庄⟶石门驿西⟶汤泉⟶冷嘴头⟶罗文峪口内⟶拦羊口⟶龙湾地方⟶汉庄城西⟶澈河西⟶三屯营城南⟶金山寺⟶汤泉⟶孙家庄⟶邦均南⟶11月初9日回宫。
22	幸五台山（首次西巡五台山）	康熙二十二年（1683年）	二月至三月	2月12日出宫幸五台山启行驻跸琉璃河北⟶易州丁哥庄南⟶易州白涧村北⟶满城县大册河⟶唐县东⟶王快镇⟶五台山菩萨顶⟶龙泉关城内⟶行唐县长寿庄⟶唐县西雹冰⟶庆都县⟶清苑县东间村西⟶新安县南⟶任丘县赵北口北⟶霸州苑家口北⟶霸州信安镇东南⟶信安镇⟶永清县南哥奕庄⟶南苑。
23	奉太皇太后出古北口避暑	康熙二十二年（1683年）	六月至七月	6月12日奉太皇太后出宫由古北口避暑启行驻跸行宫⟶密云县东南⟶陈毂庄东南⟶古北口内西山⟶出古北口驻跸第一泉⟶鞍匠屯东北⟶上都河⟶蓝旗鹰庄北⟶青城北⟶荆溪⟶九隘口⟶驻跸红川数日⟶硕岩⟶杨川⟶黄陂⟶鳍鬣口⟶细河⟶洄流⟶野猪川⟶红川⟶碾谷⟶虚谷⟶拜察地方⟶团河⟶石山⟶尖峰⟶永宁口⟶酣流河边⟶噶拜谷口⟶上都河边⟶三道河⟶草川⟶黄草川⟶巴克什地方⟶鞍匠屯东北⟶第一泉⟶古北口潮河营西山之东⟶陈毂庄东南⟶王家庄南⟶三家店东北⟶7月25日回宫。
24	奉太皇太后诣五台山（二次西巡五台山）	康熙二十二年（1683年）	九月至十月	9月11日奉太皇太后诣五台山启行驻跸万安寺⟶董家村⟶刘家中王地方⟶大马家庄⟶完县东白庙村⟶曲阳县北镇里地方⟶阜平县西长寿庄⟶龙泉关⟶菩萨顶驻跸4天⟶龙泉关⟶菩萨顶⟶龙泉关⟶阜平县⟶长寿庄⟶镇里地方⟶曲阳县北五郎河⟶白庙村⟶满城县方上地方⟶易州大方地方⟶定兴县西南册上村⟶涿州松林店⟶董家林⟶良乡东北长新店⟶10月初9日回宫。
25		康熙二十二年（1683年）	十一月至十二月	11月22日驻跸蓟州城内⟶诣孝陵驻跸马兰峪城内⟶汤泉⟶罗文峪口内⟶沙河峪⟶汉儿城西⟶三屯营城内⟶米儿峪⟶三屯营城内⟶遵化州城内⟶汤泉⟶孙家庄西北⟶蓟州城内⟶三河县城内⟶12月初7日回宫。

序号	巡幸目的	巡幸时间		巡幸地方（时间为农历）
		年份	月份（农历）	
26		康熙二十三年（1684年）	二月至三月	2月17日驻跸南苑──→南格驿──→雄县南十里铺──→假村北──→赵北口南──→袁家口──→新安镇──→范瓮口──→洛发村──→南苑。
27	出古北口避暑	康熙二十三年（1684年）	五月至八月	5月19日出宫由古北口避暑启行驻跸三家店──→河槽──→钓鱼台地方──→古北口──→鞍匠屯──→克喇巴克西地方──→鹳儿营北──→梨林地方──→三道河地方──→温泉驻跸7天──→青石崖地方驻跸3天──→榆林口上都河岸驻跸3天──→近秀驼山池岸驻跸2天──→长泉地方──→二通河地方驻跸4天──→长泉地方──→近秀驼山池岸驻跸3天──→箟鼻谷北──→永宁口驻跸2天──→潺流河岸──→近秀驼山池岸──→横泉地方──→迅流一捺河岸──→松林南──→平冈地方──→拜察地方驻跸8天──→碾谷温泉──→弩湖埭河岸──→茂林地方──→红川地方驻跸5天──→骅骝道口──→细流地方──→黄杨林地方──→村落口──→红川地方──→玲珑谷口──→硕岩──→坡濑村──→玲珑峰──→上都河岸──→鞍匠屯──→古北口河槽地方──→8月15日回宫。
28	南巡（首次南巡）	康熙二十三年（1684年）	九月至十一月	9月28日南巡出宫启行驻跸永清县南格驿──→霸州燕家口──→仁丘县李花村──→河间府城南──→献县单家桥地方──→阜城县伊家村──→德州南关──→平原县七里铺──→禹城县二十里铺地方──→长清县大湾底地方──→泰山顶上──→泰安州崔家庄──→新泰县西舟村──→蒙阴县──→蒙阴县师姑庄──→沂州大石桥地方──→沂州华堡村──→郯城县红花铺──→宿迁县城内──→桃源县众兴集──→清河县、淮安府──→高邮湖──→高邮、宝应──→扬州、蜀冈棲灵寺、平山堂、天宁寺、仪真江干──→镇江府西门外──→扬子江、金山龙禅寺、焦山──→丹阳县、常州府、无锡县──→苏州府城内──→虎丘、无锡县南门──→惠泉山、丹阳县南门──→句容县长巷村──→江宁府──→仪真──→高邮州界首镇──→淮安府南所壩──→清河县天妃闸──→桃源县北关──→宿迁县城内──→红花铺──→郯城县沙沟地方──→费县探沂地方──→费县锦堡地方──→泗水县大便桥地方──→曲阜县城南──→汶上县李家庄──→东阿县杨古店地方──→东阿县二十里铺地方──→高堂州黄店村──→德州城西关──→阜城县阜庄驿──→河间府秦家庄──→雄县留镇村──→永清县蔡家营──→11月28日至南苑。

序号	巡幸目的	巡幸时间		巡幸地方（时间为农历）
		年份	月份（农历）	
29	祭孝陵	康熙二十三年（1684 年）	十二月	12 月 25 日祭孝陵出宫启行驻跸蓟州⟶温泉⟶孝陵、邦君⟶12 月 28 日回宫。
30		康熙二十四年（1685 年）	二月	2 月 16 日出南苑驻跸蠡县⟶霸州东关⟶雄县十里铺驻跸 5 天⟶霸州苑家口地方⟶永清县信安镇地方⟶武清县王庆坨地方驻跸 3 天⟶永清县韩村⟶南苑。
31		康熙二十四年（1685 年）	六月	6 月初 1 日出东直门驻跸三家店⟶河槽地方⟶钓鱼台地方⟶古北口⟶鞍匠屯驻跸 3 天⟶6 月初 9 日回宫。
32		康熙二十四年（1685 年）	六月至九月	6 月 16 日出东直门驻跸前后屯⟶老鸹店⟶口外行宫⟶鞍匠屯驻跸 7 天⟶上都河岸驻跸 3 天⟶7 月初 1 日驻跸九汇河岸⟶青城地方⟶荆溪地方驻跸 2 天⟶九隘口⟶石塞冈⟶会岭口⟶温泉⟶杉林地方⟶拜察地方驻跸 4 天⟶黄阜地方⟶榆山口⟶长泉地方⟶福延地方⟶寒泉河岸驻跸 3 天⟶平苍冈⟶榆山地方驻跸 2 天⟶柳林地方驻跸 2 天⟶潺流河红门口驻跸 3 天⟶8 月初 2 日潺流河白谷口⟶永宁口驻跸 2 天⟶石山地方驻跸 3 天⟶山羊谷地方驻跸 2 天⟶山羊谷林口地方⟶玲珑谷口驻跸 2 天⟶石幕地方驻跸 2 天⟶红川地方⟶玲珑谷口⟶拜巴哈口⟶村落口⟶骅骝杨林⟶永宁口驻跸 3 天⟶骅骝谷⟶上原⟶可汗铁岭口⟶荆溪地方驻跸 2 天⟶山羊谷九汇河地方⟶青城⟶9 月初 2 日回宫。
33	诣孝陵	康熙二十四年（1685 年）	十二月	出朝阳门驻跸蓟州⟶诣孝陵驻跸汤泉⟶马伸桥⟶三河⟶12 月 17 日回宫。
34		康熙二十五年（1686 年）	七月至八月	7 月 29 日出宫启行驻跸密云县河槽庄⟶古北口城内⟶8 月初 1 日驻跸古北口外上都河岸⟶青城⟶九隘口⟶硕岩⟶红崖⟶玲珑峰⟶红川⟶野猪川⟶饶仓地方⟶骅骝杨川⟶骅骝地方驻跸 2 天⟶黄陂地方驻跸 2 天⟶黄陂杨川⟶独村口⟶可汗铁岭南⟶荆溪⟶镶白旗鹰庄⟶鞍匠屯⟶姚亭庄⟶牛阑山⟶8 月 24 日回宫。
35	诣孝陵	康熙二十五年（1686 年）	十一月至十二月	11 月 18 日出宫启行驻跸邦均⟶诣孝陵驻跸马兰峪城内⟶汤泉⟶遵化州城内⟶三屯营城内⟶米儿口⟶滦河西岸⟶龙井关⟶拦羊口西⟶孤山西南⟶汤泉⟶孙家庄西⟶蓟州城内⟶邦均⟶夏店⟶12 月初 3 日回宫。

序号	巡幸目的	巡幸时间		巡幸地方（时间为农历）
		年份	月份（农历）	
36		康熙二十六年（1687年）	八月至九月	8月初3日出宫启行驻跸密云县河槽庄──→古北口城内──→鞍匠屯──→九汇河──→青城──→九隘口──→硕岩──→红崖──→玲珑地方──→玲珑地方往北十里──→石幕地方──→红川驻跸2天──→巴龙桑古苏泰山北──→骅骝杨川──→独村口──→骅骝道口南──→黄陂驻跸5天──→骅骝谷──→可汗铁岭──→坡濑村──→青城──→九汇河──→鞍匠屯──→姚亭庄──→牛阑山──→9月初4日回宫。
37		康熙二十六年（1687年）	十月	10月初4日驻跸南苑4天──→永清县南阁驿东──→霸州南──→雄县十里铺驻跸2天──→赵北口桥南──→霸州苑家口南──→永清县信安镇北──→永清县韩村北──→10月16日回南苑。
38	护太皇太后梓宫至孝陵	康熙二十七年（1688年）	四月	康熙26年12月25日太皇太后崩于慈宁宫，4月初7日太皇太后梓宫启行驻跸通州五里桥行宫──→三河县双秀屯之南行宫──→蓟州新屯庄之南──→蓟州岭上庄之北──→蓟州鲇头庄之南──→守陵人所居城内──→孝陵行宫驻跸6天──→蓟州孙家庄西──→蓟州城内──→三河县之西──→通州河之东──→4月26日回宫。
39	往大行太皇太后梓宫	康熙二十七年（1688年）	五月	5月23日出宫往大行太皇太后梓宫启行驻跸三河夏店──→蓟州马伸桥──→诣孝陵驻跸守陵人新城内──→三河县城内──→通州城东关──→通州新各庄──→5月29日回瀛台。
40	巡视口外	康熙二十七年（1688年）	七月至九月	7月16日出东直门巡视口外驻跸河槽庄──→石匣城内──→鹳鸰沟──→八间房──→白谷──→新房──→超射峰──→榆山──→平原行宫──→福延山行宫──→长泉──→温泉行宫驻跸5天──→横泉行宫──→红门口之北潺流河之西行宫驻跸2天──→山羊谷行宫──→阿拜诺颜塔之前疏林口行宫──→玲珑谷──→红崖西行宫──→石幕地方行宫──→红川谷──→松林岭前──→近红川行宫──→红川谷──→巴龙桑古苏泰──→野猪川口──→骅骝杨川──→独村口──→黑湾口行宫──→骅骝谷行宫──→黄陂谷行宫驻跸4天──→骅骝谷底──→布鲁理口──→荆溪行宫──→青城南──→正蓝鹰庄北──→金沟屯──→鞍匠屯──→南天门之东北──→密云县所属石岭──→三家店──→9月22日回宫。
41		康熙二十七年（1688年）	十月	10月2日出宫驻跸三河县城内──→马伸桥──→新城内行宫──→蓟州城内──→三河县城内──→10月17日回宫。

序号	巡幸目的	巡幸时间		巡幸地方（时间为农历）
		年份	月份（农历）	
42		康熙二十七年（1688 年）	十二月	出朝阳门驻跸烟郊⟶黄土陂⟶新城内⟶汤泉⟶冷水头⟶四十里铺⟶兰河崖⟶米儿口驻跸 2 天⟶三屯营城南⟶龙井关内⟶兰营口驻跸 2 天⟶罗文峪口内⟶汤泉驻跸 5 天⟶蓟州城内⟶三河县城内⟶12 月 27 日回宫。
43	南巡视河（第二次南巡）	康熙二十八年（1689 年）	正月至三月	正月初 7 日南巡视河出正阳门驻跸永清县南格驿⟶河间府石槽村东南⟶献县冯家庄南⟶阜城县城内⟶山东德州西关⟶平原县七里铺西南⟶齐河县晏城村⟶济南府⟶泰山之麓泰安州城内⟶新泰县苏家庄⟶蒙阴县东关⟶沂州青驼寺⟶沂州李家庄⟶郯城县红花埠⟶江南宿迁县东关⟶清口⟶山阴县京河⟶高邮州三家口⟶扬州黄金壩⟶镇江府金山寺⟶丹阳县七里庙⟶常州府海子口⟶无锡县放生池⟶苏州府城内⟶苏州府⟶石峰山⟶灵岩山、吴江县龙王庙⟶浙江秀水县施茶亭⟶仁和县塘棲镇⟶杭州府城内⟶杭州府驻跸 3 天⟶绍兴府会稽山之麓⟶禹陵、萧山县西兴镇⟶杭州府城内⟶杭州府⟶石门县石门镇⟶江南吴江县南⟶苏州府驻跸 2 天⟶无锡县放生池⟶过常州府驻跸江宁府句容县城内⟶江宁府城内⟶江宁府驻跸 4 天⟶ 3 月初 1 日驻跸上元县朱家嘴⟶金山寺⟶扬州府南宝塔湾⟶扬州府东门外⟶过宝应县驻跸淮安府⟶清河县清口⟶过清河县、桃源县驻舟中⟶宿迁县⟶济宁州南门外天井闸⟶寿张县西河湾⟶过东昌府、临清州、武城县、故城县、天津卫驻跸武清县三家茅店南⟶ 3 月 19 日回宫。
44	谒陵	康熙二十八年（1689 年）	闰三月	闰 3 月 19 日谒陵出朝阳门驻跸夏店⟶蓟州城内⟶汤泉⟶马伸桥⟶夏店⟶闰 3 月 24 日回宫。
45	幸边外调养	康熙二十八年（1689 年）	八月至九月	8 月初 10 日幸边外调养出宫启行驻跸顺义县牛栏山⟶密云县南新庄⟶古北口城内⟶鞍匠屯⟶正红旗营⟶青城⟶九隘南口⟶黑湾口⟶独村口底驻跸 2 天⟶野猪川⟶巴龙桑古苏泰驻跸 2 天⟶红川口⟶红川谷⟶杨岭之右驻跸 2 天⟶玲珑谷驻跸 2 天⟶ 9 月初 1 日阿拜诺颜塔之前疏林口⟶潺流河之西⟶温泉⟶白谷⟶黄草川之拜察谷⟶兴州⟶鞍匠屯⟶老鸹店⟶乐山⟶ 9 月初 10 日回宫。
46	送孝懿皇后梓宫于山陵	康熙二十八年（1689 年）	十月至十一月	送孝懿皇后梓宫于山陵出宫启行驻跸通州五里桥村南⟶三河县所属双九村东南⟶双九村⟶三河县所属屈头庄西北⟶蓟州之南⟶诣孝陵驻跸陵左行宫⟶温泉⟶遵化州所属金山寺西北⟶滦河西⟶迁安县属米儿口⟶三屯营北⟶龙井关内东⟶滦阳口⟶温泉⟶三河县⟶通州⟶ 11 月初 3 日回宫。

序号	巡幸目的	巡幸时间		巡幸地方（时间为农历）
		年份	月份（农历）	
47		康熙二十九年（1690年）	正月至二月	出南苑驻跸夏店⟶邦均⟶马伸桥⟶孝陵⟶孙家庄⟶邦均⟶通州⟶回宫。
48	巡幸边塞	康熙二十九年（1690年）	七月至九月	巡幸边塞出畅春园驻跸牛栏山⟶石匣⟶古北口⟶古鲁富尔坚嘉浑噶山⟶博洛河屯⟶捕塔海噶山⟶喇嘛洞⟶恩格木噶山⟶三岔口⟶三岔口⟶古北口⟶石匣⟶密云县南新庄⟶牛栏山⟶三家店⟶回宫。
49		康熙二十九年（1690年）	十月至十二月	出畅春园驻跸通州⟶三河县⟶蓟州⟶诣孝陵行礼奠酒举哀⟶汤泉⟶遵化州⟶三屯营⟶米峪口⟶汗尔庄⟶出龙井关驻跸兰阳口北⟶罗文峪⟶汤泉⟶新城⟶蓟州城南⟶三河县⟶烟郊西北⟶回宫。
50	巡察边外蒙古等生计	康熙三十年（1691年）	四月至五月	巡察边外蒙古等生计出畅春园驻跸牛栏山⟶密云县⟶石匣⟶古北口⟶恩格木噶山⟶博罗诺地方⟶西喇塔拉昂阿地方⟶夏克图昂阿地方⟶三道营⟶漠虎尔和洛昂阿之汤泉⟶巴颜沟地方⟶哈玛尔昂阿地方⟶哈郎桂昂阿地方⟶上都毕喇地方⟶多罗诺尔地方行宫⟶鄂尔哲图阿尔宾敖拉地方⟶乌苏图鲁地方⟶巴颜哈达地方⟶喀尔必哈哈达地方⟶打虎儿噶山⟶商坚苏巴尔汗地方⟶鹌鹑沟地方⟶古北口⟶石匣⟶密云县城内⟶顺义县东大东庄⟶回宫。
51	巡幸边外	康熙三十年（1691年）	六月至九月	巡幸边外出畅春园启行驻跸汤泉⟶怀柔县⟶密云县⟶密云县陈毂庄⟶古北口⟶恩格木噶山⟶捕塔海噶山⟶喀布秦地方⟶漠虎尔察罕地方⟶布禄里昂阿地方⟶穆禄喀喇沁地方⟶爱里地方⟶爱里北⟶穆禄喀喇沁昂阿地方⟶穆禄乌兰哈达地方⟶森济图哈达地方⟶鹫和洛地方⟶格尔齐老地方⟶乌喇岱地方⟶噶海图地方⟶克勒乌里雅苏台⟶西尔哈乌里雅苏台⟶纳林西尔哈地方⟶唐图乌兰哈达地方⟶阿禄噶察地方⟶桂巴哈达地方⟶布禄图和洛⟶昆都仑郭尔地方⟶巴尔喀地方之汤泉⟶孟克乌孙地方⟶奇雅代和洛⟶穆禄和洛昂阿地方⟶瑚西哈台地方⟶乌兰嵩齐特地方⟶苏赛包地方⟶大吉喀布秦昂阿地方⟶冰窖地方⟶喜峰口⟶三屯营⟶遵化州城西北⟶汤泉⟶诣安奉殿孝陵奠酒举哀⟶新城⟶蓟州⟶三河县⟶通州⟶回宫。

序号	巡幸目的	巡幸时间		巡幸地方（时间为农历）
		年份	月份（农历）	
52	以孝庄文皇后忌辰	康熙三十年（1691年）	十二月	以孝庄文皇后忌辰出畅春园启程驻跸夏店——→蓟州——→诣暂安奉殿驻跸黄崖口——→蓟州——→夏店——→回宫。
53	巡幸畿甸	康熙三十一年（1692年）	正月至三月	巡幸畿甸出南苑启行驻跸南哥驿——→霸州苑家口——→雄县十里铺——→苑家口南——→永清县信安镇——→武清县王庆坨——→东安县——→南苑。
54	巡幸塞外	康熙三十一年（1692年）	四月至九月	巡幸塞外出畅春园启行驻跸汤山——→怀柔县罗山屯——→密云县南沈庄——→古北口城内——→恩格木噶山——→富尔坚噶山——→博洛河屯——→波濑噶山——→汗特木尔达巴汉地方——→云特木尔达巴汉地方——→克勒毕喇色钦地方——→西尔哈和洛——→西尔哈岳罗图和洛昂阿交界地方——→克勒乌里雅苏台——→爱里柏敦交界地方——→拜哈达地方——→乌拉岱和洛昂阿地方——→乌拉岱地方——→布尔哈苏台——→舒虎尔郭而尔地方——→鹫和洛昂阿地方——→阿巴诺颜苏巴尔汉地方——→永安拜和洛昂阿地方——→永安拜达巴汉地方——→齐老图达巴汉和洛——→伊玛图和洛——→噶拜和洛——→瑚尔希勒毕喇之朱尔哈岱昂阿地方——→巴颜和洛——→汤泉——→华子营夏克图和洛昂阿地方——→鹳尔营——→兴州——→恩格木噶山——→古北口城内——→密云县云思南沈庄——→顺义县大东庄——→回宫。
55		康熙三十一年（1692年）	十月至十二月	驻跸蓟州城内——→孝陵——→汤泉——→新城——→孙家庄——→黄崖口营城内——→蓟州城内——→三河县城内——→通州新各庄——→回宫。
56	巡幸畿甸	康熙三十二年（1693年）	正月至三月	巡幸畿甸启行驻跸南苑——→永清县南哥驿——→霸州苑家口——→雄县十里铺——→新安县段村——→雄县十里铺——→霸州苑家口——→永清县南哥驿——→南苑。
57	巡幸塞外	康熙三十二年（1693年）	八月至十月	巡幸塞外出畅春园启行驻跸汤山——→怀柔县——→密云县南沈庄——→古北口城内——→恩格木噶山——→富尔坚噶山——→博洛河屯——→巴颜喀喇地方——→汗特木尔达巴汉地方——→穆禄喀喇沁地方——→云特木尔达巴汉地方——→爱里和洛——→西尔哈和洛——→纳林西尔哈地方——→席北毕喇地方——→端静公主府——→布尔哈苏台——→克勒和洛西尔哈和洛交界地方——→噶海图昂阿地方——→巴隆桑古斯台地方——→乌里雅苏台达巴汉地方——→舒虎尔郭尔地方——→森济图哈达昂阿地方——→阿拜诺颜苏巴尔汉地方——→齐老图昂阿地方——→噶拜和洛——→伊玛图和洛之布克达巴汉昂阿地方——→巴达喇噶山——→舍里乌朱地方——→上都毕喇地方——→恩格木噶山——→古北口城内——→密云县南沈庄——→顺义县大东庄——→回宫。

序号	巡幸目的	巡幸时间		巡幸地方（时间为农历）
		年份	月份（农历）	
58	奉皇太后谒陵命	康熙三十二年（1693年）	十一月至十二月	奉皇太后谒陵命出畅春园启行驻跸烟郊⟶遵化州城西北⟶三屯营城南⟶米峪口⟶遵化州龙山南⟶三屯庄⟶黄崖口⟶邦均⟶通州⟶回宫。
59	巡幸畿甸	康熙三十三年（1694年）	正月至三月	巡幸畿甸启行驻跸南苑⟶凤河营⟶河西务⟶杨村⟶西沽⟶天津⟶王庆坨⟶信安镇⟶苑家口⟶赵北口⟶段村⟶赵北口⟶苑家口⟶蔡家营⟶李贤村⟶南苑。
60	巡幸畿甸阅视河堤	康熙三十三年（1694年）	四月至闰五月	巡幸畿甸阅视河堤出畅春园启行驻跸通州崔家楼⟶阅龙潭口新堤驻跸武清县红庙⟶阅化家口新堤、黄须口、桃花口等驻跸通州县码头⟶回宫。
61	巡幸边塞	康熙三十三年（1694年）	六月至八月	巡幸边塞出畅春园经汤泉启行驻跸三家店⟶密云城内⟶陈毂庄⟶古北口内⟶恩格木噶山⟶多和图地方⟶千佛寺之后⟶博和齐昂阿地方⟶莺图昂阿地方⟶朱尔哈代昂阿地方⟶哈玛尔达巴汉之东⟶哈玛尔昂阿地方⟶巴颜拖洛海地方⟶齐老图昂阿地方⟶他斯哈哈达地方⟶森济图哈达地方⟶达颜达巴汉昂阿地方⟶乌里雅苏台昂阿地方⟶拜巴哈昂阿地方⟶噶海图昂阿地方⟶西喇诺海达巴汉和洛⟶克勒毕喇地方⟶克勒乌里雅苏台⟶乌里雅苏台达巴汉⟶穆禄喀喇沁地方⟶坡赖噶山⟶漠虎尔察罕地方⟶舍里乌朱地方⟶宜苏毕喇地方⟶喇嘛洞⟶恩格木噶山⟶古北口⟶陈毂庄⟶密云县⟶三家店⟶回宫。
62		康熙三十三年（1694年）	八月	出畅春园经玉泉山至邦均⟶黄崖口⟶蓟州孙家庄⟶孝陵行礼奠酒举哀⟶遵化州⟶三屯营⟶米峪口⟶沙涧⟶建昌营北⟶夹河北地方⟶遵化州铁厂地方⟶遵化州⟶汤泉⟶蓟州孙家庄⟶黄崖口⟶将军营地方三河县马房地方⟶回宫。
63	巡幸口外	康熙三十四年（1695年）	正月	巡幸口外⟶畅春园。
64	巡视新河及海口运道	康熙三十四年（1695年）	五月至七月	巡视新河及海口运道出南苑启行至通州崔家楼登舟⟶泊武清县北蔡村⟶阅窦家口堤岸⟶泊武清县天齐庙⟶泊静海县白塘口⟶泊大沽阅视海口⟶泊沧州邓善沽⟶泊武清县小新庄⟶泊静海县杨柳青⟶泊静海县新庄⟶泊清县窑子口⟶泊静海县北关⟶泊武清县北仓⟶泊武清县北蔡村⟶泊香河县扳曾口⟶泊通州石坝⟶回宫。

序号	巡幸目的	巡幸时间		巡幸地方（时间为农历）
		年份	月份（农历）	
65	巡幸塞外	康熙三十四年（1695 年）	八月至十月	巡幸塞外出畅春园启行驻跸三家店—→密云县—→遥亭—→三岔口—→喇嘛洞地方—→喇门噶山—→博洛河屯—→张三营—→汗特木尔达巴汉地方—→穆禄喀喇沁地方—→克勒达巴汉地方—→克勒和洛—→克勒乌里雅苏台—→噶海图地方—→乌喇岱昂阿地方—→乌喇岱地方—→乌喇岱和洛之额尔滚郭尔昂阿地方—→舒虎尔台地方—→森济图哈达地方—→英额拜昂阿地方—→齐老图昂阿地方—→巴颜拖罗海地方—→三道营—→头道营—→鹳尔营—→恩格木噶山—→进古北口驻跸遥亭—→密云县—→顺义县大东庄—→回宫。
66	以亲征噶尔丹谒暂安奉殿孝陵	康熙三十五年（1696 年）	正月至二月	以亲征噶尔丹谒暂安奉殿孝陵出畅春园启行驻跸夏店—→蓟州—→三河县—→通州—→回宫。
67	北巡亲征噶尔丹（首次北巡亲征噶尔丹）	康熙三十五年（1696 年）	二月至七月	亲领六军出宫启行驻跸沙河—→南口—→榆林—→怀来县—→石河—→真武庙地方—→雕鹗堡—→赤城县—→毛儿峪—→独石口城内—→齐仑巴尔哈孙—→诺海和朔—→博洛河屯—→滚诺尔地方—→揆宿布喇克地方—→和尔博地方—→昂几尔图地方—→胡什木克地方—→噶尔图地方—→滚诺尔地方—→郭和苏台察罕诺尔地方—→瑚鲁苏台—→苏勒图地方—→哈必尔汉地方—→和尔和地方—→格德尔库地方—→塔尔奇喇地方—→僧色地方—→科图地方—→瑚鲁苏台察罕诺尔地方—→喀喇芒鼎哈必尔汉地方—→席喇布里图地方—→西巴尔台地方—→察罕布喇克地方—→拖陵布喇克地方—→阿敦齐陆阿鲁布喇克地方—→枯库车尔地方—→额尔德尼拖洛地方—→扎克寨地方—→克勒河朔—→拖讷阿林地方—→班师驻跸克勒河朔地方—→哈尔浑柴达木地方—→顾图尔布喇克地方—→西拖陵地方—→中拖陵地方—→察罕布喇克地方—→西巴尔台地方—→席喇布里图地方—→乌喇尔几地方—→苏德图地方—→科图地方—→塔尔奇喇地方—→和尔和地方—→苏勒图地方—→察罕诺尔地方—→噶尔图地方—→昂几尔图地方—→揆宿布喇克地方—→滚诺尔地方—→诺海和朔地方—→独石口—→雕鹗堡—→怀来县—→清河—→入德胜门回宫。

序号	巡幸目的	巡幸时间		巡幸地方（时间为农历）
		年份	月份（农历）	
68	巡行北塞经理军务（第二次北巡亲征噶尔丹）	康熙三十五年（1696年）	九月至十二月	巡行北塞经理军务出畅春园启行驻跸昌平州──→南口──→岔道──→怀来县城西──→沙城堡──→下花园──→宣化府──→下堡──→出张家口驻跸察罕拖罗海地方──→喀喇巴尔哈孙地方──→海柳图地方──→鄂罗音布喇克地方──→胡虎额尔奇──→昭哈──→河约尔诺尔地方──→巴仑郭尔地方──→瑚鲁苏台──→磨海图地方──→喀喇乌苏地方──→察罕布喇克地方──→喀喇河朔地方──→白塔──→归化城──→衣赫图尔根郭尔之南──→达尔汉拜尚地方──→丽苏地方──→湖滩河朔地方──→喀林拖会地方──→渡黄河驻跸东斯垓地方──→行围驻跸察罕布喇克地方──→瑚斯台地方──→夸拖罗海地方──→哲固斯台──→瑚斯台地方──→东斯垓地方──→湖滩河朔之南──→秋伦鄂洛木地方──→哈当河朔之西──→西尼拜星地方──→杀虎口──→右卫城内──→左卫城内──→高山城东──→大同府城内──→望关屯──→天城──→北旧场──→宣化府城内──→旧保安城内──→怀来县──→昌平州城内──→由德胜门回宫。
69	行兵宁夏（第三次北巡亲征噶尔丹）	康熙三十六年（1697年）	二月至五月	行兵宁夏设卤薄出德胜门驻跸昌平州──→岔道──→怀来县城西──→沙城堡──→上花园东──→左卫南──→怀安县──→天城──→阳和城──→聚乐城──→大同──→怀仁县──→郑家庄东──→榆林村前桑乾河崖──→朔州城──→大水沟地方──→义井地方──→三岔堡──→李家沟地方──→辇鄢村──→保德州──→孤山堡西──→卞家水口──→神木县──→柏林堡西南──→高家堡南──→建安堡东──→王关涧──→榆林──→他喇布拉克地方──→哈留图郭尔地方──→扎罕布拉克地方──→通阿拉克地方──→安边城东──→行围花马池以观军容──→定边城──→花马池──→安定堡──→兴武营西──→清水营──→横城──→自横城渡黄河驻跸河崖──→宁夏──→尧甫堡──→流穆河西岸──→哨马营西南隅之峡河西岸──→哨马营──→石嘴子西南隅黄河西岸──→石台西北隅黄河西岸──→黄河西岸环洞──→黄河黄差头湾──→黄河西岸双阿堡──→黄河西岸沙枣树──→黄河西岸白塔──→黄河西岸船站──→狼居胥山──→黄河西岸船站地方──→黄河西岸达希图海地方──→登舟启行泊海喇图地方──→泊萨尔奇喇地方──→泊崇奇克地方──→泊库克布里图地方──→泊阿拉克莫里图地方──→泊布禄尔拖惠地方──→泊鄂儿绷阿木地方──→达拉布隆地方──→泊布古图地方──→泊萨察莫墩地方──→泊都惠哈拉乌苏地方──→

序号	巡幸目的	巡幸时间		巡幸地方（时间为农历）
		年份	月份（农历）	
				泊都勒地方——→泊乌兰拖罗海地方——→泊特木尔兴尔虎地方——→泊乌兰脑尔地方——→泊济特库地方——→泊哈喇乌苏地方——→泊鼎珠尔地方——→登陆驻跸黄河西岸喀喇苏巴克地方——→鄂尔纪库布拉克地方——→乌兰巴儿哈孙地方——→席纳拜星地方——→呼呼乌苏地方——→诺木浑毕喇地方——→阿禄十八里台地方——→格尔齐老地方——→色德勒黑地方——→察木喀地方——→齐齐尔哈纳地方——→魁吞布拉克地方——→布尔哈思苏台——→三岔地方——→宣化府城——→新保安城内——→怀来县城外黄寺——→昌平州城内——→清河地方——→由德胜门入诣回宫。
70	巡幸塞外	康熙三十六年（1697年）	七月至十月	巡幸塞外出畅春园启行驻跸三家店——→密云县——→遥亭——→三岔口地方——→狼山地方——→刘家营地方——→托赖营地方——→博和齐达巴汉昂阿地方——→噶拜昂阿地方——→巴颜和洛——→哈玛尔昂阿地方——→巴颜拖罗海地方——→齐老图和洛——→他斯哈哈达地方——→阿拜诺颜苏巴尔汉地方——→森济图哈达地方——→鸳和洛——→巴图舍里地方——→厄鲁斯台达巴汉地方——→乌喇岱地方——→柏敦昂阿地方——→克勒乌里雅苏台——→两西尔哈交界地方——→穆禄喀喇沁地方——→汗特木尔达巴汉地方——→鄂尔和苏台——→喇门噶山——→捕塔噶山——→恩格木噶山——→三岔口——→遥亭——→密云县——→三家店——→回宫。
71	谒孝陵	康熙三十六年（1697年）	十月至十一月	谒孝陵出瀛台启行驻跸夏店——→蓟州——→遵化州——→三屯营——→米峪口——→闫家屯——→汤泉——→孙家庄——→中营——→岢山集——→图东地方——→回宫。
72	巡幸山西五台山（第三次西巡五台山）	康熙三十七年（1698年）	正月至三月	巡幸山西五台山出畅春园启行驻跸良乡县窦家庄——→涿州长沟二里桥——→涞水县永阳——→易州唐湖——→满城县——→完县——→曲阳县镇里——→阜平县张家庄——→龙泉关——→菩萨顶——→回銮五台县——→龙泉关——→阜平县张家庄——→曲阳县镇里——→完县——→至保定府登舟泊东门外——→泊清苑县张家庄——→泊新安县郭里口——→泊霸州苑家口——→固安县——→畅春园。
73	巡幸漕河	康熙三十七年（1698年）	四月至六月	巡幸漕河出宫启行泊通州崔家楼——→登陆巡视武清县堤岸——→泊武清县红庙埂子——→泊武清县黄家庄——→泊天津土城——→泊沧州格沽——→泊沧州邓山沽——→泊武清县杨家庄——→泊武清县杨村——→泊武清县打鱼庄——→泊通州崔家楼——→回宫。

序号	巡幸目的	巡幸时间		巡幸地方（时间为农历）
		年份	月份（农历）	
74	奉皇太后诣盛京（第三次东巡）	康熙三十七年（1698 年）	七月至至十二月	奉皇太后诣盛京出宫启行驻跸密云县——→遥亭——→三岔口——→喇嘛洞——→喇门噶山——→博洛河屯——→唐三营——→汗特木尔达巴汉昂阿地方——→克勒地方——→西尔哈毕喇地方——→孟克唐图交界地方——→喀喇沁和硕端静公主之第——→白尔车尔地方——→罗汉毕喇地方——→和赖萨尔巴昂阿地方——→忽阑喀喇谆拖惠地方——→杭爱鄂洛木地方——→哈喇拖海地方——→乌阑冈安地方——→朱尔哈代乌达地方——→嘉门苏赛包地方——→堆惠巴伦和洛——→西喇穆伦毕喇地方——→准巴苏海地方——→巴伦席喇鄂累地方——→阿布达尔台地方——→克尔苏地方——→恩都尔拜地方——→喀尔沁和硕纯禧公主之第——→能诺黑席北地方——→拖尔惠地方——→乌楚滚地方——→博多隆地方——→伊屯昂阿地方——→布尔哈毕喇地方——→伊尔门毕喇地方——→乌云海阑地方——→木舒地方——→奇塔木毕喇地方——→法塔哈鄂佛罗地方——→穆赫林鄂莫地方——→扎星阿地方——→塔库翁鄂洛地方——→捕塔海噶山——→吉林乌喇地方——→黑图毕尔汉地方——→勒讷毕喇地方——→布尔喀毕喇地方——→拖诺山——→狼居胥山——→牛磨顺毕喇地方——→辉发地方——→费雅塔喇库毕喇地方——→富尔哈毕喇地方——→巴颜鄂莫地方——→郭尔敏主敦地方——→马泰寨地方——→阅兴京城驻跸永陵西——→萨尔浒地方——→琉璃河地方——→盛京城内——→五道河地方——→白旗堡——→二道井地方——→羊肠河地方——→兴隆店地方——→鹅头堡地方——→小凌河西岸——→高桥驿——→宁远州——→中后所之东——→王保河地方——→山海关城西——→抚宁县东——→永平府西——→沙河驿——→闫家屯——→新城——→通州城北——→回宫。
75	南巡阅视河工（第三次南巡）	康熙三十八年（1699 年）	正月至六月	南巡阅视河工出畅春园登舟启行泊近岭地方——→泊新河长乐营——→泊河西务三里屯——→泊汉沟——→泊杨柳青地方——→泊周家嘴——→泊青县流佛寺——→泊砖河——→泊东光县夏口——→泊桑园——→泊洛坡屯——→泊郑家口——→泊石人湾——→泊杨家园——→泊临清第二闸——→泊雨乡闸——→泊东昌府李垓坞——→泊阳股县管家堡——→泊张八腊口——→泊安居——→泊南阳——→泊赤山——→泊黄林庄——→泊石坝——→泊流潦涧——→泊清河县——→泊清河口——→阅视烂泥浅等处——→阅视黄河堤岸驻跸淮安府——→登舟泊界首——→泊高邮州——→驻跸扬州府——→舟泊江天寺——→泊新丰——→泊常州府——→泊无锡县——→舟至苏州驻跸苏州府——→舟泊吴江县平望——→泊皂林——→泊谢村——→舟至杭州驻跸杭州府——→回銮舟泊塘栖——→泊三塔寺——→驻跸苏州府——→

序号	巡幸目的	巡幸时间		巡幸地方（时间为农历）
		年份	月份（农历）	
				舟泊望亭——→泊定堰——→泊丹阳县——→登陵驻跸句容县——→江宁府——→金山——→扬州府——→舟泊邵伯镇——→泊汜水——→泊淮安府——→泊天妃庙——→登清口南岸——→泊崔镇——→泊治河嘴——→泊夹沟——→泊韩庄闸——→泊大王庙——→泊仲家闸——→泊白嘴——→泊安山——→泊李海务——→泊戴家湾——→泊梁家浅——→泊郑家口——→泊白草洼——→泊张家庄——→泊河西务——→泊崔家楼——→驻跸通州——→回宫。
76	巡幸塞外	康熙三十八年（1699 年）	七月至九月	巡幸塞外出宫启行驻跸三家店——→密云县——→遥亭——→三岔口——→喇嘛洞——→宜荪毕喇之杨树沟——→邵府营——→波罗营——→汗特木尔达巴汉地方——→穆禄喀喇沁地方——→爱里和洛——→克勒乌里雅苏台西尔哈乌里雅苏台之界——→土城地方——→乌喇岱昂阿地方——→乌里雅苏台达巴汉昂阿地方——→达颜达巴汉昂阿之宜荪毕喇地方——→达颜达巴汉和洛——→驽湖岱毕喇地方——→森济图和洛——→音图和洛——→永安拜和洛——→齐老图昂阿地方——→瑚尔希勒毕喇地方——→海拉苏台昂阿地方——→古尔板库特尔地方——→鄂尔济图席拉地方——→波洛河屯——→都勒诺尔地方——→塔奔拖罗海毕喇地方——→扎木克图诺尔地方——→拖里呼诺尔地方——→昂古里海毕尔汉地方——→喀木库地方——→阿禄西巴尔台地方——→乌兰哈达地方——→进张家口驻跸宣化府——→保安州——→怀来县——→岔道——→杖头村——→畅春园。
77	巡视永定河堤	康熙三十八年（1699 年）	九月至十月	巡视永定河堤出宫启行至高陵——→阅视芦沟桥以南河工——→驻跸赵家营——→阅北蔡村等——→支子营——→巡视霸州河堤——→阅南格驿等处——→至郭家务村南大堤亲用仪器测验——→冰窖地方——→回銮阅张家庄北格驿——→葛家屯——→阅庄户村——→阅赵村新开河——→南苑。
78	谒陵寝	康熙三十八年（1699 年）	十一月至十二月	谒陵寝出宫启行驻跸顺义县新庄——→平谷县——→克善集——→中营——→马伸桥——→诣孝陵驻跸汤泉——→下营——→罗文峪——→白旗营——→龙井关——→三屯营——→大寨——→韩家庄——→人字口——→吕阁庄——→汤峪——→龙虎峪——→郭格庄——→皇庄——→通州——→回宫。
79	巡视永定河	康熙三十九年（1700 年）	正月至二月	巡视永定河出宫泊通州新河口——→泊武清县十百户地方——→泊武清县蔡村——→泊武清县汤家湾——→泊武清县西沽——→泊武清县清光村——→泊武清县王庆坨——→乘舟至静海县东——→泊霸州堂二铺——→泊霸州苑家口——→泊任丘县药王庙前水次——→泊新安县段村——→泊任丘县赵北口——→泊霸州苑家口——→自苑家口登岸陆行驻跸永清县蔡家营——→至南苑。

序号	巡幸目的	巡幸时间		巡幸地方（时间为农历）
		年份	月份（农历）	
80	视永定河堤	康熙三十九年（1700年）	四月	出宫视永定河堤⟶自霸州柳岔口登舟泊新挑河口⟶至王家口登小舟往视子牙河泊大城县王家口⟶泊武清县席厂⟶武清县杨村⟶登陆往视陵寝龙口地方驻跸宝坻县内⟶蓟州马伸桥⟶宝坻县城内⟶自武清县杨村登舟至渔家湾⟶临视弘庙新挑之河⟶泊香河县土家楼⟶泊通州里二泗⟶回宫。
81	巡幸塞外	康熙三十九年（1700年）	七月至九月	巡幸塞外出宫启行驻跸三家店⟶密云县⟶遥亭⟶三岔口⟶行围驻跸喇嘛洞⟶商坚噶山北界⟶巴塔克噶山⟶纳木生札色地方⟶莺图和洛⟶巴颜拖罗海地方⟶齐老图地方⟶永安拜和洛⟶瑚尔希勒毕喇地方⟶弩湖代色钦地方⟶弩湖代和洛⟶达颜达巴汉地方⟶舒虎尔和洛昂阿地方⟶乌里雅苏台达巴汉地方⟶乌喇岱地方⟶噶海图地方⟶穆禄喀喇沁昂阿地方⟶克勒乌里雅苏台⟶克勒达巴汉昂阿地方⟶行围驻跸汗特木尔达巴汉昂阿地方⟶鹳尔营⟶博洛河屯⟶宜苏毕喇地方⟶喇嘛洞地方⟶三岔口⟶遥亭⟶怀柔县城西⟶汤泉⟶回宫。
82	巡视永定河堤岸	康熙三十九年（1700年）	十月	巡视永定河堤岸出宫启行驻跸宛平县鹅房村⟶宛平县榆垡⟶南苑。
83	谒陵	康熙三十九年（1700年）	十一月至十二月	谒陵出宫启行驻跸夏店⟶邦均⟶马伸桥⟶汤泉⟶遵化州东十里⟶三屯营城内⟶米峪口⟶罗家屯⟶建昌营城内⟶肃家营⟶桃俊山⟶波罗滩⟶察罕苏鲁克地方⟶诺绰浑图地方⟶哈当河朔地方⟶乌兰嵩齐忒地方⟶雅图和洛⟶暖泉地方⟶冰窖地方⟶进喜峰口驻跸城东南⟶三屯营城内⟶遵化州城内⟶汤泉⟶马伸桥⟶邦均⟶夏店⟶回宫。
84	巡幸畿甸	康熙四十年（1701年）	二月	巡幸畿甸启行驻跸南苑⟶李贤村⟶阅视永定河至清凉寺决口⟶驻跸永清县蔡家营⟶自霸州苑家口登舟⟶泊保定县芦屯⟶泊任丘县赵北口⟶泊新安县郭里口⟶泊新安县段村⟶泊任丘县圈头村⟶泊赵北口⟶泊霸州苏家桥⟶泊霸州唐二堡⟶阅子牙河⟶泊关夫楼⟶泊武清县王庆陀⟶阅柳岔口⟶泊武清县罗米店⟶泊武清县河西务⟶泊通州漷县⟶回宫。
85	巡视永定河	康熙四十年（1701年）	四月	巡视永定河自畅春园起行驻跸鹅房村⟶知子营⟶自柳岔乘舟阅子牙河泊郑庄⟶泊子牙堤⟶回子牙河出湖港⟶泊新庄⟶泊河西务⟶泊张家湾登陆驻跸通州⟶回銮至畅春园。

序号	巡幸目的	巡幸时间		巡幸地方（时间为农历）
		年份	月份（农历）	
86	巡幸塞外	康熙四十年（1701年）	五月至九月	巡幸塞外自畅春园启行驻跸昌平州丈头村——→延庆州岔道地方——→沙城——→怀来县——→宣化县下花园——→宣化府西门外——→万全县下浦——→西巴尔台——→喀喇巴尔哈孙地方——→鄂极尔库布拉克地方——→乌阑拖罗海地方——→和来登弩斯台地方——→绥湖毕喇地方——→上都塔尔呼毕喇地方——→额尔屯色钦地方——→哈达河朔地方——→上都图尔根宜扎尔交界地方——→花拖罗海地方——→——→沙尔丹阿林地方——→乌阑布通地方——→阅乌阑布通战地驻跸萨里克毕喇地方——→准高地方——→西喇穆伦地方——→格老毕喇地方——→默尔哲昂阿地方——→噶尔达斯台汤泉地方——→古尔班图罕地方——→恩都尔河朔——→巴林和硕荣宪公主第——→郭尔果尔台喀喇乌苏地方——→巴颜乌阑地方——→绰诺木毕喇地方——→鄂伦呼都克哈达河朔——→哈奇尔毕喇地方——→吉伯图地方——→格尔齐老地方——→奎屯色钦地方——→巴颜哈达河朔——→额布尔昆都仑地方——→行宫——→拖赖噶察地方——→准朱鲁麻哈达河朔——→阿尔达尔毕喇地方——→海里雅斯台——→木西匣地方——→讷默尔痕哈尔巴哈交界地方——→汤泉——→喀尔喀毕喇地方——→幸索岳尔济山——→自喀尔喀毕喇回銮踰汤泉十五里驻跸——→讷默尔痕地方——→木西匣地方——→海里雅斯台——→桂勒尔毕喇地方——→扣恳昂阿地方——→乌喀纳毕喇地方——→扎堪朱鲁闵地方——→郭尔毕喇地方——→阿齐阑昂阿地方——→阿禄昆都仑之鄂伦哈达河朔——→阿鲁昆都伦之乌阑哈达地方——→达喇尔毕喇地方——→和奇尔毕喇地方——→乌囊吉喀布齐鲁昂阿地方——→特门呼朱地方——→绰诺木毕喇之马尼图地方——→巴颜乌阑地方——→郭尔果尔台之喀喇乌苏地方——→巴林河硕荣宪公主第——→西喇穆伦地方——→喀喇乌苏地方——→伊纳汉地方——→照山阿林地方——→英额毕喇地方——→齐老营地方——→库勒图营地方——→克勒毕喇地方——→拜布哈昂阿地方——→喀布齐鲁地方——→过唐山营五里许驻跸——→博洛河屯——→富尔坚噶山——→喇嘛洞——→三岔口——→密云县——→回宫。
87		康熙四十年（1701年）	十一月至十二月	出宫启行驻跸夏店——→邦均——→马伸桥——→诣孝陵驻跸汤泉——→遵化州城北——→三屯营——→滦阳——→出喜峰口驻跸蒙子岭——→龙须门——→唐坝尔——→雅图沟地方——→七沟——→三沟——→头沟——→双黄寺——→陈家沟——→遥亭——→密云县——→三家店——→回宫。

序号	巡幸目的	巡幸时间		巡幸地方（时间为农历）
		年份	月份（农历）	
88	幸五台（第四次西巡五台山）	康熙四十一年（1702年）	正月至二月	幸五台自畅春园启行驻跸良乡县窦阁庄—→房山县下村—→涞水县石亭村—→易州—→易州唐胡村—→满城县—→完县高昌店—→曲阳县珍李村—→阜平县五块镇—→阜平县李原堡—→五台县射虎川—→幸罗侯等寺驻跸菩萨顶—→幸中台、西台等寺—→幸清凉石南台等寺—→幸妙德庵及碧山寺—→回銮幸广宗等寺驻跸射虎川—→幸涌泉寺驻跸阜平县圣水寺—→阜平县五块镇—→行唐县—→真定府—→无极县—→祁州—→蠡县新兴村—→至安州冯林乘舟前行泊新安县段村—→泊任丘县圈头村—→泊任丘县—→巡视子牙河泊大城县苏家桥—→登陆巡视郭家坞村新修堤工驻跸永清县北阁驿—→南苑。
89	避暑塞外	康熙四十一年（1702年）	六月至八月	避暑塞外出畅春园启行驻跸顺义县三家店—→密云县城外—→遥亭—→古北口—→三岔口—→偏岭—→喇嘛洞—→七间房—→喀喇河屯—→热河下营—→热河—→善巴城—→邓家寨—→喀喇河屯—→喇门噶山地方—→博洛河屯—→巴达里营—→扎木僧扎色地方—→布克达巴汉地方—→巴颜拖罗海东界—→噶拜尼玛图交界地方—→齐老图地方—→瑚尔希勒昂阿地方—→瑚尔希勒毕喇地方—→西拉扎卜地方—→多拖喀喇莫多地方—→乌里雅苏台昂阿地方—→达颜昂阿地方—→毕图舍里昂阿地方—→鹫和洛—→乌兰哈达地方—→乌喇岱昂阿地方—→爱里昂阿地方—→克勒乌里雅苏台—→汗特木耳达巴汉昂阿地方—→鹳尔营—→博洛河屯—→殷特黑达巴汉地方—→喇嘛洞—→三岔口—→古北口—→遥亭—→密云县东北外—→顺义县三家店—→回宫。
90	巡视南河	康熙四十一年（1702年）	九月至十月	巡视南河出宫启行驻跸海子行宫—→永清县城南—→文安县—→河间县北卫村—→献县张白村—→阜城县检桥村—→过竟州幸开福寺驻跸景州城南—→德州城内—→景州梁家集—→献县怀镇村—→河间县白苇村—→霸州苑家口—→大兴县礼贤村—→回宫。

序号	巡幸目的	巡幸时间		巡幸地方（时间为农历）
		年份	月份（农历）	
91	巡视南河（第四次南巡）	康熙四十二年（1703 年）	正月至三月	巡视南河出宫启行驻跸良乡县——→新城县城南——→临河地方——→任丘县波罗店——→阜城县高家楼——→德州城外教场——→禹城县黎济寨——→齐河县邱家岸——→过济南府观趵突泉驻跸长清县黄山店——→长清县界首铺——→登泰山还驻跸泰安州——→新泰县浮邱地方——→沂水县垛庄驿——→沂州里家庄——→宿迁县——→桃源县——→自桃源县登舟遍视河堤——→入清口泊天妃庙——→泊淮安府——→泊邵伯驻跸扬州府城内——→出扬州城登舟泊瓜洲屯船坞——→渡江登金山江天寺——→过镇江府——→过常州府——→驻跸苏州府城内——→自苏州府登舟启行——→过嘉兴府——→泊杭州府红岭——→驻跸杭州府城内——→自杭州登舟回銮——→登陆驻跸苏州府——→自苏州登舟启行泊浒墅关——→泊常州府东关外——→泊京口——→自京口由陆路临幸江宁府驻跸江宁府城内——→自江宁府回銮——→渡江泊宝塔湾——→过高邮州——→过宝应县——→登岸阅高家堰堤工驻跸关圣庙——→历黄河南岸——→过宿迁县——→过邳州——→过沛县——→泊济宁州——→过东平州——→过东昌府——→过武——→城县——→过景州——→过沧州——→过天津卫——→自杨村登岸驻跸南苑。
92	巡幸塞外	康熙四十二年（1703 年）	五月至七月	巡幸塞外出畅春园启行驻跸汤泉——→密云县——→遥亭——→古北口——→巴克什营——→两间房——→鞍子岭——→花峪沟——→喀喇河屯——→两间房——→密云县——→三家店——→进东直门临和硕裕亲王福金丧——→回宫。
93	幸塞外	康熙四十二年（1703 年）	七月至九月	幸塞外出宫启行驻跸三家店——→密云县——→古北口——→喀喇河屯——→热河上营——→头沟地方——→汤泉——→回銮驻跸头沟地方——→热河上营——→喇门噶山——→博洛河屯——→坡濑噶山——→汗特木耳达巴汉地方——→穆禄喀喇沁昂阿地方——→拜布哈昂阿地方——→乌喇岱和洛——→额勒苏达巴汉地方——→森济图昂阿地方——→鹫和洛——→宜荪毕喇地方——→达颜昂阿地方——→森济图地方——→永安拜达巴克汉地方——→土城地方——→伊玛图和洛——→永安拜达巴克汉地方——→宜荪毕喇色钦地方——→达颜达巴汉昂阿地方——→宜荪萨尔巴里昂阿地方——→格尔齐老地方——→乌里雅苏台——→乌喇岱昂阿地方——→噶海图地方——→克勒乌里雅苏台——→穆禄喀喇沁地方——→坡濑噶山——→博洛河屯——→喇门噶山——→喀喇河屯——→鞍子岭——→西间房——→遥亭——→密云县——→汤泉——→回宫。

序号	巡幸目的	巡幸时间		巡幸地方（时间为农历）
		年份	月份（农历）	
94	西巡	康熙四十二年（1703 年）	十月至十二月	西巡出宫启行驻跸良乡县十三里村──→涿州泽畔村──→安肃县田村堡──→保定府小汲店──→庆都县十五里铺──→新乐县城内──→真定府城内──→获鹿县城东──→井陉县东关──→平定州西关──→寿阳县城内──→榆次县十店村──→幸太原府驻跸城内──→回銮驻跸徐沟县南──→介休县湛泉铺──→灵石县城内──→霍州城内──→洪洞县城南──→襄陵县令柏村──→曲沃县郭马村──→闻喜县城南──→安邑县运城──→临晋县禹乡村──→蒲州城内──→至黄河──→至潼关城内──→分界铺──→渭男县城西──→临潼县温泉──→幸西安府驻跸城内──→幸城内教场──→行宫──→幸西安府城外教场──→行宫──→幸城内教场──→行宫──→自西安回銮驻跸临潼县温泉──→渭南县城内──→华阴县台头村──→潼关城内──→阌乡县十五里铺──→灵宝县摩云杀南──→陕州张茅镇村──→渑池县城南──→新安县城内──→河南府城内──→由孟津渡河驻跸孟县下孟镇──→河内县董张镇──→修武县城内──→新乡县三里铺──→卫辉府城内──→濬县大人店──→彰德府城东──→磁州杜村铺──→永年县洺关──→邢台县蓝阳冈──→栢乡县城东──→栾城县城内──→真定府大阜城驿──→定州清风店──→清苑县徐河桥──→新城县高碑店──→良乡县城内──→回京师──→回宫。
95	谒孝陵	康熙四十三年（1704 年）	正月至二月	谒孝陵自畅春园启行驻跸通州烟郊──→蓟州白简庄──→马伸桥──→谒孝陵驻跸遵化州汤泉──→遵化州──→三屯营──→大寨──→韩家庄──→三屯营──→关家庄──→杨家庄──→遵化州──→汤泉──→马伸桥──→滥石庄──→白简庄──→烟郊──→南苑。
96	幸丫髻山	康熙四十三年（1704 年）	四月	幸丫髻山自畅春园启行驻跸牛栏山──→丫髻山──→通州──→回宫。
97	阅永定河	康熙四十三年（1704 年）	四月	阅永定河自畅春园启行驻跸赵家营──→遍阅永定河堤驻跸郭家务──→阅河堤自新安登舟泊屠家口──→阅子牙河舟泊王庆坨──→泊韩口──→泊河西务──→回宫。

序号	巡幸目的	巡幸时间		巡幸地方（时间为农历）
		年份	月份（农历）	
98	巡幸塞外	康熙四十三年（1704 年）	六月至九月	巡幸塞外自畅春园启行驻跸汤山——→怀柔县——→密云县——→遥亭——→两间房——→鞍子岭——→王家营——→喀喇河屯——→花峪沟——→喀喇河屯——→热河上营——→喀门噶山——→博洛河屯——→张三营——→汗特木尔达巴汗地方——→穆禄喀喇沁地方——→爱里昂阿地方——→格德尔库西尔哈和洛——→翁牛特西尔哈和洛——→盈毕喇南岸——→临幸新建公主第驻跸——→盈毕喇地方——→布尔哈苏台昂阿地方——→巴颜和洛昂阿地方——→得尔吉惠汉地方——→萨尔巴尔昂阿地方——→额勒孙连巴汉昂阿地方——→格尔齐老和洛昂阿地方——→乌喇岱和洛——→穆禄喀喇沁昂阿地方——→汗特木尔达巴汉昂阿地方——→张三营——→博洛河屯——→喇门噶山——→喀喇河屯——→鞍子岭——→两间房——→古北口——→遥亭——→密云县——→三家店——→回宫。
99	阅永定河	康熙四十三年（1704 年）	十月	出畅春园阅永定河——→华家营——→顿邱——→和韶屯——→大营——→南苑。
100	南巡（第五次南巡）	康熙四十四年（1705 年）	二月至四月	南巡启行驻跸南苑——→于张家湾登舟——→泊王家庄——→泊桥儿上村——→泊石灰场村——→泊红庙村——→泊南菜村——→泊天津——→泊静海县——→泊青县——→泊砖河镇——→泊夏口村——→泊桑园——→泊坊前——→泊渡口驿——→泊临清州——→泊土桥闸——→泊东昌府三里铺——→泊荆门闸——→泊金家口村——→泊济宁州——→泊桥头村——→泊赤山——→泊韩庄闸——→泊丁庙闸——→泊牛头湾——→泊众兴集——→渡黄河泊清江浦——→阅杨家庄等堤岸闸口驻跸淮安府城内——→泊九里村——→泊扬州府城北高桥——→宝塔湾——→江天寺——→登舟启行过丹阳县泊浒墅关——→驻跸苏州府城内——→泊丁泾村——→泊张家桥——→驻跸松江府城内——→登舟自松江府启行泊嘉兴府——→泊双桥——→至杭州府地方驻跸杭州府城内——→移驻西湖行宫——→登舟回銮泊金家墩——→泊长浜桥——→苏州府城内——→自苏州府启行泊无锡县窑头村——→泊丁偃——→过丹阳县——→登陆幸江宁府驻跸九龙潭地方——→至江宁府驻跸江宁府城内——→自江宁府启行至明太祖陵驻跸龙潭地方——→至高资港登舟驻跸江天寺行宫——→自江天寺登舟渡江驻跸宝塔湾——→自宝塔湾登舟启行——→泊宝应县白天铺——→驻跸淮安府城内——→泊清口——→渡黄河泊众兴集——→泊台庄闸——→泊夏镇——→泊石佛闸——→泊开河——→过东门县张秋——→泊临清二十里铺——→过清平县之渡口驿——→泊故城县之娘娘庙——→过景州之安林——→过沧州——→泊西分桑园——→泊郑家楼——→泊河西务登陆驻跸南苑。

序号	巡幸目的	巡幸时间		巡幸地方（时间为农历）
		年份	月份（农历）	
101	巡幸塞外	康熙四十四年（1705年）	五月至九月	巡幸塞外自畅春园启行驻跸汤山——→怀柔县——→密云县——→遥亭——→两间房——→鞍子岭——→王家营——→花峪沟——→博洛河屯——→热河上营——→喀喇河屯——→喇门噶山——→博洛河屯——→张三营——→汗特木尔达巴汉昂阿地方——→穆禄喀喇沁昂阿地方——→穆禄喀喇沁和洛——→爱里昂阿地方——→克勒乌里雅苏台——→嘎海图地方——→乌喇岱和洛——→乌喇岱昂阿地方——→格尔齐老昂阿地方——→布尔哈苏台——→巴颜和洛——→色尔白里昂阿地方——→宜荪色钦地方——→鹭和洛昂阿地方——→和伦毕喇地方——→永安拜昂阿地方——→乌兰哈尔哈和洛——→库尔奇勒地方——→浑沁布拉客地方——→多罗诺尔地方——→古尔班库德尔地方——→额尔屯色钦地方——→博洛河屯——→诺海河朔——→乌兰诺尔地方——→查玛克图诺尔地方——→托里浑诺尔地方——→昂古里海毕尔汉地方——→哈穆湖地方——→察罕拖罗海达巴汉地方——→张家口——→宣化府——→下花园——→沙城——→怀来县——→岔道——→张头——→回畅春园。
102	谒孝陵	康熙四十四年（1705年）	十一月至十二月	谒孝陵启行驻跸南苑——→烟郊——→三河县城外——→蓟州贾格庄——→临河村——→由临河启行谒孝陵驻跸遵化州汤泉——→九天观南——→赵家庄——→迁安县杨家庄——→汗尔庄——→喇门噶山——→傈阳城——→大屯庄——→进董家口驻跸迁安县安县刘村寨——→韩家庄——→白堡店村——→遵化州三屯营——→遵化州城东——→遵化州汤泉——→诣孝陵驻跸蓟州西葛头村——→桃花寺——→白涧庄——→三河县夏店——→通州双树地方——→南苑。
103	巡阅子牙河	康熙四十五年（1706年）	二月	2月初4日出畅春园巡阅子牙河驻跸良乡县城外——→良乡县所属胡良河——→雄县所属孟良营地方——→雄县西关对岸停泊——→泊雄县南关对岸——→泊仁丘县所属赵北口——→泊新安县所属郭李口地方——→郭李口驻跸2天——→泊新安县所属假村地方——→泊新安县所属泉头地方——→泊赵北口地方——→泊张新口——→泊霸州所属崔家庄——→泊东安县所属楚河港村——→泊武清县所属白庙对岸——→泊武清县所属上发村——→武清县所属东北村——→2月23日至南苑。

序号	巡幸目的	巡幸时间		巡幸地方（时间为农历）
		年份	月份（农历）	
104	巡视北边	康熙四十五年（1706 年）	五月至九月	5 月 21 日出畅春园巡视北边启行驻跸三家店行宫⟶密云县行宫⟶腰亭子行宫⟶鞍子岭⟶王家营⟶化鱼沟行宫驻跸 8 天⟶喀喇城行宫驻跸 37 天⟶蓝旗营庄行宫驻跸 2 天⟶青城行宫驻跸 2 天⟶ 8 月初 1 日驻跸张三营行宫⟶五十间房⟶拜布哈谷⟶黄陂红川雨界⟶黄陂谷⟶柯衣通果尔⟶巴颜额尔追地方、八公主府行宫⟶希卜楚口⟶努呼代口⟶哈必尔岭口行宫⟶柳林口行宫⟶富沟口行宫⟶扎克丹俄佛罗⟶伊孙萨尔巴里地方⟶昂邦久和洛行宫⟶巴儿齐尔地方⟶庸安拜口⟶土城⟶乌兰哈尔哈地方⟶土城⟶庸安拜口⟶玲珑谷⟶舒呼里口⟶额鲁斯特岭行宫⟶红川⟶野猪川口⟶野猪川谷⟶骅骝杨林⟶细黄陂行宫⟶滑溜谷底⟶黑湾地方⟶可汗铁岭南口⟶张三营⟶青城⟶蓝旗鹰庄⟶喀喇城行宫⟶化鱼沟⟶鞍子岭⟶两间房⟶腰亭子⟶密云县行宫驻跸 2 天⟶三家店⟶ 9 月 24 日回畅春园。
105	巡幸北边	康熙四十五年（1706 年）	十一月至十二月	11 月 20 日巡幸北边出朝阳门驻跸南苑⟶通州城东⟶夏店⟶白涧⟶桃花寺⟶遵化汤泉⟶遵化州东⟶景忠山⟶孟子岭⟶龙须门⟶丫头沟⟶八沟里⟶三道河⟶中六沟⟶二沟里⟶汤泉⟶黄土坎⟶热河⟶喀喇城行宫⟶七间房⟶鞍匠屯⟶三岔口⟶腰亭子⟶密云县⟶三家店⟶ 12 月 18 日进东直门回宫。
106	南巡（第六次南巡）	康熙四十六年（1707 年）	正月至五月	南巡自畅春园启行驻跸南苑⟶东安县古贤村⟶五清县前新庄⟶至静海县杨柳青登舟⟶泊静海县陈观屯⟶泊沧州剪子屯⟶泊东光县大龙湾⟶泊山东德州第六屯⟶泊德州杨家湾⟶泊恩县方阡⟶泊武城县朱官屯⟶泊武城县陈家窑地方⟶泊临清州⟶泊唐邑县李官营⟶泊东昌府⟶泊东阿县张秋⟶泊东平州王坝老口地方⟶泊济宁州安居⟶泊济宁州花家阡⟶泊胜县新庄桥地方⟶泊峄县韩庄闸地方⟶泊江南境台庄地方⟶泊邳州贾沟地方⟶泊宿迁县皂河口地方⟶泊宿迁县白洋河地方⟶泊河清县武城⟶泊河清县运口地方⟶驻跸曹家庙地方⟶回行宫⟶自曹家庙回清口⟶自清口登舟⟶泊淮安府清江浦⟶淮安府城内⟶泊宝应县⟶泊高邮州九星庙地方⟶泊扬州府⟶驻跸扬州府高塔湾行宫⟶江天寺⟶登陆驻跸句容县龙潭地方⟶江宁府城内⟶自江宁登舟启行⟶登陆驻跸句容县龙潭地方⟶自龙潭抵镇江登舟启行泊州徒镇⟶泊常州府大王庙地方⟶泊无锡县⟶泊昆县青阳冈⟶泊青浦县柘泽桥地方⟶舟至松江府驻跸松江府城内⟶

序号	巡幸目的	巡幸时间		巡幸地方（时间为农历）
		年份	月份（农历）	
				登舟泊松江府杨家浜——→泊嘉兴府岳庙地方——→泊仁和县武林头地方——→舟至杭州府驻跸杭州府城内——→西湖行宫——→登舟泊仁和县塘楼——→泊石门县——→泊嘉兴府王江泾地方——→驻跸苏州府城内——→虎邱——→登舟泊丁堰镇——→泊丹徒镇——→驻跸江天寺——→扬州府宝塔湾行宫——→登舟泊高邮州马棚湾——→泊山阳县二铺地方——→泊运口——→渡黄河阅御坝行至桃源县重兴集泊州——→泊宿迁县枝河沟地方——→泊邳州大王庙地方——→胜县万年闸——→泊沛县夏镇泊鱼台县南阳镇——→泊济宁州——→泊汶上县开河——→泊东阿县阿城——→泊唐邑县土桥地方——→夏津县半壁店——→泊德州——→泊沧州——→泊黄庄——→泊和韶屯——→自和韶屯登陆至沙窝店驻跸——→南苑。
107	巡幸塞外	康熙四十六年（1707 年）	六月至十月	巡幸塞外自畅春园启行驻跸北石槽——→密云县——→遥亭——→两间房——→鞍子岭——→花峪沟——→喀喇和屯——→驻跸热河上营——→喀喇和屯——→自喀喇和屯启行驻跸喇门噶山——→博洛和屯——→张三营——→拜布哈昂阿地方——→海拉苏昂阿地方——→德尔济库木都和洛——→和硕恪靖公主第——→卓素毕喇地方——→宜纳哈布拉客地方——→宜车舍里地方——→西喇穆伦地方——→和硕荣宪公主第——→郭尔果尔台喀喇乌苏地方——→巴彦乌阑地方——→绰诺瓜扎尔哈地方——→特门呼朱地方——→毕齐克图乌阑哈达地方——→喀奇尔毕喇地方——→达喇尔毕喇地方——→格得尔库布拉克地方——→西尔哈和洛——→萨尔纳台昂阿地方——→喇克萨哈拜察地方——→克尔木台和洛——→特白特土城地方——→西里克台达巴汉地方——→洮尔毕喇地方——→多和伦台毕喇地方——→额默克齐台地方——→赛特尔毕喇地方——→扎木哈图毕喇地方——→驽克图哈达河朔地方——→木西匣毕喇地方——→纳默尔根地方——→格绷额阿林地方——→回銮驻跸木西匣达巴汉昂阿地方——→桂勒齐克地方——→乌阑辉海拉苏台——→阿喇达尔毕喇地方——→准朱尔麻哈达河朔地方——→靠尔毕喇地方——→济阑拖罗海地方——→和尔博图噶岔地方——→奎屯毕喇地方——→阿里雅毕喇地方——→喀奇尔毕喇地方——→鄂伦瑚都克地方——→绰诺瓜扎尔哈地方——→巴颜乌阑地方——→郭尔果尔台喀乌苏地方——→和硕荣宪公主第——→西喇穆伦地方——→喀喇乌苏地方——→宜纳哈布拉客地方——→卓素乌阑哈达地方——→西尔哈毕喇地方——→席北毕喇地方——→端静公主第——→拜尚台地方——→特门哈达地方——→茅沟毕喇地方——→中关——→热河上营——→喀喇和屯——→鞍子岭——→两间房——→遥亭——→密云县——→三家店——→回宫。

序号	巡幸目的	巡幸时间		巡幸地方（时间为农历）
		年份	月份（农历）	
108	巡幸畿甸	康熙四十七年（1708年）	二月至三月	巡幸畿甸自畅春园启行驻跸南苑—→东安县旺里村—→永清县义和村—→至坝州苑家口登舟—→泊任邱县赵北口地方—→泊新安县郭里口地方—→泊新安县段村—→泊新安县泉头村—→泊任邱县赵北口地方—→自苑家口登陆驻跸永清县蔡家营—→李贤村—→南苑。
109	巡幸塞外	康熙四十七年（1708年）	五月至九月	巡幸塞外出畅春园启行驻跸顺义县南石槽—→密云县—→遥亭—→出古北口驻跸两间房—→鞍子岭—→花峪沟—→喀喇和屯—→热河行宫—→行围启行驻跸喀喇和屯—→喇门噶山—→博洛和屯—→张三营—→喀布齐禄昂阿地方—→希尔哈达巴汉地方—→玻璃昂阿地方—→噶拜和洛—→孟奎和洛色钦地方—→乌阑哈尔哈昂阿地方—→土城地方—→永安拜昂阿地方—→森济图哈达地方—→回銮临视驻跸永安拜昂阿地方—→森济图哈达昂阿地方—→森济图哈达之南—→森济图哈达之北—→克勒木台昂阿地方—→鹫和洛—→布尔哈苏台—→苏赛包地方—→张三营—→博洛和屯—→喇门噶山—→喀喇和屯—→鞍子岭—→两间房—→遥亭—→密云县—→牛栏山—→孙河地方—→回宫。
110	巡幸畿甸	康熙四十八年（1709年）	二月	巡幸畿甸出南苑驻跸礼贤村—→永清县张家村—→马家营—→至坝州苑家口登舟泊保定县田歌庄—→泊任邱县赵北口—→泊新安县郭里口—→泊新安县段村—→泊任邱县泉头—→泊赵北口—→泊霸州苑家口—→自苑家口登陆驻跸永清县义和村—→永清县裘家铺—→南苑。
111	巡幸塞外	康熙四十八年（1709年）	四月至九月	巡幸塞外自畅春园启行驻跸南石槽—→密云县—→遥亭—→两间房—→鞍子岭—→花峪沟—→热河行宫—→幸上坂城驻跸—→回驻热河行宫—→幸喀喇和屯驻跸—→花峪沟—→热河行宫—→小营—→博洛和屯—→张三营—→汉特木尔达巴汉昂阿地方—→汉特木尔达巴汉昂阿之北—→穆禄喀喇沁和洛—→爱里奎屯昂阿地方—→爱里格尔齐老地方—→克勒河洛—→岳罗哈达地方—→克勒乌里雅苏台—→西拉诺海地方—→西拉诺海昂安地方—→噶海图昂阿地方—→乌喇岱和洛—→乌喇岱纳尔苏台达巴汉地方—→格尔奇老昂阿地方—→布尔哈苏台—→巴顿和洛—→鄂尔沁哈达地方—→扎克旦鄂佛罗地方—→克木尔特昂阿地方—→永安拜昂阿地方—→伊玛图毕喇地方—→乌里雅苏台地方—→博洛和屯—→西中关地方—→回驻热河行宫—→自热河回銮驻跸喀喇和屯—→鞍子岭—→两间房—→遥亭—→密云县—→南石槽—→回驻畅春园。

序号	巡幸目的	巡幸时间		巡幸地方（时间为农历）
		年份	月份（农历）	
112	谒孝陵	康熙四十八年（1709年）	十一月至十二月	谒孝陵自畅春园启行驻跸南苑——→通州南关——→夏店——→白涧——→桃花寺——→临河——→谒孝陵——→驻跸唐家庄——→遵化州——→燕家屯——→三屯营——→汗尔庄——→郭家峪——→大屯——→下青山营——→韩家庄——→滦河湾——→燕家屯——→娘娘庙——→涨泗河——→郑家庄——→夏店——→东市地方——→南苑。
113	幸五台山（第五次西巡五台山）	康熙四十九年（1710年）	二月至三月	幸五台山自畅春园启行驻跸房山县——→小营——→涞水县——→易州 ——→唐壶地方 ——→满城县——→唐县高昌店——→曲阳县镇里村——→阜平县王快镇——→阜平县——→龙泉关演武场——→出龙泉关驻跸山西五台县射虎川地方——→罗喉寺——→白云寺——→回銮驻跸射虎川地方——→入龙泉关驻跸演武场——→驻跸阜平县——→阜平县王快镇 ——→行唐县杨家庄 ——→行唐县——→真定府——→无极县——→祁州蠡县新兴镇——→乘舟行泊新安县段村——→泊郭里口——→任邱县——→赵北口——→泊霸州苑家口——→登陆驻跸霸州王起营——→回安县葫林店——→南苑。
114	巡幸塞外	康熙四十九年（1710年）	五月至九月	巡幸塞外自畅春园启行驻跸南石槽——→密云县——→遥亭——→两间房——→鞍子岭——→花峪沟——→喀喇和屯——→热河行宫——→自热河启行至花峪沟恭迎皇太后驾驻跸花峪沟——→至喀喇和屯驻跸热河行宫——→热河行宫——→喀喇和屯——→喇门噶山——→博洛和屯——→张三营——→穆禄喀喇沁昂阿地方——→爱里昂阿地方——→噶克达昂阿地方——→西拉诺海哈达地方——→噶海图昂阿地方——→乌喇岱昂阿地方——→额尔滚皋地方——→乌里雅苏台布尔哈苏台交界地方——→ 巴颜和洛昂阿地方——→鄂尔楚克哈达地方——→得尔吉惠汉地方——→克尔木台地方 ——→永安拜昂阿地方——→哈达和洛昂阿地方——→齐老图地方 ——→乌阑哈尔哈地方——→巴颜拖罗海地方——→布尔哈苏台——→纳木生扎色地方 ——→博洛和屯——→西中关——→ 回驻热河行宫——→自热河回京驻跸喀喇和屯——→鞍子岭——→两间房——→遥亭——→密云县——→南石槽——→回驻畅春园。
115	谒孝陵	康熙四十九年（1710年）	十一月至十二月	谒孝陵驻跸南苑——→夏店——→白涧庄——→桃花寺——→淋河地方——→遵化州——→三屯营——→韩家庄——→下青山营——→马大口——→出喜峰口驻跸龙须门——→大吉昂阿地方——→察罕和屯——→鄂伦蒿齐忒地方——→西拉乌苏地方——→特布克地方——→莺图地方——→鄂伦特地方——→八沟地方——→七沟地方——→二沟地方 ——→葛过苏台地方——→热河行宫——→喀喇和屯 ——→鞍子岭——→两间房——→遥亭——→密云县——→南石槽——→回驻畅春园。

序号	巡幸目的	巡幸时间		巡幸地方（时间为农历）
		年份	月份（农历）	
116	巡视通州河堤	康熙五十年（1711年）	正月至二月	巡视通州河堤自畅春园启行跸鹅坊——→瑚琳店——→王奚营——→至苑家口登舟泊保定县——→泊赵北口——→泊郭里口——→泊段村——→泊圈头——→泊赵北口——→泊苑家口——→登陆驻跸西镇——→张家营——→和韶屯——→自和韶屯乘舟阅河至河西务登岸——→驻跸羊坊地方——→绍歌庄——→南苑。
117	避暑塞外	康熙五十年（1711年）	四月至九月	避暑塞外自畅春园启行驻跸南石槽——→密云县——→遥亭——→两间房——→鞍子岭——→喀喇和屯——→热河行宫——→行围自热河启行驻跸喀喇和屯——→小营——→博洛和屯——→张三营——→穆禄喀喇沁和洛——→汗特木尔达巴汉昂阿地方——→西尔哈色钦地方 ——→克勒乌里雅苏台——→哈达鄂佛罗地方——→西拉诺海和洛——→噶海图之土城地方——→乌喇岱地方——→额尔滚皋地方——→乌喇岱西界 ——→巴颜和洛——→鄂尔楚克哈达地方——→得尔吉惠汉地方 ——→克尔木台地方——→永安拜昂阿地方——→齐老图之土城地方——→乌阑哈尔哈地方——→巴颜拖罗海地方——→布尔哈苏台——→纳木生扎色地方——→博洛和屯——→中关——→回驻热河行宫——→回銮驻跸喀喇和屯——→王家营——→鞍子岭——→两间房——→遥亭——→密云县——→南石槽——→回驻畅春园。
118	谒孝陵	康熙五十年（1711年）	十一月至十二月	谒孝陵启行驻跸南苑——→琼寺——→夏店——→白涧庄——→黄土坡地方——→姚家庄——→汤泉——→遵化州——→三屯营——→三屯营——→兰阳——→蒙子岭地方——→龙须门——→大吉口地方——→苏赛包地方——→鄂伦蒿齐忒地方——→西拉乌苏地方——→特布克地方——→莺图地方——→鄂伦特地方——→八沟地方 ——→二沟地方——→张家庄——→热河行宫——→喀喇和屯 ——→鞍子岭——→两间房——→遥亭——→密云县——→大东流地方——→回宫。
119	巡幸畿甸	康熙五十一年（1712年）	正月至二月	以巡幸畿甸自畅春园启行驻跸南苑——→稻田地方——→北赛地方——→南坊——→魏家营——→自霸州苑家口登舟泊张清口——→泊雄县河口——→泊赵北口——→泊郭里口——→泊段村——→泊圈头村——→泊赵北口——→泊苑家口——→自苑家口登陆驻跸南八里庄——→北寺岱地方——→李家渠地方——→南苑。

序号	巡幸目的	巡幸时间		巡幸地方（时间为农历）
		年份	月份（农历）	
120	避暑塞外	康熙五十一年（1712 年）	四月至九月	避暑塞外自畅春园启行驻跸南石槽—→密云县—→遥亭—→两间房—→王家营—→喀喇和屯—→至热河驻跸行宫—→幸汤泉—→自汤泉回热河驻跸行宫—→行围自热河启行驻跸中关—→汤泉—→中关—→博洛和屯—→张三营—→穆禄喀喇沁昂阿地方—→汗特木尔达巴汉地方—→爱里昂阿地方—→克勒乌里雅苏台—→哈达鄂佛罗地方 —→西拉诺海和洛—→噶海图之土城地方—→布呼图和洛—→乌喇岱昂阿地方—→纳尔苏台达巴汉地方—→额尔滚皋地方—→乌里雅苏台布尔哈苏台交界地方—→ 巴颜和洛—→五虎尔岱地方—→鄂尔楚克哈达地方—→得尔吉惠汉地方—→克尔木台地方 —→永安拜昂阿地方 —→齐老图地方—→乌阑哈尔哈地方—→巴颜拖罗海地方—→朱尔哈代硕伦地方—→郭里营—→纳木生扎色地方 —→博洛和屯—→中关—→ 热河行宫—→自热河回銮驻跸喀喇和屯—→王家营—→鞍子岭—→两间房—→巴克什营—→遥亭—→密云县—→南石槽—→回驻畅春园。
121	谒孝陵	康熙五十一年（1712 年）	十一月至十二月	谒孝陵启行驻跸南苑—→赵里—→三河县—→五里桥—→淋河地方—→西双城—→牛家庄—→北台地方—→冰窖厂地方—→ 暖泉地方—→雅图沟地方—→鄂伦蒿齐忒地方—→西拉乌苏地方—→特布克地方—→莺图地方—→鄂伦特地方—→八沟地方—→七沟地方—→二沟地方—→张家庄—→热河行宫—→喀喇和屯 —→鞍子岭—→两间房—→遥亭—→密云县—→三家店—→回宫。
122	巡幸畿甸	康熙五十二年（1713 年）	二月	巡幸畿甸自畅春园启行驻跸稻田地方—→马家庄—→内渠地方—→南沙口—→登舟泊赵北口—→泊郭里口—→泊段村—→泊圈头—→泊赵北口—→自赵北口陆行驻跸苑家口—→南八里庄—→北寺堡—→李家渠地方—→南苑。

序号	巡幸目的	巡幸时间		巡幸地方（时间为农历）
		年份	月份（农历）	
123	避暑塞外	康熙五十二年（1713年）	五月至九月	避暑塞外自畅春园启行驻跸南石槽——→密云县——→遥亭——→两间房——→王家营——→喀喇河屯——→热河行宫——→幸汤泉——→回住热河行宫——→热河行宫——→行围自热河启行驻跸中关——→博洛河屯——→张三营——→穆禄喀喇沁和洛——→云特木尔达昂阿地方——→格尔齐老地方——→克勒乌里雅苏台——→哈达鄂佛罗地方——→噶海图昂阿地方——→车尔布库地方——→噶海图昂阿地方——→乌赖岱地方——→准乌赖岱地方——→布尔哈苏台——→巴彦和洛——→五虎尔岱地方——→鄂尔楚克哈达地方——→得尔吉惠汉地方——→克尔木台地方——→永安拜昂阿地方——→齐老图地方——→乌阑哈尔哈地方——→瑚尔希勒毕喇地方——→浑津布拉克地方——→多罗诺尔庙地方——→浑津布拉克地方——→瑚尔希勒毕喇地方——→乌阑哈尔哈地方——→巴颜拖罗海地方——→朱尔哈代硕伦地方——→郭里营地方——→喀布齐禄地方——→博洛河屯——→中关——→回驻热河行宫——→回銮驻跸喀喇河屯——→鞍子岭——→两间房——→巴克什营——→遥亭——→密云县——→南石槽——→回驻畅春园。
124	谒孝陵	康熙五十二年（1713年）	十一月至十二月	谒孝陵自畅春园启行驻跸南苑——→琼寺——→夏店——→白涧庄——→黄土坡——→姚家庄——→遵化州——→三屯营——→兰阳——→阑阳——→蒙子岭——→龙须门——→大吉口地方——→雅图沟地方——→多惠毕喇地方——→鄂伦特地方——→乌阑克勒木地方——→特布克地方——→布鲁图地方——→鄂伦特地方——→八沟地方——→七沟地方——→二沟地方——→张家庄——→热河行宫——→喀喇河屯——→鞍子岭——→两间房——→遥亭——→密云县——→南石槽——→回畅春园。
125	巡幸霸州等处	康熙五十三年（1714年）	正月至二月	正月26日巡幸霸州等处出畅春园启行驻跸稻田——→马家店——→内渠——→南沙口——→登舟泊赵北口——→泊郭里口3天——→泊段村——→泊圈头2天——→泊赵北口——→泊张青口——→泊苑家口——→泊南八里庄——→北寺堡——→海子南红门——→2月15日回畅春园。

序号	巡幸目的	巡幸时间		巡幸地方（时间为农历）
		年份	月份（农历）	
126	巡幸口北	康熙五十三年（1714年）	四月至九月	4月20日巡视口北出畅春园启行驻跸林沟4天——→南石槽——→密云县——→腰亭子——→两间房——→王家营——→喀喇城——→热河行宫驻跸30天——→6月初2日驻跸东门行宫37天——→7月13日驻跸热河行宫22天——→8月初6日驻跸中关——→青城——→张三营——→汗铁岭南口——→云特木尔口——→那达岭谷口——→阿那达岭——→骅骝杨川驻跸5天——→哈达俄佛洛驻跸2天——→博湖图口驻跸3天——→红川湾驻跸2天——→杨柳川驻跸2天——→富沟——→乌胡尔济——→努胡带——→鄂尔绰克哈达——→德尔吉惠罕——→克尔木特——→永安口驻跸2天——→石山地方——→乌兰哈尔哈——→巴颜陀乐海——→朱尔哈岱索伦——→郭里营——→喀卜齐路——→青城——→中关——→热河行宫驻跸5天——→鞍子岭——→两间房——→巴克什营——→腰亭子——→密云县——→怀柔县——→林沟——→9月28日回畅春园。
127	巡幸口北	康熙五十三年（1714年）	十一月至十二月	11月18日巡行口北启行驻跸南苑——→狮子营——→密云县——→腰亭子——→古长川——→鞍子岭——→化育沟——→东庄瓦窑子——→老牛河——→两家寨——→鸦图沟——→多灰口——→胡思台口驻跸2天——→西喇乌苏驻跸2天——→忒普克——→鹰图堡——→俄伦忒河——→八沟——→三家子——→杨树沟——→二沟——→张家庄——→热河驻跸2天——→喀喇城——→鞍子岭——→边桥试马台——→腰亭子——→密云县——→南石槽——→12月21日回畅春园。
128	巡视霸州等处	康熙五十四年（1715年）	二月	2月初4日巡视霸州等处出畅春园驻跸篱笆房——→长店——→方关——→王乡湾——→登舟泊赵北口3天——→泊张青口——→泊保定县——→泊辛张——→楚河港登岸驻跸响口村——→马房——→杨房——→邵哥庄——→2月26日至南苑。
129	巡幸口北	康熙五十四年（1715年）	四月至十月	4月26日巡幸口北出畅春园启行驻跸汤泉——→怀柔县——→密云县——→腰亭子——→5月初1日驻跸两间房——→王家营——→喀喇城——→热河行宫驻跸4天——→8月初10日驻跸中关——→汤泉——→中关——→青城——→张三营——→云特木儿口——→阿那达岭谷口——→骅骝杨川——→哈达鄂佛洛——→博湖图口——→红川湾——→杨柳川——→柳林地方——→9月初2日驻跸富沟——→乌湖尔济——→努湖埭——→鄂尔绰克哈达——→德尔吉惠罕——→克尔木特外——→永安柏——→石山地方——→红门——→巴颜陀洛海——→柳林地方——→讷穆桑噶山——→青城——→中关——→9月18日驻跸热河行宫21天——→10月初10日驻跸喀喇城——→鞍子岭——→两间房——→巴克什营——→腰亭子——→密云县——→怀柔县——→汤泉——→10月19日回畅春园。

序号	巡幸目的	巡幸时间		巡幸地方（时间为农历）
		年份	月份（农历）	
130	巡幸霸州等处	康熙五十五年（1716年）	二月至三月	2月18日巡幸霸州等处出畅春园启行驻跸拱极城⟶十三里⟶胡良桥⟶半壁店⟶王厢⟶登舟泊赵北口⟶泊郭里口5天⟶泊段村⟶泊圈头2天⟶泊赵北口⟶泊苑家口⟶登岸驻跸王喜营⟶良渠⟶南窑⟶戴岭⟶3月初9日回畅春园。
131	巡幸口北	康熙五十五年（1716年）	四月至九月	4月14日巡幸口北启行驻跸汤泉⟶南石槽⟶怀柔县⟶密云县⟶罗家桥⟶腰亭子⟶巴克什营⟶两间房⟶鞍子岭⟶王家营⟶桦榆沟⟶喀喇城⟶4月28日驻跸热河行宫⟶6月28日幸汤泉驻跸中关⟶汤泉驻跸4天⟶7月初4日驻跸热河行宫⟶7月26日启行驻跸中关⟶青城驻跸2天⟶张三营驻跸3天⟶可汗铁岭南口⟶云特木儿口⟶阿那达岭谷口驻跸3天⟶骅骝杨川⟶哈达俄佛洛⟶野猪川⟶红川湾驻跸4天⟶厄尔滚沟⟶柳林地方驻跸4天⟶哥里齐落⟶舒库尔口⟶克勒母台湾⟶雍安拜⟶鹰图色钦⟶齐老图⟶乌兰哈尔哈⟶巴颜拖罗海⟶朱尔哈代朔陇⟶郭里营驻跸2天⟶喀卜齐路⟶青城⟶中关⟶9月初6日驻跸热河行宫⟶9月16日启行驻跸喀喇城⟶鞍子岭⟶两间房⟶巴克什营⟶腰亭子⟶罗家桥⟶丫髻山⟶密云县⟶怀柔县⟶汤泉驻跸3天⟶9月28日回畅春园。
132	谒孝陵	康熙五十五年（1716年）	十一月至十二月	11月13日谒孝陵启行驻跸南苑⟶琼寺⟶马起乏⟶三河县⟶孙各庄⟶豪门⟶新城⟶诣孝陵驻跸汤泉⟶遵化州⟶三屯营⟶兰阳⟶孟子岭⟶头道河⟶暖泉⟶丫头沟⟶多回口⟶胡什泰口⟶西喇乌苏⟶济鲁克驻跸2天⟶红吉尔岱⟶苏巴尔汉百尔七尔⟶灰涂苏⟶清吉尔岱⟶鄂伦特⟶八沟⟶三家村⟶杨树沟⟶二沟⟶张家庄⟶热河⟶喀拉河屯⟶鞍子岭⟶两间房⟶腰亭子⟶密云县⟶南石槽⟶汤泉⟶12月23日回畅春园。
133	巡视霸州等处	康熙五十六年（1717年）	二月	2月初1日巡视霸州等处出畅春园驻跸篱笆房⟶长店⟶方关⟶五乡⟶登舟泊赵北口⟶泊郭里口3天⟶泊段村2天⟶泊圈头⟶泊赵北口⟶泊袁家口⟶驻跸西镇2天⟶王里⟶南苑⟶2月18日回畅春园。

序号	巡幸目的	巡幸时间		巡幸地方（时间为农历）
		年份	月份（农历）	
134	北巡	康熙五十六年（1717年）	四月至十月	4月17日北巡出畅春园启行驻跸汤泉2天——→石槽——→怀柔县——→密云县——→罗家桥——→腰亭子——→巴克什营——→两间房——→王家营——→喀喇城——→4月28日驻跸热河行宫——→5月初6日诣汤泉驻跸黄土坎——→汤泉——→5月初10日驻跸黄土坎——→5月11日回热河行宫——→8月初1日驻跸黄土坎——→汤泉2天——→中关——→青城3天——→张三营——→伊孙喀卜齐路——→云特木儿口——→爱里格尔七老——→漠岭3天——→骅骝杨川——→哈达俄佛洛——→猪川——→红川北湾2天——→格尔七老口2天——→德普遂辉涵——→柳林2天——→巴颜沟五里——→乌胡尔吉——→努胡代色勤——→巴颜沟——→德尔吉辉罕五里——→德尔吉辉罕——→克勒毋台——→雍安拜谷口4天——→——→克勒毋台湾——→厄勒苏忒岭口——→拜巴哈口——→布敦河——→骅骝杨川——→黄陂杨川——→阿纳达岭口——→古都礼忽口——→王三窝铺——→毕尔珠海三里——→黄土坎——→9月18日回热河行宫——→10月初9日驻跸噶喇城——→王家营——→鞍子岭——→两间房——→榜式营——→么亭——→罗家桥——→密云县——→怀柔县——→汤泉2天——→10月20日回畅春园。
135		康熙五十七年（1718年）	三月至九月	3月14日幸畅春园——→驻跸南石槽地方——→怀柔县——→密云县——→热河——→罗家桥——→遥亭——→巴克什营——→两间房——→王家营——→花峪沟地方——→喀喇河屯——→热河行宫——→秋7月行围启行驻跸黄土坎——→汤泉——→中关——→博洛河屯——→唐土沟地方——→张三营——→宜荪喀布齐禄地方——→哈克什图毕喇地方——→漠音昂阿地方——→昂巴西尔哈纳林西尔哈交界地方——→克勒乌里雅苏台——→西拉诺海地方——→秋分驻跸乌喇岱地方——→闰8月驻跸布尔哈苏台——→巴颜和洛——→得尔吉惠罕地方——→克尔木台地方——→永安拜昂阿地方——→额勒苏台达巴汉地方——→胡鲁苏台地方——→克勒毕喇地方——→阿纳达达巴汉昂阿地方——→爱里格尔齐老地方——→云特木尔昂阿地方——→9月驻跸特木尔达巴汉地方——→张三营——→中关——→马华营——→黄土坎——→热河行宫——→回銮驻跸花峪沟——→王家营——→鞍子岭——→两间房——→巴克什营——→遥亭——→密云县——→怀柔县——→南石槽地方——→汤泉——→畅春园。
136		康熙五十七年（1718年）	十一月	11月出宫驻跸赵礼地方——→石碑——→黄土坡——→新城——→马伸桥——→至孝惠章皇后陵驻跸小孙各庄——→新店——→通州北关——→南苑。

序号	巡幸目的	巡幸时间		巡幸地方（时间为农历）
		年份	月份（农历）	
137	春分巡幸畿甸	康熙五十八年（1719年）	二月	春分巡幸畿甸出宫启行驻跸长店——→胡良桥地方——→小营——→登舟泊赵北口——→泊郭里口——→泊段村——→泊圈头——→自赵北口登岸驻跸十三里铺——→驹马河地方——→长杨村——→回畅春园。
138	巡幸塞外	康熙五十八年（1719年）	四月至十月	4月巡幸塞外出畅春园启行驻跸汤泉——→南石槽——→怀柔县——→密云县——→罗家桥——→遥亭——→巴克什营——→两间房——→王家营——→喀喇河屯——→热河行宫——→5月至秋7月行围启行驻跸博洛河屯——→张三营——→苏赛包地方——→济布克特昂阿地方——→舒虎尔和洛昂阿地方——→土城地方——→巴颜和洛地方——→布尔哈苏台昂阿地方——→格尔齐老昂阿地方——→9月驻跸博通图昂阿地方——→西拉诺海地方——→克勒乌里雅苏台——→石宝诺尔地方——→克勒色钦地方——→云特木尔昂阿地方——→汗特木尔达巴汉地方——→张三营——→唐土沟地方——→博洛河屯——→哈麻子营——→黄土坎——→热河行宫——→花峪沟地方——→王家营——→鞍子岭——→两间房——→巴克什营——→遥亭——→冬10月驻跸罗家桥——→密云县——→怀柔县——→南石槽地方——→汤泉——→郑格庄——→畅春园。
139	巡幸畿甸	康熙五十九年（1720年）	二月	巡幸畿甸启行驻跸南苑——→夏村——→镇安寺——→华家店——→祭孝陵驻跸新开房——→登舟泊赵北口——→泊郭里南口——→泊段村——→泊圈头村——→泊赵北口——→登陆驻跸王乡湾——→方关——→百草湾——→南苑。
140	巡幸塞外	康熙五十九年（1720年）	四月至十月	巡幸塞外自畅春园启行驻跸郑格庄——→汤泉——→南石槽——→怀柔县——→密云县——→罗家桥——→遥亭——→巴克什营——→两间房——→王家营——→花峪沟——→喀喇河屯——→热河行宫——→幸王园进宴——→热河行宫——→8月行围启行驻跸黄土坎——→汤泉——→中关——→博洛河屯——→唐土沟地方——→张三营——→宜苏喀布齐禄地方——→云特木尔昂阿地方——→漠音昂阿地方——→西尔哈地方——→克勒乌里雅苏台——→哈达鄂佛罗地方——→噶海图地方——→乌喇岱地方——→布尔哈苏台地方——→巴颜和洛——→鄂尔楚克哈达地方——→达颜昂阿地方——→得尔吉惠汉地方——→鹫和洛——→和伦毕喇地方——→永安拜昂阿地方——→噶拜齐老图地方——→巴颜拖罗海地方——→朱尔哈代硕伦地方——→高丽营——→喀布齐禄昂阿地方——→博洛河屯——→回驻热河行宫——→回銮驻跸喀喇河屯——→花浴沟——→王家营——→小营——→两间房——→巴克什营——→遥亭——→罗家桥——→密云县——→怀柔县——→汤泉——→郑格庄——→回驻畅春园。
141		康熙六十年（1721年）	二月	自畅春园启行驻跸南苑——→通州——→夏店——→白涧庄——→黄土坎——→姚家庄——→诣孝陵驻跸马兰峪——→回銮驻跸马伸桥——→花园——→白涧庄——→夏店——→通州——→南苑。

序号	巡幸目的	巡幸时间		巡幸地方（时间为农历）
		年份	月份（农历）	
142	巡幸塞外	康熙六十年（1721年）	四月至九月	巡幸塞外出畅春园启行驻跸汤泉——→怀柔县——→密云县——→遥亭——→巴克什营——→两间房——→小营——→王家营——→花峪沟——→喀喇河屯——→热河行宫——→行围启行驻跸黄土坎——→汤泉——→中关——→西巴尔台——→博洛河屯——→唐土沟地方——→张三营——→宜苏喀布齐禄地方——→云特木尔昂阿地方——→爱里格尔齐老地方——→哈达鄂佛罗地方——→木百敦昂阿地方——→西拉诺海地方——→乌喇岱——→准乌喇岱——→格尔齐老地方——→布尔哈苏台——→巴颜和洛——→鄂尔楚克哈达地方——→达颜昂阿地方——→得尔吉惠汉地方——→鹫和洛——→和伦毕喇地方——→车尔布库地方——→永安拜昂阿地方——→噶拜齐老图地方——→布克达巴汉地方——→朱尔哈代硕伦地方——→招苏沟地方——→哈唐海地方——→张三营——→唐土沟地方——→博洛河屯——→西巴尔台地方——→中关——→热河行宫——→回銮驻跸喀喇河屯——→花峪沟地方——→王家营——→常山峪——→两间房——→巴克什营——→遥亭——→罗家桥——→密云县——→石槽——→汤泉——→回驻畅春园。
143	巡幸畿甸	康熙六十一年（1722年）	正月至二月	巡幸畿甸启行驻跸南苑——→鹅坊——→赵新庄——→弘恩寺地方——→镇安桥——→新城县——→新盖庄——→至赵北口登舟泊段村——→泊郭里口——→泊圈头村——→登陆驻跸赵北口——→白沟地方——→楼桑铺——→弘恩寺地方——→拱极城——→南苑。
144	巡幸塞外	康熙六十一年（1722年）	四月至九月	巡幸塞外自畅春园启行驻跸汤泉——→南石槽——→怀柔县——→密云县——→罗家桥地方——→遥亭——→巴克什营——→两间房——→常山峪——→王家营——→花峪沟——→喀喇河屯——→热河行宫——→行围自热河行宫启行驻跸黄土坎——→西巴尔台地方——→博洛河屯——→唐土沟——→张三营——→喀布齐禄地方——→济布克特昂阿地方——→鹫和洛——→舒虎尔和洛昂阿地方——→得尔吉惠汉地方——→土城地方——→鄂尔楚克哈达地方——→五虎尔济地方——→巴颜和洛——→布尔哈苏台——→额尔滚皋地方——→拜布哈昂阿地方——→穆禄喀喇沁地方——→汗特木尔达巴汉地方——→汗特木尔达巴汉昂阿地方——→张三营——→博洛河屯——→西巴尔台地方——→黄土坎——→还至热河行宫——→回銮启行驻跸喀喇河屯——→花峪沟——→王家营——→常山峪——→两间房——→巴克什营——→遥亭——→罗家桥——→密云县——→怀柔县——→汤泉——→回驻畅春园。

注：序号 1 资料来源根据清 · 清圣祖实录 [M]. 提炼整理。

序号 2 ～ 46 资料来源根据清 · 康熙起居注 [M]. 提炼整理。

序号 47 ～ 102 资料来源根据清 · 清圣祖实录 [M]. 提炼整理。

序号 103 ～ 105 资料来源根据清 · 康熙起居注 [M]. 提炼整理。

序号 106 ～ 124 资料来源根据清 · 清圣祖实录 [M]. 提炼整理 。

序号 125 ～ 144 资料来源根据清 · 康熙起居注 [M]. 提炼整理。

“巡幸目的”空白栏为史料中未交待

第四节　康熙园林活动研究文献简析

关于康熙园林活动的研究文献，以介绍康熙帝造园的背景资料为主，多为原始文献图样、铺垫性的资料及其简要论述，其中对康熙造园的实绩既有肯定的也有否定的，对其造园思想褒贬不一，罕有正面完整论述康熙造园的论著。

序号	与研究康熙园林活动有关的文献论著	有关内容
1	清·康熙.清圣祖御制文集 [M].	研究康熙造园审美思想的最直接的原始文献。
2	清·清圣祖实录 [M].	研究康熙造园实绩的综合原始文献。
3	清·爱新觉罗·玄烨撰. 沈嵛绘. 御制避暑山庄图咏 [M].	康熙五十年（1711 年）内阁学士宫廷画家沈嵛绘制，木刻版画，包括避暑山庄康熙题三十六景图、康熙题诗入画，以及揆叙等注。此图不久被康熙朝传教士马国贤临摹制作成避暑山庄三十六景铜版画。此图咏是研究清初康熙造园最重要的图形文献。
4	清·冷枚绘. 避暑山庄图（轴）.	康熙五十二年（1713 年）宫廷画家冷枚绘制，绢本设色，鸟瞰透视与散点透视结合画法，避暑山庄全景图。此图咏是研究清初康熙时期避暑山庄的最重要的图形文献。
5	意大利·马国贤铜版画. 避暑山庄三十六景图.	康熙五十二年传教士马国贤临摹沈嵛绘《避暑山庄康熙题三十六景图》制作成避暑山庄三十六景铜版画，于 1724 年传至欧洲，从此中国造园首次以图形的形式影响欧洲造园。此图咏是研究清初康熙造园最重要的图形文献之一。
6	清·王原祁绘. 避暑山庄三十六景.	康熙五十二年至五十五年（1713 年 ~1716 年）宫廷画家王原祁绘制，设色素笺本，画面有康熙题诗。
7	清·爱新觉罗·玄烨著. 李迪译注. 康熙几暇格物编译注 [M]. 上海：上海古籍出版社，1993.	有标点，简化字，是证实康熙造园实学，尤其是证明康熙是园艺学家的重要著作。
8	法国·白晋著. 马绪祥译. 康熙帝传 [Z]. 中国社会科学院历史研究所清史研究室·清史资料〈1〉，北京：中华书局，1980.	康熙时期西方传教士描述康熙生活和工作的最重要著作，其中有描写康熙是如何朴素营造和使用南苑、畅春园等皇家园林的情景。
9	王志民，王则远校注. 康熙诗词集注 [M]. 呼和浩特：内蒙古人民出版社，1994	康熙的诗词，清代以后再未重印过，国内外亦无校注本出版。该书校注者披阅研究了国内的三种主要版本及大量相关资料，以《御制文集》为底本，校以另两种版本，对其全部诗词作了系统地校勘，并加新式标点。每首诗词之后，皆加注释，考证时地，解说诗旨，诊解词义，究明出处，录其异遗，给以编年。又选录了康熙文论十四篇，以见其文学主张；且编有《康熙诗词年谱》，以见其写作背景和生平行迹。该书是研究康熙风景园林诗词的重要著作。
10	故宫博物院·朱诚如主编. 清史图典·康熙朝 [M]. 北京：紫禁城出版社，2002.	刊印了大量有价值的康熙朝造园方面的图形资料，是研究康熙造园的重要资料。

序号	与研究康熙园林活动有关的文献论著	有关内容
11	白新良．康熙皇帝全传 [M]. 北京：学苑出版社，1994.	全面叙述康熙生平，但未介绍康熙造园之事。
12	孟昭信．康熙评传 [M]. 南京：南京大学出版社，1998.	以正面评价康熙生平为主，但未评价康熙造园之事。
13	孟昭信．康熙大帝全传 [M]. 长春：吉林文史出版社，1987.	以正面为主叙述康熙生平，但未介绍康熙造园之事。
14	扬帆．透视康熙 [M]. 兰州：敦煌文艺出版社，1999.	肯定地评价康熙的政治、军事和文化思想，但未评价康熙造园思想。
15	田时塘，裴海燕，罗振兴．康熙皇帝与彼得大帝——康乾盛世背后的遗憾 [M]. 北京：中央文献出版社，2000.	此书基本否定康熙的政治思想和文化政策。
16	宋德宣．康熙评传——一生勤民不愧君 [M]. 南宁：广西教育出版社，1997.	高度承认康熙在政治、军事和文化方面的丰功伟绩，但也未能直接谈及康熙造园之事。
17	孟昭信．康熙的晚年生活 [M]. 北京：中国人民大学出版社，1995.	从文中可以间接看到康熙后期的园林生活场景。
18	翟英范．康熙智慧 [M]. 北京：中国戏剧出版社，2000.	谈到康熙把重视文化当作守国之道，但未能直接阐明康熙造园。
19	蒋兆成，王日根．康熙传 [M]. 北京：人民出版社，1998.	比较全面介绍康熙的理学治国思想，文中有康熙下江南游幸风景园林的简短论述。
20	清 · 佚名绘．朗吟阁胤禛．	康熙朝晚期作画，作者尚未考证，胤禛（雍正）像以天然图画朗吟阁建筑群为背景，可以看出康熙赐园时的圆明园天然图画景点的概貌。
21	闻性真．康熙与自然科学 [C]. 明清史国际学术讨论会论文集，天津：天津人民出版社，1980.	介绍有康熙在皇家园林当中进行“早御稻”等科学试验的事迹。
22	清 · 高晋，等．南巡盛典名胜图录 [M]. 苏州：古吴轩出版社，1999.	印有康熙南巡驻跸和游览过的江南风景园林及行宫的图形资料。
23	清 · 钱永撰．履园丛话 [M]. 北京：中华书局 ,1979.	有康熙朝关于皇家园林的记载。
24	日本 · 针之谷钟吉著．邹洪灿译．西方造园变迁史——从伊甸园到天然公园 [M]. 北京：中国建筑工业出版社，1991.	有康熙时期中国园林文化影响欧洲的记载。
25	王其亨．清代皇家园林研究的若干问题 [J]. 建筑师，1995，6.	大力呼吁全社会应该进行皇家造园个案的研究，特别是对康熙造园的肯定性研究。
26	郭美兰．康熙年间口外行宫的兴建．由中国第一历史档案馆藏内务府（满文）翻译与议论 [R]. 承德：纪念避暑山庄 300 周年清史国际学术研讨会，2003,9.	根据清朝内务府关于康熙年间口外行宫兴建的满文史料，就八处口外行宫兴建的原因、经过和管理等方面进行了翻译与分析，使对康熙北巡行宫园林的研究更加细致入微。
27	田淑华．清代塞外行宫调查考述（上）（下）[J]. 文物春秋，2001（5）：31-34．2001（6）：42-45．	对古北口至木兰围场沿途清代行宫进行了系统的实地调查与考证，基本搞清了行宫的修建时间、建设规模、建筑形式及保存现状。其中对行宫宫殿区与园林区面积尺度的描述，对认识与研究康熙北巡行宫园林具有重要价值。

序号	与研究康熙园林活动有关的文献论著	有关内容
28	王淑云．清代北巡御道和塞外行宫 [M]．北京：中国环境科学出版社，1989．	讲述了清初皇帝北巡边塞的一些历史活动，北巡的线路以及其沿线兴建的行宫建筑，记述了北巡御道的大体路线变化和沿途风土人情，介绍了行宫的历史、现状和建筑特点，描述了当年木兰秋狝的盛大景况。
29	彭一刚．中国古典园林分析 [M]. 北京：中国建筑工业出版社，1986.	以现代人的景观审美要求和方法，对现存的避暑山庄等园林进行图形分析。
30	吴葱，史箴，何捷．诗拟丰标，图摹体态——清代皇家园林图咏研究 [J]. 建筑师，1998，12.	刊登了关于康熙时期皇家园林的图咏资料。
31	刘玉文．浓缩天地——避暑山庄营造技艺 [M]. 沈阳：辽宁人民出版社，1997.	较全面地介绍了康熙在避暑山庄中的造园思想和造园技艺，是研究康熙造园的较好材料。
32	祁美琴．清代内务府 [M]. 北京：中国人民大学出版社，1998.	文中记述了畅春园总管李煦的事迹，以及康熙宠臣园林鉴赏家曹寅（李煦的妹夫、曹雪芹的祖父）的事迹。
33	孟兆祯．避暑山庄园林艺术 [M]. 北京：紫禁城出版社，1985.	有描写康熙在避暑山庄中的相地理念和造园思想，是研究康熙造园的较好材料。
34	郭俊纶．清代园林图录 [M]. 上海：上海人民美术出版社，1993.	全清代著名的园林图咏资料，可以纵向比较康熙的园林审美思想。
35	周维权．玉泉山静明园 [C]. 清华大学建筑系编．建筑史论文集·第七辑，北京：清华大学出版社，1985.	有关于康熙十年（1671 年）康熙帝命名玉泉山为“澄心园”，康熙三十一年（1692 年）改名为“静明园”的叙述。
36	窦武．法国造园艺术 [C]. 清华大学建筑系编．建筑史论文集·第七辑，北京：清华大学出版社，1985.	有康熙时期中国自然式造园影响法国路易十四王朝造园的介绍。
37	何重义，曾昭奋．一代名园圆明园 [M]. 北京：北京出版社，1990.	有康熙营造京郊皇家园林的考证，是研究康熙造园活动的有效文献。
38	王毅．园林与中国文化 [M]. 上海：上海人民出版社，1990.	以中国传统隐逸哲学理念研究中国古典园林发展史，有其独到的观点，值得借鉴，但其对清代造园的评论，不能解释康熙的造园思想。
39	冯钟平．中国园林建筑 [M]. 北京：清华大学出版社，1988.	分析了传统中国园林建筑的造景艺术，有避暑山庄康熙时期“金山”建筑群的实例分析。
40	王汶兰，陈秉礼主编．承德避暑山庄外八庙风景名胜区植物揽胜 [M]. 北京：中国建筑工业出版社，1995.	简要分析了康熙时期避暑山庄内外的植被分布状况。
41	陈志华．外国造园艺术 [M]. 郑州：河南科学技术出版社，2001.	有康熙时期中国造园影响西方的介绍。
42	张家骥．中国造园论 [M]. 太原：山西人民出版社，1991.	研究康熙造园的背景比较资料。
43	金学智．中国园林美学 [M]. 北京：中国建筑工业出版社，2000.	研究康熙造园审美的背景比较资料。
44	周维权．中国古典园林史 [M]. 北京：清华大学出版社，1999.	文中指出康熙是中国历史上重要的造园家，呼吁值得研究康熙造园的实绩。
45	赵兴华．北京园林史话 [M]. 北京：中国林业出版社，2000.	有关于康熙朝在京造园的介绍。

序号	与研究康熙园林活动有关的文献论著	有关内容
46	杜江 . 清帝承德离宫 [M]. 北京：紫禁城出版社，1998.	叙述了康熙时期避暑山庄的情况。
47	刘彤彤 . 问渠哪得清如许，为有源头活水来——中国古典园林的儒学基因及其影响下的清代皇家园林 [D]. 天津：天津大学，1999.	研究儒学基因及其影响下的清代皇家园林建设，谈及儒家思想影响下的康熙造园。
48	庄岳 . 数典宁须述古则，行时偶以志今游——清代皇家园林创作的解释学意向探析 [D]. 天津：天津大学，2000.	有康熙时期圆明园和避暑山庄景点用典的探析。
49	苏怡 . 平地起蓬瀛，城市而林壑——清代皇家园林与北京城市生态研究 [D]. 天津：天津大学，2001.	评价了康熙在京师皇家园林及木兰围场一带营造的生态环境。
50	赵可昕 . 川泳与云飞，物物含至理——清代皇家园林中的理学精神 [D]. 天津：天津大学，2001.	初步研究了理学精神作用下的康熙造园。
51	许莹 . 观风问俗式旧典，湖光风色资新探——清代皇家行宫园林研究 [D]. 天津：天津大学，2001.	有康熙巡行行宫园林的统计研究。
52	赵春兰 . 周裨瀛海诚旷哉，昆仑方壶缩地来——乾隆造园思想研究 [D]. 天津：天津大学，1998.	研究深受康熙造园思想影响的乾隆造园思想，文中对康熙造园思想有高度评价。
53	潘灏源 . 愿为君子儒，不作逍遥游——清代皇家园林中的士人思想与士人园 [D]. 天津：天津大学，1998.	文中赞同康熙带有文人理念的造园思想。
54	盛梅 . 画意诗情景无尽，春花秋月趣常殊——清代皇家园林景的构成与审美 [D]. 天津：天津大学，1997.	文中分析了部分康熙的园林诗歌。
55	戴建新 . 连延楼阁仿西洋，信是熙朝声教彰——清代皇家园林中的西洋建筑 [D]. 天津：天津大学，1997.	文中赞美了康熙接受西方建筑文化的宽容思想。
56	李倩枚 . 何分西土东天，倩他装点名园——清代皇家园林中宗教建筑的类型与意义 [D]. 天津：天津大学建筑学院硕士研究生论文，1994.	在皇家园林中宗教建筑的政治功能方面，肯定了康熙的主张。
57	黄波 . 平地起蓬瀛，城市而林壑——清代皇家园林与都城规划 [D]. 天津：天津大学，1994.	这是一篇较早地提及康熙造园思想的论文。
58	英国 · 苏立文著 . 陈瑞林译 . 东西方美术的交流 [M]. 南京：江苏美术出版社，1998.	论述了 18 世纪康熙时期的中国与西方之间美术及园林艺术的互相影响。
59	法国 · 伯德莱著 . 耿昇译 . 清宫洋画家 [M]. 济南：山东画报出版社 ,2002.	文中描述了康熙赞赏马国贤、郎士宁等清宫西洋画家的事迹。
60	故宫博物院 · 聂崇正 . 清代宫廷绘画 [M]. 北京：文物出版社，1994.	刊登了康熙朝王原祁、冷枚、沈嵛等宫廷画家的风景园林绘画作品，如避暑山庄图、康熙南巡图等。
61	王明贤，戴志中 . 中国建筑美学文存 [M]. 天津：天津科学技术出版社，1997.	书中搜集了明末清初诗人吴伟业的《张南垣传》等与康熙造园相关的文献。

序号	与研究康熙园林活动有关的文献论著	有关内容
62	陈同滨，吴东，越乡．中国古代建筑大图典[M]. 北京：今日中国出版社，1997.	书中搜集了清代康熙主持营建的避暑山庄等皇家园林的景图。
63	曾胡，王鲁豫．中华古文化大图典[M]. 北京：北京广播学院出版社，1992.	书中搜集了康熙亲题的“耕织图”等清代初期风景园林图。
64	杨伯达．清代院画[M]. 北京：紫禁城出版社，1993.	从清代留下的院画当中，能够分析康熙营造避暑山庄等皇家园林的创作思想。
65	王佑夫主编．清代满族诗学精华[M]. 北京：中央民族大学出版社，1994.	本文肯定康熙是清代满族最重要的诗人之一。康熙一生所创作的诗词当中百分之六十三是风景园林诗篇。
66	吴葱．在投影之外——建筑图学的扩展性研究[D]. 天津：天津大学，1998.	书中研究了康熙时期西方透视学对中国图学创作的影响。
67	李天纲．中国礼仪之争：历史、文献和意义[M]. 北京：中国人民大学出版社，1992.	评价康熙在吸收外来文化上的态度及政策的变化过程。
68	黄爱平．18世纪的中国与世界：思想文化卷[M]. 沈阳：辽海出版社，1999.	论述了康熙尊崇儒学和在“礼仪之争”中的历史作用。
69	《文史知识》编辑部．儒、佛、道与传统文化[M]. 北京：中华书局出版社，1990.	其中搜集了关于“清初实学”的文章，是研究比较康熙的实学精神的背景资料。
70	张云飞．天人合一——儒学与生态环境[M]. 成都：四川人民出版社，1995.	研究比较康熙的儒家生态观的背景资料。
71	王其亨主编．风水理论研究[M]. 天津：天津大学出版社，1992.	研究比较康熙的风水格物观的背景资料。
72	清·古今图书集成[M].	康熙朝编撰的清代百科全书，收录了当时的建筑工具、园林工程等图形内容。
73	清·吴长元．宸垣识略[M]. 北京：北京古籍出版社，1982.	描述有南苑、西苑、畅春园、圆明园等与康熙直接相关的皇家园林，是研究考证康熙造园的重要史料之一。
74	清·畿辅通志[M]. 石家庄：河北人民出版社，1989.	如实记载了康熙时期的行宫园林概况，是研究考证康熙造园的重要史料之一。
75	清·钦定日下旧闻考[M].	描述有京师与康熙直接相关的皇家园林情况，是研究考证康熙造园的重要史料之一。
76	清·吴振棫．养吉斋丛录[M]. 北京：北京古籍出版社，1983.	简明地记述了清康熙政府、宫廷的典章制度和康熙朝室的宫殿园苑。
77	法国·安田朴，谢和耐，等著．耿昇译．明清间入华耶稣会士和中西文化交流[C]. 成都：巴蜀书社，1993.	文中描述了康熙对耶稣会士和中西文化交流的宽容态度。
78	法国·伏尔泰著．吴模信，沈怀洁，梁守锵译．路易十四[M]. 北京：商务印书馆出版社，1999.	作者肯定中国礼仪之争中清王朝政策的正确性。
79	法国·杜赫德著．郑德弟，吕一民，沈坚，朱静译．耶稣会士中国书简——中国回忆录[M]. 郑州：大象出版社，2001.	其中有康熙朝西方传教士评价康熙造园思想的文献，是研究考证康熙造园思想的重要史料之一。
80	美国·魏裴德著．陈苏镇，等译．洪业——清朝开国史[M]. 南京：江苏人民出版社，1992.	康熙造园的社会背景资料。

序号	与研究康熙园林活动有关的文献论著	有关内容
81	黄时鉴主编．插图解说中西关系史年表 [M]. 杭州：浙江人民出版社，1994.	书中收录了与康熙造园文化相关的中西交流大事年表。
82	曹增友．传教士与中国科学 [M]. 北京：宗教文化出版社，1999.	记述了康熙热爱西方科技的事迹。
83	马东玉．雄视四方——清帝巡狩活动 [M]. 沈阳：辽海出版社，1997.	有康熙巡幸行宫的介绍。
84	戴逸．乾隆帝及其时代 [M]. 北京：中国人民大学出版社，1992.	谈乾隆，但有对康熙的评价。
85	王灿识．北京史地风物书录 [M]. 北京：北京出版社，1985.	编辑了康熙时期的北京史地风物，是研究康熙造园的基础资料。
86	清代宫史研究会编．清代宫史丛谈 [M]. 北京：紫禁城出版社，1996.	辑有康熙出巡、避暑山庄的营造历史等文章。
87	高智瑜主编．紫气贯京华 [M]. 北京：中国人民大学出版社，1994.	介绍评价康熙在京师和热河建造的皇家园林。
88	北京市社会科学研究所．北京历史纪年 [M]. 北京：北京出版社，1984.	记述了康熙朝修建土木大事表，是研究康熙造园的重要史料。
89	清代宫史研究会编．清代宫史求实 [M]. 北京：紫禁城出版社，1996.	辑录了系列“山庄论丛”，是研究康熙与避暑山庄的参考资料。
90	南京大学图书馆,中文系,历史系编写组．文史哲工具简介 [M]. 天津：天津人民出版社，1981.	可查阅有关康熙时期文化书籍简介。
91	杜石然．中国古代科学家传记下集 [M]. 北京：科学出版社，1993.	康熙是中国古代的科学家之一。
92	树军编著．中南海历史档案 [M]. 北京：中共中央党校出版社，1997.	康熙朝京师皇家园林记述。
93	陈文良，魏开肇，李学文．北京名园趣谈 [M]. 北京：中国建筑工业出版社，1983.	康熙时期北京皇家园林描述。
94	许明龙主编．中西文化交流先驱 [M]. 北京：东方出版社，1993.	康熙在中西文化交流方面是先驱者之一。
95	许海松．清初士人与西学 [M]. 北京：东方出版社，2000.	书中大量描述康熙的西学观。
96	余三乐．早期西方传教士与北京 [M]. 北京：北京出版社，2001.	用很重的篇幅谈论康熙与传教士的文化交流。
97	阙维民编著．杭州城池暨西湖历史图说 [M]. 杭州：浙江人民出版社，2000.	有清初杭州西湖风景样图，是研究康熙西湖题名的重要图形史料。
98	中国社会科学院历史研究所清史研究室，中国人民大学清史研究所合编．清史论文索引 [M]. 北京：中华书局，1984.	有研究清初康熙的论文书目。

插图说明及图片来源

正文前插图

彩图 1 避暑山庄“金山”（图片来源：崔山摄影）

彩图 2 避暑山庄，原名“热河行宫”，位于今河北承德，距北京五百华里，始建于康熙四十二年（1703年）。就目前各国保存的皇家园林而言，它的规模堪称全球之最，占地五百六十四公顷。留下了康熙帝原创意象的避暑山庄，至今仍以世界文化遗产的丰姿呈现在人们的面前。（赵玲，牛伯忱著 . 陈克寅摄影 . 避暑山庄及周围寺庙 [M]. 西安：三秦出版社，2003.）

彩图 3 清冷枚《避暑山庄》图（轴）。该画作于康熙朝，保留了清乾隆朝扩建之前的形制，对于考证避暑山庄的原型具有重要史料价值。（图片来源：故宫博物院 • 聂崇正 . 清代宫廷绘画 [M]. 北京：文物出版社，1994.）

彩图 4 清景陵图，全面展示景陵的建筑格局。景陵乃康熙帝的陵寝，选址在清顺治帝孝陵东侧两华里的地方，位于河北遵化昌瑞山南麓。景陵效仿孝陵，布局严谨，局部有突破创新。（图片来源：朱诚如主编 . 清史图典 • 康熙朝上 [M]. 北京：紫禁城出版社，2002. 原图：中国第一历史档案馆藏 .）

彩图 5 清康熙戎装巡狩图。康熙南巡北狩，东游西征，足迹踏遍多半个大清帝国，莅临名山胜景，直接被大自然的风光所感染，形成了豪迈的审美心理，促成了康熙园林美学特征的产生。（图片来源：白新良 . 康熙皇帝全传 [M]. 北京：学苑出版社，1994.）

彩图 6 清康熙南巡图。康熙一生六次南巡，驻跸名寺、胜景，题额、赋诗，修葺或增建殿、亭、碑等。康熙酷爱并深刻理解江南园林的意境，把儒家造园思想移植到北方，掀起了清初北方造园的热潮，发展了皇家园林的理念。（图片来源：故宫博物院 • 朱诚如主编 . 清史图典 • 康熙朝上 [M]. 北京：紫禁城出版社，2002. 原图：故宫博物院藏 .）

彩图 7 清木兰秋狝图，此图真实地记录了清帝在塞外的狩猎生活。康熙皇帝在位的六十一年里，共有三十八个年头来过木兰围场。木兰围场的狩猎和政治活动，贯穿了康熙大半个生涯。（图片来源：承德市文物局 . 中国 • 承德避暑山庄 300 年特展图录 [M]. 北京：中国旅游出版社，2003. 原图：承德避暑山庄博物馆藏 .）

彩图 8 清避暑山庄及周围寺庙全盛时期全图。此图可以对比分析康熙朝之后避暑山庄增建景观情况。（图片来源：承德市文物局 . 中国 • 承德避暑山庄 300 年特展图录 [M]. 北京：中国旅游出版社，2003. 原图：中国第一历史档案馆藏 .）

彩图 9 避暑山庄水景。（图片来源：崔山摄影）

彩图 10 孔林，在山东曲阜县城北部。康熙尊孔重孔，投巨资修葺改善孔林孔庙，在其中举行一系列的园林活动，以多种形式纪念孔子。孔林在整个康熙朝园林桧柏参天，茁壮繁茂。（图片来源：崔山摄影）

彩图 11 赵北口，在河北任丘北面五十华里的白洋淀镇，又名“赵堡口”。康熙建“赵北口行宫”，水槛风廊，莲泊莎塘，烟蔼云行，景致环映。康熙曾经四十次到此巡幸、水围。（图片来源：崔山摄影）

彩图 12 兰亭，在浙江绍兴山阴县城之西兰渚，晋代书法家王羲之等人修建一亭，取名“兰亭”。康熙二十八年（1689 年）二月，康熙帝第二次南巡御书“兰亭序”，恭摹勒石，重修兰亭，立右军祠堂。

康熙建避暑山庄三十六景之第十五景“曲水荷香”，取意兰亭“曲水流觞”。（图片来源：崔山摄影）

第一章插图

图 1-1 清康熙画像。（图片来源：故宫博物院 • 聂崇正 . 清代宫廷绘画 [M]. 北京：文物出版社，1994.）

图 1-2 康熙出生地——北京紫禁城景仁宫，玄烨出生地。康熙四十二年（1703 年）和硕亲王福全丧，康熙帝暂居此宫以悼念其兄长。（图片来源：崔山摄影）

图 1-3 清景陵神道，康熙效仿唐宋皇陵，在景陵单建石像生。为不影响孝陵石像生在整个陵区的主导地位，只设文臣、武将、马、象、狮五对翁仲，遂为清陵定制。（图片来源：崔山摄影）

图 1-4 清景陵，方城、明楼和宝城。三面环山，松柏滴翠，风景秀丽。（图片来源：崔山摄影）

图 1-5 清景陵三孔神路桥、东西朝房与神道碑亭（图片来源：崔山摄影）

图 1-6 香山行宫，位置在北京香山。康熙十六年（1677 年），康熙帝在原金代香山寺旧址扩建成作为“质明而往，信宿而归”的临时驻跸的一处行宫御苑。乾隆时赐名“静宜园”，共有二十八景，后来成为规模宏大的皇家园林。（图片来源：崔山摄影）

图 1-7 南苑，位于北京南城永定门外二十华里处，占地面积相当于清北京城的三倍。南苑承袭明制，兼具狩猎阅武、物质生产等功能，也是紫禁城外的又一政治中心。南苑以自然风光为主，其中饲养了很多珍惜动物，相当于国家大型野生动物园。康熙皇帝在位期间共有一百五十九次临幸南苑。（图片来源：崔山摄影）

图 1-8 康熙北巡之塞外风光，是康熙的旷远恢宏之园林审美观的源泉。（图片来源：北京中央工艺美术学院附属中学崔瑾涵摄影）

图 1-9 木兰秋狝场址，坐落在热河地区，地处昭乌达盟、卓索图盟、锡林郭勒盟和查哈尔蒙古东四旗的接壤之地，距北京七百华里，康熙二十年（1681 年）建立。围场气候温凉，自然繁盛，物产丰厚，水土肥美，适宜避暑、秋狝。（图片来源：崔山摄影）

图 1-10 木兰围场羊场，围场北部之坝下草原，雨量充沛，森林分布，野兽成群，适合行围狩猎。（图片来源：崔山摄影）

图 1-11 静明园，曾用名“澄心园”，即北京西郊玉泉山。静明园的建设主要是在康熙时期，以佛寺道观和园亭为特色之山林景观。自康熙十九年（1680 年）至康熙二十六年（1687 年）期间，康熙帝共二十一次到玉泉山居住、工作和游览。（图片来源：崔山摄影）

图 1-12 避暑山庄宫门。康熙四十二年（1703 年）开始兴建“热河行宫”，康熙四十七年（1708 年）初具规模，康熙五十年（1711 年），康熙帝亲题“避暑山庄”匾额。（图片来源：崔山摄影）

图 1-13 避暑山庄如意洲，建于康熙四十二年（1703 年），是避暑山庄里最早的宫殿区，岛形像似“如意”，山庄景致集中之地。岛上殿阁朴雅，布局自由，沿着南北轴线设置景点“无暑清凉”“延薰山馆”“水芳岩秀”，东侧“般若相”，西侧“金莲映日”“沧浪屿”“云帆月舫”“西岭晨霞”，北为“澄波叠翠”。（图片来源：崔山摄影）

图 1-14 康熙皇帝自幼酷爱学习，万机余暇，未尝间断，终成大器。（图片来源：故宫博物院 • 聂崇正 . 清代宫廷绘画 [M]. 北京：文物出版社，1994.）

图 1-15 康熙皇帝着装蒙服，是联络蒙古人民的标识。（图片来源：白新良 . 康熙皇帝全传 [M]. 北京：学苑出版社，1994.）

图 1-16 康熙皇帝手捻佛珠，表示他对宗教的一种宽仁理解之心。（图片来源：白新良 . 康熙皇帝全传 [M]. 北京：学苑出版社，1994.）

图 1-17 金山，在江苏镇江府西北七十华里长江之中。始建于东晋，康熙南巡至此，赐“江天禅寺”。康熙二十三年（1684 年）十月二十四日，康熙帝幸金山御书“江天一览”四字。康熙四十二年（1703

年），康熙帝仿此布局与意境建“金山岛”于热河行宫（避暑山庄）。（图片来源：崔山摄影）

图 1-18 寄畅园，在无锡惠山东麓，建于明正德年间（1506 ～ 1521 年）。康熙历次南巡，无不临幸此园赏梅，曾留御笔“山色溪光”石匾额。（图片来源：崔山摄影）

图 1-19 敷文书院，在杭州西湖凤凰山万松岭，旧名“万松书院”。康熙五十五年 (1716 年)，康熙帝题“浙水敷文”匾额，遂改称为“敷文书院”。（图片来源：崔山摄影）

图 1-20 西湖，杭州自然风景园林。其无尽的秀美滋养了康熙的园林审美，激发了康熙的造园热情。康熙六次南巡中除了首次南巡，其后五次南巡皆到达杭州西湖。（图片来源：崔山摄影）

图 1-21 康熙关心农事墨迹（资料来源：中国第一历史档案馆•朱金甫，等编．康熙朝汉文朱批奏折汇编 [M]. 北京：档案出版社 1984.）

图 1-22 康熙的咏物文赋（资料来源：清•康熙．清圣祖御制文集 [M].）

图 1-23 避暑山庄康熙“南山积雪”景题名寓意与审美（图片来源：崔山摄影、作图，中国农业大学园林专业张柳莎协助作图，图中引用图为意大利•马国贤．热河三十六景铜版画•南山积雪 [M].）

图 1-24 避暑山庄水流云在图，“云无心以出岫，水不舍而长流，造物者之无尽藏也。杜甫诗云：‘水流心不竞，云在意俱迟。’斯言深有体验。”（图片来源：意大利•马国贤．热河三十六景铜版画 [M].）

图 1-25 避暑山庄长虹饮练图，“湖光澄碧，一桥卧波，桥南种敖汉荷花万枝，间以内地白莲，锦错霞变，清芬袭人。苏舜钦《垂虹桥》诗谓‘如玉宫银界’，徒虚空耳。”（图片来源：意大利•马国贤．热河三十六景铜版画 [M].）

图 1-26 《康熙几暇格物编》，清康熙年间石印本。康熙领会儒家理学“格物致知”之理，在日理万机的余暇中积累了丰富的科学知识。康熙在造园中讲求科学的实学精神，他在皇家园林里学习几何学、测量学，研究农业、医学等，此番科学实践活动，使其皇家园林的功能大为增强。（资料来源：故宫博物院•朱诚如主编．清史图典•康熙朝下 [M]. 北京：紫禁城出版社，2002. 原件：故宫博物院藏．)

第二章插图

图 2-1 清北京城池全图（图片来源：清•吴长元．宸垣识略•卷一 [M]. 北京：北京古籍出版社，1982.）

图 2-2 清皇城图（图片来源：清•吴长元．宸垣识略•卷三 [M]. 北京：北京古籍出版社，1982.）

图 2-3 康熙时期的西苑北海，建筑格局疏朗质朴，主要建筑有顺治年间的白塔和北岸明代遗留的五龙亭（图片来源：清•万寿盛典图．中国嘉德国际拍卖有限公司）

图 2-4 康熙时期的西苑北海东部和景山一带的景观（图片来源：清•万寿盛典图．中国嘉德国际拍卖有限公司）

图 2-5 宁寿宫（图片来源：崔山摄影）

图 2-6 宁寿宫后殿（图片来源：崔山摄影）

图 2-7 乾隆花园建筑（图片来源：崔山摄影）

图 2-8 乾隆花园叠石（图片来源：崔山摄影）

图 2-9 宁寿宫花园在紫禁城中位置图（图片来源：北京大地伟业建筑与园林技术咨询有限公司王菲绘制）

图 2-10 清康熙时期京城衙署与西苑图（图片来源：中国测绘科学研究院．中华古地图珍品选集 [M]. 哈尔滨：哈尔滨地图出版社，1998.）

图 2-11 康熙时期三海苑林区水面示意图 （图片来源：中国农业大学园林专业徐艺蕎绘制）

图 2-12 现在的三海苑林区水面示意图（图片来源：中国农业大学园林专业徐艺蕎绘制）

图 2-13 康熙时期西苑主要园林营建项目图（图片来源：中国农业大学园林专业徐艺蕎绘制）

图 2-14 《清皇城宫殿衙署图》中白塔部分（图片来源：中国测绘科学研究院．中华古地图珍品选集 [M]. 哈尔滨：哈尔滨地图出版社，1998.）

第三章插图

图 3-1 清康熙巡幸图（图片来源：故宫博物院 • 聂崇正 . 清代宫廷绘画 [M]. 北京：文物出版社，1994.）

图 3-2 康熙巡幸地方图（图片来源：崔山与中国农业大学园林专业陈秀娟、张柳莎合作绘制）

图 3-3 清杭州西湖全图（图片来源：杭州市园林文物管理局 . 西湖志 • 卷三 • 名胜 [M]. 上海：上海古籍出版社，1995.）

图 3-4 大兴县图（图片来源：清 • 顺天府志 [M].）

图 3-5 顺天府属总图（图片来源：清 • 顺天府志 [M].）

图 3-6 清王翚《康熙南巡图》（局部）（图片来源：故宫博物院 • 聂崇正 . 清代宫廷绘画 [M]. 北京：文物出版社，1994.）

图 3-7 赵北口行宫图（图片来源：清 • 高晋 , 等 . 南巡盛典名胜图录 [M]. 苏州：古吴轩出版社，1999.）

图 3-8 赵北口（图片来源：崔山摄影）

图 3-9 白洋淀（图片来源：崔山摄影）

图 3-10 康熙御书赵北口行宫“溪光映带”匾额（图片来源：崔山摄影）

图 3-11 康熙敕赐赵北口沛恩寺匾额（图片来源：崔山摄影）

图 3-12 高旻寺行宫图（图片来源：清 • 高晋 , 等 . 南巡盛典名胜图录 [M]. 苏州：古吴轩出版社，1999.）

图 3-13 高旻寺行宫宫门（图片来源：崔山摄影）

图 3-14 高旻寺佛塔（图片来源：崔山摄影）

图 2-15 龙潭行宫图（图片来源：清 • 高晋 , 等 . 南巡盛典名胜图录 [M]. 苏州：古吴轩出版社，1999.）

图 3-16 宿迁行宫戏台、山门（图片来源：崔山摄影）

图 3-17 宿迁行宫龙王殿（图片来源：崔山摄影）

图 3-18 理安寺图（图片来源：清 • 高晋 , 等 . 南巡盛典名胜图录 [M]. 苏州：古吴轩出版社，1999.）

图 2-19 卢沟桥图（图片来源：清 • 高晋 , 等 . 南巡盛典名胜图录 [M]. 苏州：古吴轩出版社，1999.）

图 3-20 卢沟桥（图片来源：崔山摄影）

图 3-21 卢沟桥晚霞（图片来源：崔山摄影）

图 3-22 康熙重修卢沟桥碑（图片来源：崔山摄影）

图 3-23 卢沟桥康熙察永定河碑（图片来源：崔山摄影）

图 3-24 宏恩寺图（图片来源：清 • 高晋 , 等 . 南巡盛典名胜图录 [M]. 苏州：古吴轩出版社，1999.）

图 3-25 翻修中的宏恩寺（图片来源：崔山摄影）

图 3-26 宏恩寺山门之南传说明朝朱三太子踩过的古道（图片来源：崔山摄影）

图 3-27 孔林康熙驻跸亭（图片来源：崔山摄影）

图 3-28 宝华山图（图片来源：清 • 高晋 , 等 . 南巡盛典名胜图录 [M]. 苏州：古吴轩出版社，1999.）

图 3-29 宝华山铜殿无梁殿（图片来源：崔山摄影）

图 3-30 泉林行宫图（图片来源：清 • 高晋 , 等 . 南巡盛典名胜图录 [M]. 苏州：古吴轩出版社，1999.）

图 3-31 泉林行宫平面图（图片来源：崔山根据泉林行宫遗址公园挂图分析整理，由北京大地伟业建筑与园林技术咨询有限公司王菲和中国农业大学张柳莎绘制，原图藏于北京国家博物馆）

图 3-32 泉林行宫子在川上处（图片来源：崔山摄影）

图 3-33 康熙泉林碑记（1990 年代原址仿制）（图片来源：崔山摄影）

图 3-34 苏堤春晓图（图片来源：清 • 高晋 , 等 . 南巡盛典名胜图录 [M]. 苏州：古吴轩出版社，1999.）

图 3-35 苏堤春晓（图片来源：崔山摄影）

图 3-36 柳浪闻莺图（图片来源：清 • 高晋 , 等 . 南巡盛典名胜图录 [M]. 苏州：古吴轩出版社，1999.）

图 3-37 曲院风荷图（图片来源：清 • 高晋 , 等 . 南巡盛典名胜图录 [M]. 苏州：古吴轩出版社，1999.）

图 3-38 双峰插云图（图片来源：清 • 高晋，等 . 南巡盛典名胜图录 [M]. 苏州：古吴轩出版社，1999.）
图 3-39 三潭印月图（图片来源：清 • 高晋，等 . 南巡盛典名胜图录 [M]. 苏州：古吴轩出版社，1999.）
图 3-40 平湖秋月图（图片来源：清 • 高晋，等 . 南巡盛典名胜图录 [M]. 苏州：古吴轩出版社，1999.）
图 3-41 断桥残雪图（图片来源：清 • 高晋，等 . 南巡盛典名胜图录 [M]. 苏州：古吴轩出版社，1999.）
图 3-42 断桥残雪（图片来源：崔山摄影）
图 3-43 吴山大观（图片来源：崔山摄影）
图 3-44 兰亭（图片来源：崔山摄影）
图 3-45 花港观鱼康熙题名勒石（图片来源：崔山摄影）
图 3-46 远望雷峰夕照（图片来源：崔山摄影）
图 3-47 玉泉鱼跃（一）（图片来源：崔山摄影）
图 3-48 玉泉鱼跃（二）（图片来源：崔山摄影）
图 3-49 上竺寺（图片来源：崔山摄影）
图 3-50 康熙云栖寺诗词勒石（图片来源：崔山摄影）
图 3-51 五云山顶（图片来源：崔山摄影）
图 3-52 云栖竹径（图片来源：崔山摄影）
图 3-53 敷文书院图（崔山翻拍于敷文书院）
图 3-54 敷文书院（图片来源：崔山摄影）
图 3-55 敷文书院康熙题名勒碑（图片来源：崔山摄影）
图 3-56 云林禅寺（图片来源：崔山摄影）
图 3-57 云林禅寺康熙诗词（图片来源：崔山摄影）
图 3-58 云林禅寺康熙题字（图片来源：崔山摄影）
图 3-59 云林禅寺飞来峰（图片来源：崔山摄影）
图 3-60 虎跑泉（一）（图片来源：崔山摄影）
图 3-61 虎跑泉（二）（图片来源：崔山摄影）
图 3-62 康熙虎跑泉亭碑记（图片来源：崔山摄影）
图 3-63 大禹陵康熙碑记（一）（图片来源：崔山摄影）
图 3-64 大禹陵康熙碑记（二）（图片来源：崔山摄影）
图 3-65 金山建筑群（图片来源：崔山摄影）
图 3-66 景州开福寺唯一现存的宋代风格楼阁式砖木结构舍利塔（图片来源：崔山摄影）
图 3-67 从西湖行宫望西湖（图片来源：崔山摄影）
图 3-68 记载康熙北巡情况的起居注，康熙五十五年四月至九月，中国第一历史档案馆藏《内阁起居注》。（图片来源：承德市文物局 . 中国 • 承德避暑山庄 300 年特展图录 [M]. 北京：中国旅游出版社，2003. 原图：中国第一历史档案馆藏 .）
图 3-69 清《木兰图》，中国第一历史档案馆藏《内务府舆图》，该图反映清帝木兰秋狝北上路线，其地名均用满文标注，绘制朝年不祥。（图片来源：承德市文物局 . 中国 • 承德避暑山庄 300 年特展图录 [M]. 北京：中国旅游出版社，2003. 原图：中国第一历史档案馆藏 .）
图 3-70 康熙北巡行宫地理方位图（图片来源：崔山绘制）
图 3-71 木兰围场图（图片来源：清 • 道光 • 承德府志 [M].）
图 3-72 围场全图（图片来源：清 • 乾隆 • 热河志 [M].）
图 3-73 木兰秋狝地方（图片来源：崔山摄影）
图 3-74 木兰围场七星湖（图片来源：崔山摄影）
图 3-75 木兰围场塞罕坝（图片来源：崔山摄影）

图 3-76 木兰围场－乌兰布通五彩山（图片来源：崔山摄影）
图 3-77 木兰围场御道口（图片来源：崔山摄影）
图 3-78 喀喇河屯行宫图 （图片来源：清•乾隆•热河志 [M].）
图 3-79 喀喇河屯行宫地理环境平面图（图片来源：中国农业大学园林专业陈秀娟绘制）
图 3-80 喀喇河屯行宫宫殿区平面布局示意图（图片来源：崔山与中国农业大学园林专业陈秀娟绘制）
图 3-81 王家营行宫（图片来源：清•乾隆•热河志 [M].）
图 3-82 王家营行宫地理环境平面图（图片来源：中国农业大学园林专业陈秀娟绘制）
图 3-83 王家营行宫宫殿区平面布局示意图（图片来源：崔山与中国农业大学园林专业陈秀娟绘制）
图 3-84 巴克什营行宫图（图片来源：清•乾隆•热河志 [M].）
图 3-85 巴克什营行宫地理环境平面图（图片来源：中国农业大学园林专业陈秀娟绘制）
图 3-86 巴克什营行宫宫殿区平面布局示意图（图片来源：崔山与中国农业大学园林专业陈秀娟绘制）
图 3-87 两间房行宫图（图片来源：清•乾隆•热河志 [M].）
图 3-88 两间房行宫地理环境平面图（图片来源：中国农业大学园林专业陈秀娟绘制）
图 3-89 两间房行宫宫殿区平面布局示意图（图片来源：崔山与中国农业大学园林专业陈秀娟绘制）
图 3-90 常山峪行宫图（图片来源：清•乾隆•热河志 [M].）
图 3-91 常山峪行宫地理环境平面图（图片来源：中国农业大学园林专业陈秀娟绘制）
图 3-92 常山峪行宫宫殿区平面布局示意图（图片来源：崔山与中国农业大学园林专业陈秀娟绘制）
图 3-93 罗家桥行宫图（图片来源：清•密云县志 [M].）
图 3-94 黄土坎行宫图（图片来源：清•乾隆•热河志 [M].）
图 3-95 黄土坎行宫地理环境平面图（图片来源：中国农业大学园林专业陈秀娟绘制）
图 3-96 黄土坎行宫宫殿区平面布局示意图（图片来源：崔山与中国农业大学园林专业陈秀娟绘制）
图 3-97 中关行宫图（图片来源：清•乾隆•热河志 [M].）
图 3-98 中关行宫地理环境平面图（图片来源：中国农业大学园林专业陈秀娟绘制）
图 3-99 中关行宫宫殿区平面布局示意图（图片来源：崔山与中国农业大学园林专业陈秀娟绘制）
图 3-100 什巴尔台行宫图（图片来源：清•乾隆•热河志 [M].）
图 3-101 什巴尔台行宫地理环境平面图（图片来源：中国农业大学园林专业陈秀娟绘制）
图 3-102 什巴尔台行宫宫殿区平面布局示意图（图片来源：崔山与中国农业大学园林专业陈秀娟绘制）
图 3-103 波罗河屯行宫图（图片来源：清•乾隆•热河志 [M].）
图 3-104 波罗河屯行宫地理环境平面图（图片来源：中国农业大学园林专业陈秀娟绘制）
图 3-105 波罗河屯行宫宫殿区平面布局示意图（图片来源：崔山与中国农业大学园林专业陈秀娟绘制）
图 3-106 张三营行宫图（图片来源：清•乾隆•热河志 [M].）
图 3-107 张三营行宫地理环境平面图（图片来源：中国农业大学园林专业陈秀娟绘制）
图 3-108 张三营行宫宫殿区平面布局示意图（图片来源：崔山与中国农业大学园林专业陈秀娟绘制）
图 3-109 怀柔县县境图（图片来源：清•怀柔县志 [M].）
图 3-110 怀柔县行宫图（图片来源：清•怀柔县志 [M].）
图 3-111 新城图（图片来源：清•密云县志 [M].）
图 3-112 密云县东门外行宫图（图片来源：清•密云县志 [M].）
图 3-113 密云县治全图（图片来源：清•密云县志 [M].）

第四章插图

图 4-1 清康熙时期畅春园平面图（图片来源：崔山根据清“样式雷”图档与清乾隆钦定《日下旧闻考·国朝苑囿·畅春园》分析绘制，中国农业大学园林专业徐艺薷、张柳莎协助绘制）
图 4-2 清道光十六年（1836 年）“样式雷”畅春园平面图（图片来源：崔山翻拍. 清·样式雷图档 [Z]. 北京：中国第一历史档案馆藏.）
图 4-3 清《万寿盛典图》中的畅春园大宫门（图片来源：中国嘉德国际拍卖有限公司）
图 4-4 雷金玉因畅春园工程有功接康熙圣旨碑记拓片（图片来源：天津大学建筑学院建筑与园林史学家王其亨先生提供，原拓片：中国国家图书馆藏.）

第五章插图

图 5-1 清康熙时期避暑山庄功能分区图（图片来源：崔山分析整理，中国农业大学园林专业张柳莎绘制）
图 5-2 清康熙时期避暑山庄绿植分布图（图片来源：崔山分析整理，中国农业大学园林专业张柳莎绘制）
图 5-3 清康熙时期避暑山庄总平面图（图片来源：崔山与中国农业大学园林专业张柳莎绘制）
图 5-4 避暑山庄下湖水心榭水景（图片来源：崔山摄影）
图 5-5 避暑山庄四面云山山景（图片来源：崔山摄影）
图 5-6 从南山积雪鸟瞰避暑山庄湖泊区和平原区（图片来源：崔山摄影）
图 5-7 澄泉绕石遗址（图片来源：崔山摄影）
图 5-8 梨花伴月遗址 1（图片来源：崔山摄影）
图 5-9 避暑山庄松云峡（图片来源：崔山摄影）
图 5-10 澹泊敬诚殿内景（图片来源：崔山摄影）
图 5-11 云山胜地殿（图片来源：崔山摄影）
图 5-12 万壑松风殿（图片来源：崔山摄影）
图 5-13 如意洲（图片来源：崔山摄影）
图 5-14 延薰山馆（图片来源：崔山摄影）
图 5-15 水芳岩秀（图片来源：崔山摄影）
图 5-16 金莲映日（图片来源：崔山摄影）
图 5-17 芝径云堤（图片来源：崔山摄影）
图 5-18 月色江声（图片来源：崔山摄影）
图 5-19 水心榭（图片来源：崔山摄影）
图 5-20 松鹤清越（图片来源：崔山摄影）
图 5-21 青枫绿屿正殿风泉满清听（图片来源：崔山摄影）
图 5-22 石矶观鱼（图片来源：崔山摄影）
图 5-23 双湖夹镜（图片来源：崔山摄影）
图 5-24 长虹饮练（图片来源：崔山摄影）
图 5-25 芳渚临流（图片来源：崔山摄影）
图 5-26 曲水荷香（图片来源：崔山摄影）
图 5-27 云容水态（图片来源：崔山摄影）
图 5-28 旷观（图片来源：崔山摄影）
图 5-29 香远益清遗址（图片来源：崔山摄影）
图 5-30 远眺金山岛（图片来源：崔山摄影）

图 5-31 镜水云岑（图片来源：崔山摄影）
图 5-32 天宇咸畅（图片来源：崔山摄影）
图 5-33 万树园（图片来源：崔山摄影）
图 5-34 水流云在观水景（图片来源：崔山摄影）
图 5-35 自“南山积雪”俯瞰避暑山庄（图片来源：崔山摄影）

参考文献

[1] 白新良 . 康熙皇帝全传 [M]. 北京 : 学苑出版社，1994.

[2] 北京市社会科学研究所 . 北京历史纪年 [M]. 北京：北京出版社，1984.

[3] 曹汛 . 张南垣生卒年考 [C]. 清华大学建筑工程系 . 建筑史论文集 · 第二辑，北京 : 清华大学出版社，1985：143 ～ 148.

[4] 曹增友 . 传教士与中国科学 [M]. 北京：宗教文化出版社，1999.

[5] 陈同滨 , 吴东 , 越乡 . 中国古代建筑大图典 [M]. 北京：今日中国出版社，1997.

[6] 陈志华 . 外国造园艺术 [M]. 郑州：河南科学技术出版社，2001.

[7] 陈祖武 . 清初学术思辨录 [M]. 北京：中国社会科学出版社，1992.

[8] 承德市文物局 . 中国 · 承德避暑山庄 300 年特展图录 [M]. 北京：中国旅游出版社，2003.

[9] 戴建新 . 连延楼阁仿西洋，信是熙朝声教彰——清代皇家园林中的西洋建筑 [D]. 天津：天津大学，1997.

[10] 戴逸 . 乾隆帝及其时代 [M]. 北京：中国人民大学出版社，1992.

[11] 戴逸 . 简明清史 [G]. 北京：人民出版社 , 1984.10.

[12] 窦武 . 法国造园艺术 [C]. 清华大学建筑系编 . 建筑史论文集 · 第七辑，北京 : 清华大学出版社，1985.

[13] 杜本礼，高宏照，暴拯群 . 东京梦华 [M]. 北京：中国人民大学出版社，1993.

[14] 杜江 . 清帝承德离宫 [M]. 北京：紫禁城出版社，1998.

[15] 杜石然 . 中国古代科学家传记下集 [M]. 北京：科学出版社，1993.

[16] 杜书瀛 . 李渔美学思想研究 [M]. 北京：中国社会科学出版社，1998.

[17] 俄罗斯 · 史禄国 . 高丙中译 [M]. 满族的社会组织——满族氏族组织研究，北京：商务印书馆，1997.

[18] 法国 · 安田朴，谢和耐，等 . 耿昇译 . 明清间入华耶稣会士和中西文化交流 [C]. 成都：巴蜀书社，1993.

[19] 法国 · 白晋著 . 马绪祥译 . 康熙帝传 [Z]. 中国社会科学院历史研究所清史研究室 · 清史资料〈1〉, 北京：中华书局，1980.

[20] 法国 · 伯德莱著 . 耿昇译 . 清宫洋画家 [M]. 济南 : 山东画报出版社 ,2002.

[21] 法国 · 杜赫德著 . 郑德弟 , 吕一民 , 沈坚 , 朱静译 . 耶稣会士中国书简集——中国回忆录（上卷）[M]. 郑州：大象出版社，2001.

[22] 法国 · 伏尔泰著 . 吴模信，沈怀洁，梁守锵译 . 路易十四 [M]. 北京：商务印书馆，1999.

[23] 范存忠 . 中国文化在启蒙时期的英国 [M]. 上海：上海外语教育出版社，1991.

[24] 冯钟平 . 中国园林建筑 [M]. 北京：清华大学出版社，1988.

[25] 高智瑜 . 紫气贯京华 [M]. 北京：中国人民大学出版社，1994.

[26] 故宫博物院 · 聂崇正 . 清代宫廷绘画 [M]. 北京：文物出版社，1994.

[27] 故宫博物院 · 朱诚如 . 清史图典 · 康熙朝 [M]. 北京：紫禁城出版社，2002.

[28] 郭俊纶 . 清代园林图录 [M]. 上海：上海人民美术出版社，1993.

[29] 郭美兰 . 康熙年间口外行宫的兴建 . 由中国第一历史档案馆藏内务府（满文）翻译与议论 [R]. 承德：纪念避暑山庄 300 周年清史国际学术研讨会，2003,9.

[30] 郝志强，特克寒 . 清代塞外第一座行宫——喀喇河屯行宫 . 满族研究，2011（3）：58-69.

[31] 郭玉普，安忠和，王舜 . 木兰围场大寻踪 [M]. 海拉尔：内蒙古文化出版社，2001.

[32] 汉 · 司马迁 . 史记 [M].
[33] 汉语大词典编辑委员会 . 汉语大词典 [M]. 上海：汉语大词典出版社，2008,8.
[34] 何重义 , 曾昭奋 . 一代名园圆明园 [M]. 北京：北京出版社，1990.
[35] 侯外庐，邱汉生，张岂之 . 宋明理学史 [M]. 北京：人民出版社，1997.
[36] 侯幼彬 . 中国建筑美学 [M]. 哈尔滨：黑龙江科学技术出版社，1997.
[37] 黄爱平 .18 世纪的中国与世界：思想文化卷 [M]. 沈阳：辽海出版社，1999.
[38] 黄波 . 平地起蓬瀛，城市而林壑——清代皇家园林与都城规划 [D]. 天津：天津大学，1994.
[39] 黄时鉴 . 插图解说中西关系史年表 [M]. 杭州：浙江人民出版社，1994.
[40] 姜广辉 . 理学与中国文化 [M]. 上海：上海人民出版社，1994.
[41] 蒋兆成，王日根 . 康熙传 [M]. 北京 : 人民出版社，1998.
[42] 金学智 . 中国园林美学 [M]. 北京：中国建筑工业出版社，2000.
[43] 孔子文化大全编辑部 . 儒学经典译丛 [M]. 济南：山东友谊出版社，1992.
[44] 郎绍中，等 . 中国书画鉴赏辞典 [M]. 北京：中国青年出版社，1997.
[45] 李光晨，李正，邢卫兵，等 . 园艺通论 [M]. 北京：科学技术文献出版社， 2000.
[46] 李军 , 董辅文 , 吕文都 . 五经全译 [M]. 长春：长春出版社，1992.
[47] 李倩枚．何分西土东天，倩他装点名园——清代皇家园林中宗教建筑的类型与意义 [D]. 天津：天津大学建筑学院硕士研究生论文，1994.
[48] 李天纲 . 中国礼仪之争：历史、文献和意义 [M]. 北京：中国人民大学出版社，1992.
[49] 李允鉌．华夏意匠 [M]．香港：广角镜出版社，1982．
[50] 李峥 . 平地起蓬瀛，城市而林壑 [D]. 天津：天津大学 ,2007.
[51] 刘敦桢 . 刘敦桢全集 · 第 2 卷 [M]. 北京：中国建筑工业出版社 , 2007.
[52] 刘彤彤 . 问渠哪得清如许，为有源头活水来——中国古典园林的儒学基因及其影响下的清代皇家园林 [D]. 天津：天津大学，1999.
[53] 刘玉文 . 康熙皇帝与避暑山庄——读清圣祖《御制避暑山庄记》 札记 [J]. 清史研究 ,1998(2): 115-119.
[54] 刘玉文 . 浓缩天地——避暑山庄营造技艺 [M]. 沈阳：辽宁人民出版社，1997.
[55] 马东玉 . 雄视四方——清帝巡狩活动 [M]. 沈阳：辽海出版社，1997.
[56] 美国 · 魏裴德著 . 陈苏镇 , 等译 . 洪业——清朝开国史 [M]. 南京：江苏人民出版社，1992.
[57] 孟昭信 . 康熙大帝全传 [M]. 长春 : 吉林文史出版社，1987.
[58] 孟昭信 . 康熙的晚年生活 [M]. 北京 : 中国人民大学出版社，1995.
[59] 孟昭信 . 康熙评传 [M]. 南京 : 南京大学出版社，1998.
[60] 孟兆祯 . 避暑山庄园林艺术 [M]. 北京：紫禁城出版社，1985.
[61] 明 · 计成 . 陈植注释 . 园冶 [M]. 北京 : 中国建筑工业出版社，1988.
[62] 南京大学图书馆 , 中文系 , 历史系编写组 . 文史哲工具简介 [M]. 天津：天津人民出版社，1981.
[63] 潘灏源 . 愿为君子儒，不作逍遥游——清代皇家园林中的士人思想与士人园 [D]. 天津：天津大学，1998.
[64] 彭一刚 . 中国古典园林分析 [M]. 北京 : 中国建筑工业出版社，1986.
[65] 祁美琴 . 清代内务府 [M]. 北京：中国人民大学出版社，1998.
[66] 钱世明 . 儒学通说 [M]. 北京：京华出版社，1999.
[67] 清 · 爱新觉罗 · 玄烨．李迪译注 . 康熙几暇格物编译注 [M]. 上海：上海古籍出版社，1993.
[68] 清 · 爱新觉罗 · 玄烨．沈嵛绘．御制避暑山庄图咏 [M]．
[69] 清 · 采访册 [M].

[70] 清 · 昌平山水记 [M].
[71] 清 · 大清一统志 [M].
[72] 清代宫史研究会 . 清代宫史丛谈 [M]. 北京：紫禁城出版社，1996.
[73] 清代宫史研究会 . 清代宫史求实 [M]. 北京：紫禁城出版社，1996.
[74] 清 · 道光 · 承德府志 [M].
[75] 清 · 高晋 , 等 . 南巡盛典名胜图录 [M]. 苏州：古吴轩出版社，1999.
[76] 清 · 高宗弘历 . 御制静宜园记 [M].
[77] 清 · 恭跋皇祖仁皇帝御制避暑山庄三十六景诗 [Z].
[78] 清 · 古今图书集成 [M].
[79] 清 · 和珅 . 钦定热河志 [G]. 巴克什营序 . 天津：天津古籍出版社 .2003.
[80] 清华大学建筑工程系．建筑史论文集 · 第二辑，北京 : 清华大学出版社，1985.
[81] 清 · 怀柔县志 [M].
[82] 清 · 畿辅通志 [M]. 石家庄：河北人民出版社，1989.
[83] 清 · 康熙起居注 [M]. 中国第一历史档案馆标点整理，北京：中华书局，1984.
[84] 清 · 康熙 . 清圣祖御制文集 [M].
[85] 清 · 康熙 . 沈瑜绘 . 避暑山庄图咏 [M]. 石家庄：河北美术出版社，1984.
[86] 清 · 密云县志 [M].
[87] 清 · 南巡圣典 [M].
[88] 清 · 乾隆 · 乾隆御制诗五集 [M].
[89] 清 · 乾隆 · 热河志 [M].
[90] 清 · 钱永撰 . 履园丛话 [M]. 北京：中华书局 ,1979.
[91] 清 · 钦定日下旧闻考 [M].
[92] 清 · 清圣祖实录 [M].
[93] 清 · 顺天府志 [M].
[94] 清 · 顺义县志 [M].
[95] 清 · 吴长元 . 宸垣识略 [M]. 北京：北京古籍出版社，1982.
[96] 清 · 吴梅村 . 张南垣传 [M].
[97] 清 · 吴振棫．养吉斋丛录 [M]. 北京：北京古籍出版社，1983.
[98] 清 · 雍正 . 圆明园记 [M].
[99] 清 · 余金 . 熙朝新语 · 卷五 [M].
[100] 清 · 赵尔巽，等 . 清史稿 [M]. 北京：中华书局 ,1977.
[101] 阙维民 . 杭州城池暨西湖历史图说 [M]. 杭州：浙江人民出版社，2000.
[102] 任崇岳 . 宋徽宗、宋钦宗 [M]. 长春：吉林文史出版社，1996.
[103] 日本 · 针之谷钟吉著 . 邹洪灿译 . 西方造园变迁史——从伊甸园到天然公园 [M]. 北京 : 中国建筑工业出版社，1991.
[104] 盛梅 . 画意诗情景无尽，春花秋月趣常殊——清代皇家园林景的构成与审美 [D]. 天津：天津大学，1997.
[105] 树军．中南海历史档案 [M]. 北京：中共中央党校出版社，1997.
[106] 宋德宣 . 康熙评传——一生勤民不愧君 [M]. 南宁：广西教育出版社，1997.
[107] 宋 · 郭熙 . 林泉高致 [M].
[108] 苏怡 . 平地起蓬瀛，城市而林壑——清代皇家园林与北京城市生态研究 [D]. 天津：天津大学，2001.

[109] 田时塘，裴海燕，罗振兴 . 康熙皇帝与彼得大帝——康乾盛世背后的遗憾 [M]. 北京 : 中央文献出版社，2000.
[110] 田淑华 . 清代塞外行宫调查考述（上）[J]. 文物春秋，2001（5）：31-34.
[111] 田淑华 . 清代塞外行宫调查考述（下）[J]. 文物春秋，2001(6):42-45.
[112] 王灿识 . 北京史地风物书录 [M]. 北京：北京出版社，1985.
[113] 王会昌 . 中国文化地理 [M]. 武汉：华中师范大学出版社，2010.
[114] 王明贤，戴志中 . 中国建筑美学文存 [M]. 天津：天津科学技术出版社，1997.
[115] 王其亨 . 清代皇家园林研究的若干问题 [J]. 建筑师，1995，6.
[116] 王其亨，项惠泉 . “样式雷”世家新证 [J]. 北京：故宫博物院院刊，1987，2:52 ～ 57.
[117] 王其亨 . 风水理论研究 [M]. 天津：天津大学出版社，1992.
[118] 王淑云．清代北巡御道和塞外行宫 [M]．北京：中国环境科学出版社，1989.
[119] 王汶兰，陈秉礼 . 承德避暑山庄外八庙风景名胜区植物揽胜 [M]. 北京：中国建筑工业出版社，1995.
[120] 王逊 . 中国美术史 [M]. 上海：上海人民美术出版社，1989.
[121] 王毅 . 园林与中国文化 [M]. 上海：上海人民出版社，1990.
[122] 王佑夫 . 清代满族诗学精华 [M]. 北京：中央民族大学出版社 ,1994.
[123] 王志民，王则远校注 . 康熙诗词集注 [M]. 呼和浩特 : 内蒙古人民出版社，1994.
[124]《文史知识》编辑部 . 儒、佛、道与传统文化 [M]. 北京：中华书局出版社，1990.
[125] 闻性真 . 康熙与自然科学 [C]. 明清史国际学术讨论会论文集，天津：天津人民出版社，1980.
[126] 吴葱，史箴，何捷 . 诗拟丰标，图摹体态——清代皇家园林图咏研究 [J]. 建筑师，1998，12.
[127] 吴葱 . 在投影之外——建筑图学的扩展性研究 [D]. 天津：天津大学，1998.
[128] 许莹 . 观风问俗式旧典，湖光风色资新探——清代皇家行宫园林研究 [D]. 天津：天津大学，2001.
[129] 晏振乐，姚华堤，赵海 . 巍巍长安 [M]. 北京：中国人民大学出版社，1992.
[130] 杨伯达 . 清代院画 [M]. 北京：紫禁城出版社，1993.
[131] 扬帆 . 透视康熙 [M]. 兰州 : 敦煌文艺出版社，1999.
[132] 英国 · 李约瑟 . 鲍国宝，等译 . 中国科学技术史 · 第 4 卷 · 物理学及相关技术 [M]. 北京：科学出版社，上海：上海古籍出版社，1999.
[133] 英国 · 苏立文、. 陈瑞林译 . 东西方美术的交流 [M]. 南京：江苏美术出版社，1998.
[134] 曾胡，王鲁豫 . 中华古文化大图典 [M]. 北京：北京广播学院出版社，1992.
[135] 翟英范 . 康熙智慧 [M]. 北京 : 中国戏剧出版社，2000.
[136] 赵春兰 . 周裨瀛海诚旷哉，昆仑方壶缩地来——乾隆造园思想研究 [D]. 天津：天津大学，1998.
[137] 赵可昕 . 川泳与云飞，物物含至理——清代皇家园林中的理学精神 [D]. 天津：天津大学，2001.
[138] 赵玲，牛伯忱 . 陈克寅摄影 . 避暑山庄及周围寺庙 [M]. 西安：三秦出版社，2003.
[139] 赵兴华 . 北京园林史话 [M]. 北京：中国林业出版社，2000.
[140] 张宝章 . 康熙年间的海淀园林 [A]. 圆明园 · 第十六期 [C].2014:11.
[141] 张承安 . 中国园林艺术辞典 [M]. 武汉：湖北人民出版社，1985.
[142] 张家骥 . 中国造园论 [M]. 太原：山西人民出版社，1991.
[143] 张林源 . 南海子 - 北京城南的皇家猎苑 [J]. 森林与人类 ,2009,06:40-45.
[144] 张一民 . 纳兰家园与“大观园”[J]. 满族研究，1996:173.
[145] 张英杰 . 北京清代南苑研究 [D]. 北京 : 北京林业大学 ,2011.
[146] 张云飞 . 天人合一——儒学与生态环境 [M]. 成都：四川人民出版社，1995.
[147] 中国测绘科学研究院 . 中华古地图珍品选集 [M]. 哈尔滨：哈尔滨地图出版社，1998.

[148] 中国第一历史档案馆 · 郭美兰 . 康熙年间口外行宫的兴建 [R]. 承德：纪念避暑山庄 300 周年清史国际学术研讨会，2003,9.

[149] 中国第一历史档案馆 · 朱金甫，等 . 康熙朝汉文朱批奏折汇编 [M]. 北京：档案出版社 1984.

[150] 中国社会科学院 · 谭其骧 . 中国地理历史图集 · 第八册（清时期）[M]. 北京：中国地图出版社，1987.

[151] 中国营造学社 · 第四卷 · 第三 · 四期 [J].1935.

[152] 钟伟民 . 儒、佛、道与传统文化 [M]. 上海：上海古籍出版社，1997.

[153] 周维权 . 玉泉山静明园 [C]. 清华大学建筑系编 . 建筑史论文集 · 第七辑，北京：清华大学出版社，1985.

[154] 周维权 . 中国古典园林史 [M]. 北京：清华大学出版社，1999.

[155] 庄岳 . 数典宁须述古则，行时偶以志今游——清代皇家园林创作的解释学意向探析 [D]. 天津：天津大学，2000.

[156] 宗白华 . 宗白华全集 · 第 2 卷 [M]. 合肥：安徽教育出版社，1994.